高等职业教育“互联网+”创新型系列教材
工业产品质量检测技术专业教学资源库建设项目系列教材

三坐标测量技术应用

主　编　辛金栋　郝　健
副主编　韩　燕　王晓伟　王振环
参　编　陆宇峰　孙东辰　万惠东
　　　　王　姝　朱家梁

机 械 工 业 出 版 社

本书按照三坐标测量技术由基础到高级的逻辑编写，打破了当前三坐标测量技术教学过程中“使用说明书”式的教材形式，以企业实际案例为牵引实施学习任务，制订任务工单。本书共设有5个学习任务，包括已有测量程序的DEMO工件检测，数控铣零件的手动测量，数控铣零件的自动测量程序编写及检测，数控车零件的自动测量程序编写及检测，发动机缸体的自动测量程序编写及检测。

本书采用四色印刷，装帧精美，重点突出，并融入工业产品质量检测技术专业教学资源库线上课程资源，重点、难点之处以二维码形式添加动画、视频、虚拟仿真等动态资源，学生扫码即可观看。本书还配有电子课件，凡使用本书作为授课教材的教师可登录机械工业出版社教育服务网www.cmpedu.com注册后免费下载。咨询电话：010-88379375。

本书可作为高等职业院校工业产品质量检测技术、数控技术、机电一体化技术等专业的教材，也可供相关专业工程技术人员参考。

图书在版编目（CIP）数据

三坐标测量技术应用/辛金栋，郝健主编. —北京：机械工业出版社，2022.9（2024.12重印）

高等职业教育“互联网+”创新型系列教材 工业产品质量检测技术专业教学资源库建设项目系列教材

ISBN 978-7-111-71071-4

Ⅰ.①三… Ⅱ.①辛… ②郝… Ⅲ.①三坐标测量机-高等职业教育-教材 Ⅳ.①TH721

中国版本图书馆CIP数据核字（2022）第110538号

机械工业出版社（北京市百万庄大街22号 邮政编码100037）

策划编辑：刘良超　　责任编辑：刘良超

责任校对：肖 琳 李 婷　封面设计：严娅萍

责任印制：任维东

河北鹏盛贤印刷有限公司印刷

2024年12月第1版第5次印刷

184mm×260mm · 8.25印张 · 200千字

标准书号：ISBN 978-7-111-71071-4

定价：45.00元

电话服务	网络服务
客服电话：010-88361066	机 工 官 网：www.cmpbook.com
010-88379833	机 工 官 博：weibo.com/cmp1952
010-68326294	金 书 网：www.golden-book.com
封底无防伪标均为盗版	机工教育服务网：www.cmpedu.com

前　言

在现代制造业中，没有精密的测量就没有精密的产品，因此必须使用精密测量仪器对生产过程进行检测、检查以及故障诊断。三坐标测量机是一种重要的精密测量仪器，可广泛用于机械制造、电子、汽车和航空航天等领域，进行精密零部件的尺寸、形状及相互位置的检测，例如箱体、导轨、涡轮、叶片、缸体、凸轮、齿轮等空间型面的测量。三坐标测量技术是工业产品质量检测技术、数控技术、机电一体化技术等专业学生需要掌握的一项重要技能。为学习者提供“有效、有趣”的新形态教材是本书的编写目标。

党的二十大报告指出，“推进教育数字化，建设全民终身学习的学习型社会、学习型大国。”为响应二十大精神，本书制作了动画、视频等数字资源，并建设了在线课程。本书以学习任务的形式，按照三坐标测量技术由基础到高级的逻辑编写，打破当前三坐标测量技术教学过程中“使用说明书”式的教材形式，以企业实际案例为牵引实施学习任务，制订任务工单。本书具体内容包括已有测量程序的 DEMO 工件检测，数控铣零件的手动测量，数控铣零件的自动测量程序编写及检测，数控车零件的自动测量程序编写及检测，发动机缸体的自动测量程序编写及检测。

针对三坐标测量技术发展迅速的特点，本书从高职学生实际情况出发，力求做到“抓痛点、解难点、有看点”，形成如下特色：

1）本书融入工业产品质量检测技术专业教学资源库线上课程资源，与信息化教学紧密结合，重点、难点之处以二维码形式添加动画、视频、虚拟仿真等动态资源以辅助重要知识点、技能点教学。

2）三坐标测量技术教学理论与实践兼备，本书主体内容页面分成两栏，左栏呈现实操过程，右栏呈现理论知识点，以实操过程为教学主导，利于开展学做一体、理实结合的教学。

3）本书属于校企合作教材，内容以实际企业案例为牵引，以最新三坐标测量技术为基础，使得教学过程保持先进性、实用性。

4）本书融入大量素养提升元素，从“7S”管理制度，到大国工匠事迹，不仅培养了学生的理论和实践能力，还培养了学生良好的职业素养和操守。

5）本书采用四色印刷，装帧精美，通过打垄工艺，体现了“活页式”形式，学生可根据需要将任务工单拆下、上交。

本书由九江职业技术学院辛金栋、海克斯康制造智能技术（青岛）有限公司郝健任主编，九江职业技术学院韩燕、王晓伟、海克斯康制造智能技术（青岛）有限公司王振环任副主编，参加编写的人员还有常州机电职业技术学院陆宇峰，海克斯康制造智能技术（青岛）有限公司孙东辰、万惠东、王姝、九江职业技术学院朱家梁。

由于编者水平有限，书中难免存在遗漏和不妥之处，敬请读者批评指正，不胜感激。

编　者

二维码列表

资源名称	二维码	资源名称	二维码
二维码 01　三坐标测量机的结构组成		二维码 09　三坐标测量机操纵盒的使用	
二维码 02　三坐标测量机的三轴运动		二维码 10　PC-DMIS 界面介绍	
二维码 03　三坐标测量机的工作原理		二维码 11　三坐标测量机的分类	
二维码 04　三坐标测量机结构-气浮轴承		二维码 12　三坐标测量机的工作环境要求	
二维码 05　测头与测座间的连接		二维码 13　三坐标测量机组成、工作环境和保养要求	
二维码 06　三坐标测量机的结构-测头		二维码 14　测头的校验过程	
二维码 07　三坐标测量机测针分类		二维码 15　测头配置和校准	
二维码 08　操纵盒功能介绍		二维码 16　测头的定义-添加角度	

（续）

资源名称	二维码	资源名称	二维码
二维码 17　测头的定义-标准球矢量方向		二维码 27　手动测量特征方式及注意事项	
二维码 18　测头校核参数设置-角度设置		二维码 28　手动测点	
二维码 19　基本参数设置		二维码 29　手动采线	
二维码 20　测量机启动、关闭操作规范		二维码 30　手动采面	
二维码 21　建立工作坐标系作用		二维码 31　手动测圆	
二维码 22　3-2-1 法粗建坐标系		二维码 32　手动测柱体	
二维码 23　零件坐标系的建立方法-面面面		二维码 33　手动测圆锥	
二维码 24　零件坐标系的建立方法-面线点		二维码 34　测量球体	
二维码 25　零件坐标系的建立方法-面圆圆		二维码 35　三坐标测量机的测量过程	
二维码 26　手动测量特征		二维码 36　建工件坐标系	

（续）

资源名称	二维码	资源名称	二维码
二维码 37　移动点的设置		二维码 47　构造特征-中分面	
二维码 38　自动坐标系的建立		二维码 48　构造特征-集合	
二维码 39　自动测量特征命令		二维码 49　评价距离及报告	
二维码 40　自动圆和自动圆柱		二维码 50　评价夹角及报告	
二维码 41　自动圆锥和自动球的测量		二维码 51　评价平面度及报告	
二维码 42　自动采集平面		二维码 52　评价圆度及报告	
二维码 43　自动采集直线		二维码 53　评价直线度及报告	
二维码 44　自动采集圆柱		二维码 54　评价平行度及报告	
二维码 45　自动采集圆锥		二维码 55　评价垂直度及报告	
二维码 46　自动采集球		二维码 56　评价倾斜度及报告	

（续）

资源名称	二维码	资源名称	二维码
二维码 57　评价位置度及报告		二维码 64　几何公差和报告输出（轮廓度、位置度）	
二维码 58　评价对称度及报告		二维码 65　几何公差和报告输出（形状、方向）	
二维码 59　几何构造		二维码 66　安全空间的使用	
二维码 60　构造特征-公共轴线		二维码 67　三坐标测量机测头补偿原理 1	
二维码 61　评价同轴度及报告		二维码 68　三坐标测量机测头补偿原理 2	
二维码 62　数模的导入与使用		二维码 69　三坐标测量机测头补偿原理 3	
二维码 63　位置、尺寸、距离和夹角评价			

目　录

学习任务1
已有测量程序的DEMO工件检测

【学习目标】

通过学习本任务，学生应达到以下基本要求：

1）熟悉“7S”的定义，掌握在三坐标检测期间如何执行“7S”管理。

2）掌握三坐标测量机的开机和操纵盒的使用。

3）掌握启动软件的方法，并了解 PC-DMIS 测量软件界面。

4）掌握三坐标测量机的测头配置和测头校验。

5）掌握正确关闭软件和测量机的方法。

【考核要点】

学习“7S”管理，掌握三坐标测量机检测前的准备工作。

【建议学时】

4 学时。

【内容结构】

测量机开机	测头校验	工件检测	测量机关机
1.测量机的工作环境 2.开机前的准备工作 3.开机方法 4.操纵盒的使用	1.PC-DMIS软件介绍 2.打开测量程序 3.测头配置 4.标定工具介绍 5.测头校验 6.查看校验结果	1.运行测量程序 2.手动粗建坐标系（工件坐标系） 3.查看测量报告 4.保存并打印测量报告	1.保存程序 2.关闭测量软件 3.关闭测量机

任务1 工 单

任务名称	已有测量程序的DEMO工件检测	学时	4学时	班级	
学生姓名		学号		成绩	
实训设备		实训场地		日期	
学习任务	1)熟悉"7S"的定义,掌握在三坐标检测期间如何执行"7S"管理 2)掌握三坐标测量机的开机和操纵盒的使用 3)掌握启动软件的方法,并了解PC-DMIS测量软件界面 4)掌握三坐标测量机的测头配置和测头校验 5)掌握正确关闭软件和测量机的方法				
任务目的	学会三坐标测量室"7S"管理方法,掌握测量机开、关机方法,重点掌握测头校验过程				
知识资讯 (若表格空间不够,可自行添加白纸)					

（续）

<table>
<tr><td>实施过程
（若表格空间不够，
可自行添加白纸）</td><td colspan="3"></td></tr>
<tr><td rowspan="4">评估</td><td colspan="3">1. 请根据任务完成情况，对自己的工作进行评估

2. 成绩评定</td></tr>
<tr><td>小组对本人的评定</td><td>（甲、乙、丙、丁）</td><td></td></tr>
<tr><td>教师对小组的评定</td><td>（一、二、三、四）</td><td></td></tr>
<tr><td>学生本次任务成绩</td><td colspan="2"></td></tr>
</table>

1.1 “7S” 管理

1.1.1 整理（SEIRI）

首先需要明确在三坐标检测室中，对测量有用的物品放置于方便拿放的位置；在测量过程中偶尔能用到的物品放置于测量室备用架上；将测量室中与测量无关的物品清理出测量现场。

1. 无水酒精及无纺布

在擦拭工件、标准球、工作台面时，必须使用无水酒精搭配无纺布，如图 1-1 所示。

图 1-1 无纺布和无水酒精

2. 标准球

在测量工件前、测头碰撞后需要使用标准球对测头进行校准，如图 1-2 所示。

图 1-2 标准球

3. 夹具

根据被测工件的装夹要求，选择合适的夹具，如图 1-3 所示。

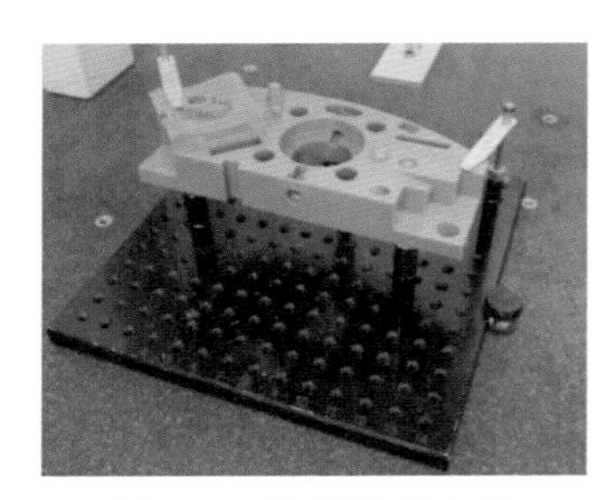

图 1-3 教学通用夹具

【知识资讯】

“7S”起源于日本，是指在生产现场中对人员、机器、材料、方法、环境等生产要素进行有效管理的一种管理方法，即整理（SEIRI）、整顿（SEITON）、清扫（SEISO）、清洁（SEIKETSU）、素养（SHITSUKE）、节约（SAVE）、安全（SAFETY）。

整理（SEIRI）

定义：整理是区分哪些物品是有用的、哪些物品是少用的、哪些物品是用不着的，然后将无用的物品清除出现场，只留下有用的和必要的物品。

目的：腾出空间，予以使用，预防误用、误送，塑造清洁的工作环境。

【多项选择题】

（　　）是“7S”中“整理”的工作内容。

A. 脏乱的环境

B. 消极的心态

C. 电子文档

D. 不用的配线管

【简答题】

结合学校内的三坐标检测室，说说应当如何将“7S”中的“整理”贯彻执行下去？

1.1.2　整顿（SEITON）

将无纺布及酒精放置于测量机旁，且不影响测量人员走动的位置处。标准球、工件等应当置于三坐标测量机旁的柜子或者桌子处，并分类排列整齐。其他必要物品也需要明码标识。所有物品每次使用过后，均要将物品放置回原处。整顿后的三坐标检测室如图 1-4 所示。

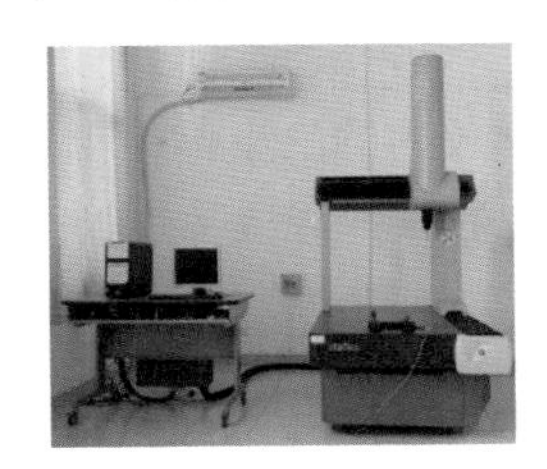

图 1-4　整顿后的三坐标检测室

1.1.3　清扫（SEISO）

在检测开始前，检测完成后，应当清理测量室的卫生，保证测量机工作台面无灰尘、无切屑等，以确保机器运动时不会产生干涉，如图 1-5 所示。

图 1-5　擦拭导轨

1.1.4　清洁（SEIKETSU）

将整理、整顿、清扫写入三坐标检测室的规章制度，并要求检测人员严格执行。

1.1.5　素养（SHITSUKE）

检测人员应当遵守检测室的规章制度，养成良好的检测习惯。

1.1.6　节约（SAVE）

检测前，对测量时间进行合理规划。检测完成后，及时关闭气源、电源等，防止造成资源浪费。

1.1.7　安全（SAFETY）

安全第一，检测前环视测量室工作环境，排除事故隐患。在安全的环境下才能进行检测任务。

【知识资讯】

整顿（SEITON）

定义：要用的东西定位、定量摆放整齐，明码标识，并保持需要时能立即取出的状态。

目的：工作场所一目了然，不用浪费时间找东西。

整顿过程中的三定原则：定位、定量、定物（标识）。

定位：决定合理的位置。确定物品放置的合理位置应该遵循两个原则：

1）位置要固定。

2）根据物品使用的频度和使用的便利性来决定物品放置的场所。

定量：决定合理的数量。确定物品放置数量的原则是，在不影响工作的前提下存放的数量越少越好。这样做的好处是不占用场地，不占用资金，并且管理简单。

标识：进行合理的标识。在工作现场，标识的内容要能回答两个相对应的问题：

1）物品存放在哪里。

2）这是什么场所。

留在现场的物品必须放置在指定的地方，每一件物品均有其指定的储位，并标识清楚，使谁都明白“物品放在哪里”。

清扫（SEISO）

定义：将岗位保持在无垃圾、无灰尘、干净整洁的状态。

目的：保持室内干净明亮，设备良好。

清洁（SEIKETSU）

定义：将以上“3S”的做法制度化、规范化，并维持实施结果。

目的：将清扫工作细微化、洁净化，进一步发现改善点，通过制度化来维持结果。

素养（SHITSUKE）

定义：“常自律”，对于规章制度，大家都要遵守执行，积极向上。

目的：养成遵守规范的好习惯。

节约（SAVE）

定义：“常自检”，对时间、空间、能源、人力资源、设备、物料等方面合理利用。

目的：养成降低成本的习惯。

安全（SAFETY）

定义：“常自查”，清除事故隐患，排除险情，保障员工的人身安全和生产的正常运行。

目的：防止安全事故的发生。

素养提升

脚踏实地、知行合一——大国工匠夏立

夏立是中国电子科技集团公司第五十四研所钳工，高级技师，担任航空、航天通信天线装配责任人。作为一名钳工，在博士扎堆儿的研究所里毫不显眼，但是博士工程师设计出来的图样能不能落到实处，都要听听他的意见。几十年的时间里，夏立天天和半成品通信设备打交道，在生产、组装工艺方面，夏立攻克了一个又一个难关，创造了一个又一个奇迹。

上海65m射电望远镜要实现灵敏度高、指向精确等性能，其核心部件方位俯仰控制装置的齿轮间隙要达到0.004mm。能够完成这个“不可能的任务”的人，就是有着近30年钳工经验的夏立。作为通信天线装配责任人，夏立还先后承担了“天眼”射电望远镜、嫦娥四号卫星、索马里护航军舰、“9·3”阅兵参阅方阵上通信设施的卫星天线预研与装配、校准任务。

通信天线的安装，就是将各个部件组装起来。在外人看来，工业化时代，工业产品的组装应该在流水线上完成，或由机器人完成。像夏立和工人师傅们这样，仍旧用双手将一个个零部件组合到一起，显得似乎不够现代化。这是因为在特殊环境、特殊结构上需要超高精度装配，虽然机械设备自动化程度很高，但是高精度装配无法由机器人替代，必须要靠工人师傅们长期积淀形成的手感来确定。

“现代科技使许多精密制造实现了自动化，但要实现这种超高精度的装配，离不开高技能工人的手工操作，夏立完全‘融’进了卫星天线的装配。”夏立的同事们由衷赞叹。

“工匠精神就是坚持把一件事做到最好。”夏立是这么说的，也是如此坚持的。脚踏实地，知行合一，大国工匠，实至名归！

【思考题】

1. 结合学校内的三坐标检测室，说说应当如何将“7S”中的“整顿”贯彻执行下去？

2. 结合学校内的三坐标检测室，说说应当如何将“7S”中的“清洁”贯彻执行下去？

3. 如何将“7S”管理融入到自己的日常生活？

4. 请阐述三坐标测量中如何执行“7S”管理。

【多项选择题】

下列选项中符合“7S”管理的有（　　）。

A. 整理

B. 素养

C. 节约

D. 安全

1.2　实训室三坐标测量机配置

1.2.1　测量机型号

海克斯康 Global Advantage 05. 07. 05 三坐标测量机如图 1-6 所示。

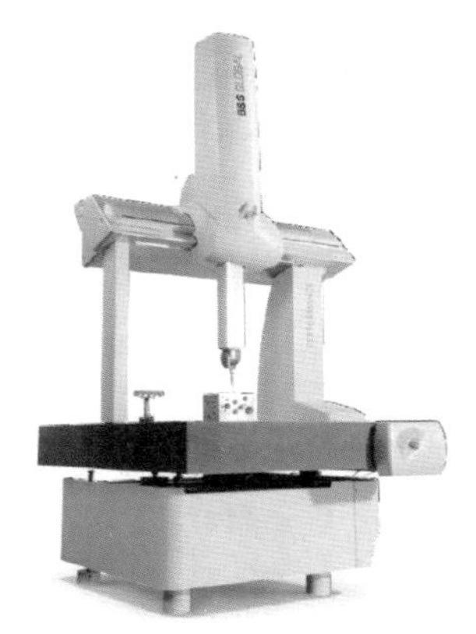

图 1-6　三坐标测量机

1.2.2　测座及传感器配置

HH-A-T5 测座如图 1-7 所示。

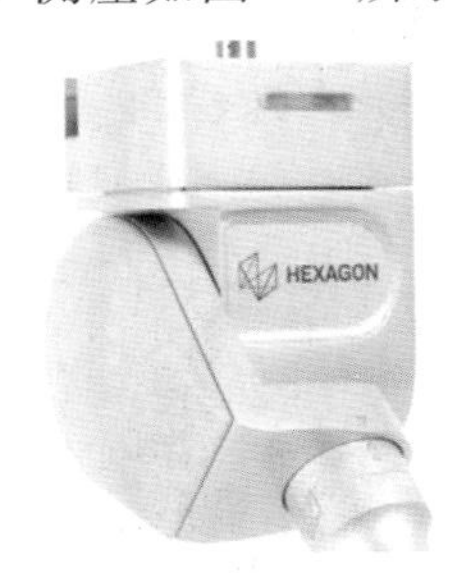

图 1-7　HH-A-T5 测座

HP-TM 触发式测头，如图 1-8 所示。

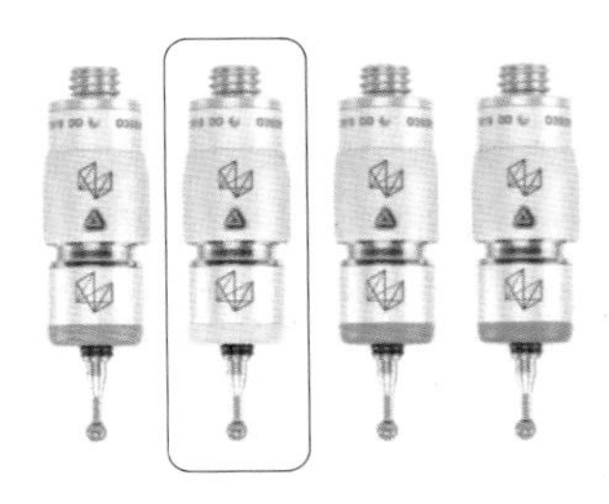

图 1-8　HP-TM 触发式测头

【知识资讯】

测量机介绍

Global Advantage 05. 07. 05 三坐标测量机为移动桥式测量机，X 轴、Y 轴和 Z 轴的行程分别是 500mm、700mm 和 500mm，其参数见知识资讯表 1-1。

知识资讯表 1-1　机器参数表

性能指标：最大允许误差 MPE/μm，L/mm				最大三维速度/(mm/s)	最大三维加速度/(mm/s^2)
测头配置	标准温度范围 18～22℃				
	MPE_E	MPE_p	MPE_{THP}		
HP-TM	1.9+3L/1000	2.0	—	866	4300

HH-A-T5 测座

自动旋转分度测座，其中三坐标测量机常用测座（知识资讯图 1-1）分为：

1）固定式测座：不能旋转，测座可以消除旋转定位重复性误差，通常应用于高精度的测量机。

2）旋转式测座：旋转式测座可分为自动式旋转测座和手动旋转式测座，可以灵活配置测头角度。

TESASTAR-m　TESASTAR-I M8　LSP-X5

知识资讯图 1-1　三坐标测量机常用测座

HP-TM 触发式测头

带吸盘的模块化 5 方向触发式测头。测头是负责采集测量信息的组件，测量方式分为接触式触发测量、接触式连续扫描测量以及非接触式光学测量，常见测头如知识资讯图 1-2 所示。

知识资讯图 1-2　常见测头

1.3　三坐标测量机开关机及测头校验

1.3.1　测量机开机

1）开机前准备工作。

① 检测机器的外观及机器导轨是否有障碍物。

② 对导轨及工作台进行清洁。

③ 检测温度、湿度、气压、配电等是否符合要求。

2）旋转红色旋钮，打开气源（气压表指正在绿色区间内为合格），如图 1-9 所示。

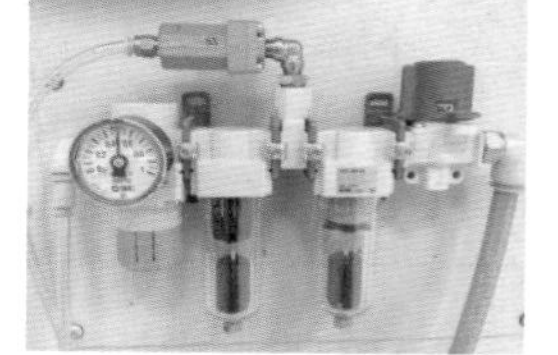

图 1-9　气源装置

3）开启控制柜电源，图 1-10 所示为 DC800 控制柜，系统进入自检状态（操纵盒所有指示灯全亮），开启计算机电源。

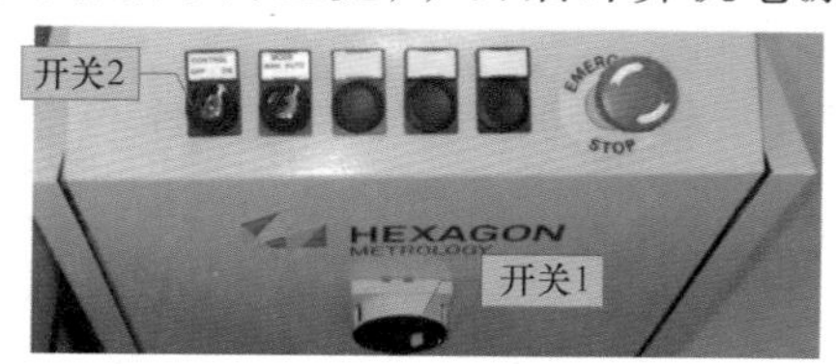

图 1-10　DC 800 控制柜

4）系统自检完毕，操纵盒部分指示灯灭，如图 1-11 所示，长按加电键按钮 2s 给驱动加电。

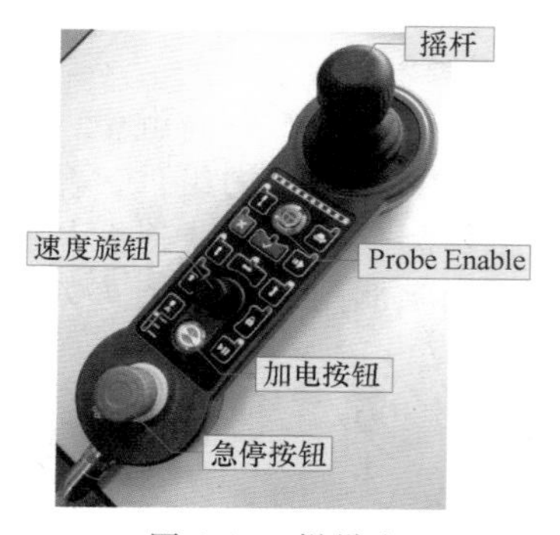

图 1-11　操纵盒

【知识资讯】

三坐标测量机的工作条件：常用控制柜、操纵盒按键功能分别如知识资讯图 1-3~知识资讯图 1-5 所示。

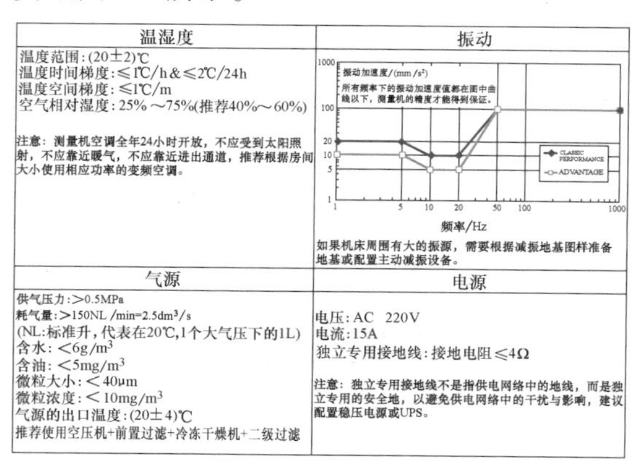

温湿度	振动
温度范围：(20±2)℃ 温度时间梯度：≤1℃/h&≤2℃/24h 温度空间梯度：≤1℃/m 空气相对湿度：25%～75%(推荐40%～60%) 注意：测量机空调全年24小时开放，不应受到太阳照射，不应靠近暖气，不应靠近进出通道，推荐根据房间大小使用相应功率的变频空调。	振动加速度/(mm/s²) 所有频率下的振动加速度值都在图中曲线以下，测量机的精度才能得到保证。 CLASSIC PERFORMANCE ADVANTAGE 频率/Hz 如果机床周围有大的振源，需要根据减振地基图样准备地基或配置主动减振设备。
气源	**电源**
供气压力：>0.5MPa 耗气量：>150NL /min=2.5dm³/s (NL:标准升，代表在20℃,1个大气压下的1L) 含水：<6g/m³ 含油：<5mg/m³ 微粒大小：<40μm 微粒浓度：<10mg/m³ 气源的出口温度：(20±4)℃ 推荐使用空压机+前置过滤+冷冻干燥机+二级过滤	电压：AC　220V 电流：15A 独立专用接地线：接地电阻≤4Ω 注意：独立专用接地线不是指供电网络中的地线，而是独立专用的安全地，以避免供电网络中的干扰与影响，建议配置稳压电源或UPS。

知识资讯图 1-3　三坐标测量机工作条件

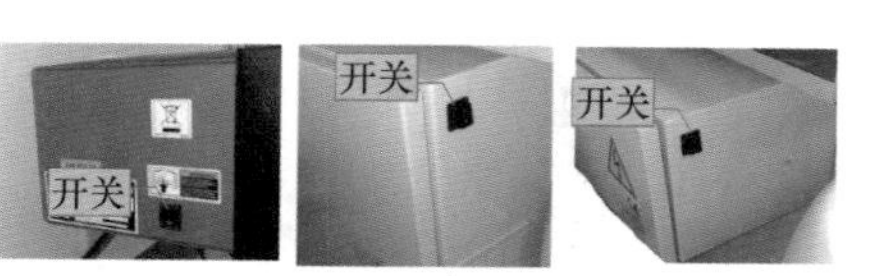

知识资讯图 1-4　三坐标测量机常用控制柜

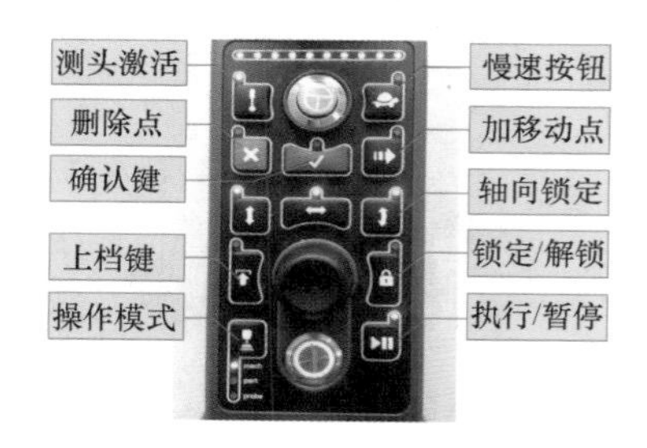

知识资讯图 1-5　操纵盒按键功能

摇杆+Probe Enable：手动驱动测量机进行 X、Y、Z 轴向移动，如图 1-11 所示。

速度旋钮：用来控制三坐标测量机运行速度，如图 1-11 所示。

加电按钮：三坐标测量机启动控制柜完成自检后需要按此按钮给驱动加电，如图 1-11 所示。

急停按钮：在测量机测量过程中将要发生碰撞时，可按下此按钮，如图 1-11 所示。

测头激活：灯亮时表示测头处在激活状

5）使用管理员权限启动 PC-DMIS 软件，如图 1-12 所示。

图 1-12　启动 PC-DMIS 软件

6）选择当前的默认测头文件（如当前无配置的测头，则选择未连接测头），如图 1-13 所示。

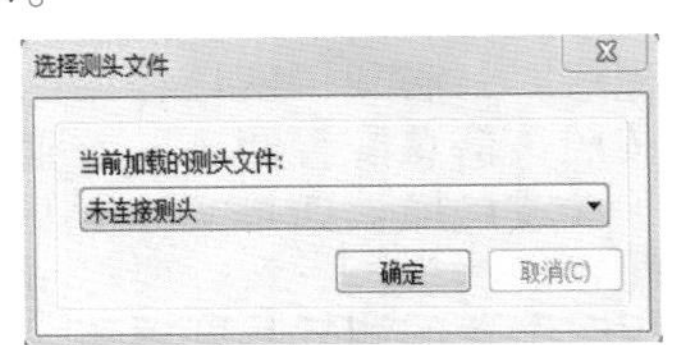

图 1-13　选择测头文件

7）单击确定，测量机自动回到测量机的零点，如图 1-14 所示。

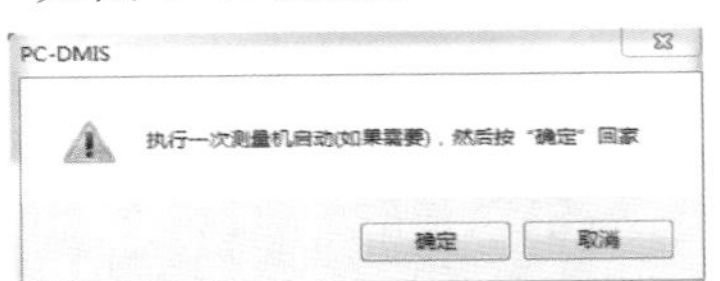

图 1-14　测量机回零点对话框

8）测量机回零后，PC-DMIS 进入工作界面，如图 1-15 所示，接下来可以进行测量操作。

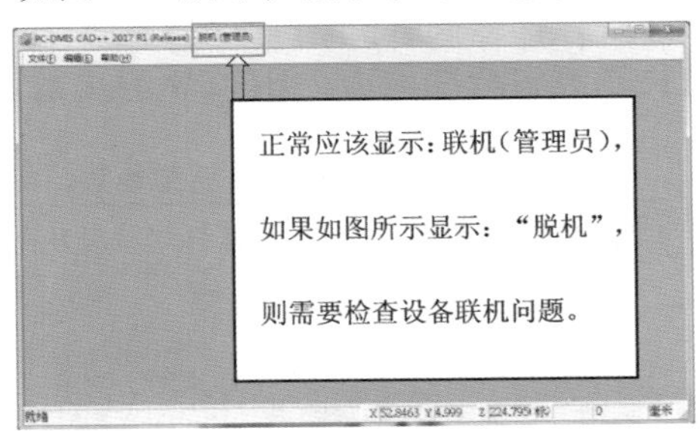

图 1-15　PC-DMIS 软件工作界面

态，测量过程中需要保持长亮。

慢速旋钮：灯亮时表示三坐标测量机进入慢速移动状态（仅手动模式有效）。

删除点：用于手动测量误采点后删除该点。

移动点：在测量机自动测量编程过程中手动添加移动点。

轴向锁定：手动驱动测量机按照指定轴向移动（灯亮时表示测量机可以沿该轴移动）。

锁定/解锁：通过该按钮取放测头吸盘。

上档键：特定机型（配置 CW43 测座）使用，用于旋转角度。

操作模式：在测量机手动测量过程中进行 mach/part/probe 三个模式的切换。

执行/暂停：灯亮时表示测量机处在执行状态。

三坐标测量机的机器坐标系及原点如知识资讯图 1-6 所示，这个坐标系是在测量机里是固定不变的。

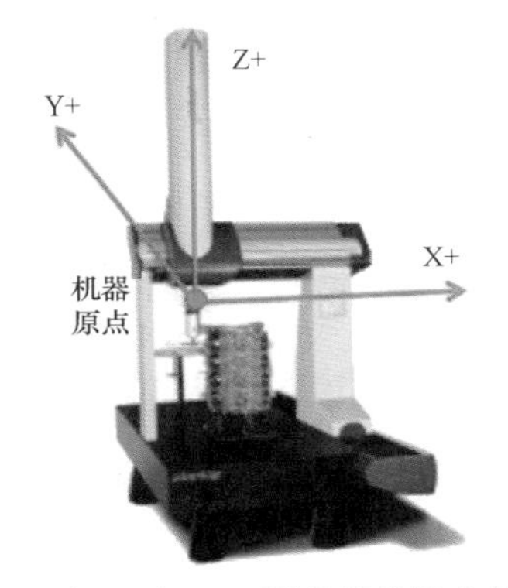

知识资讯图 1-6　测量机机器坐标系

【思考题】

请梳理三坐标测量机的开关机顺序。

____

____

____

____

____

____

1.3.2 测头校验

1）单击“新建”，在“零件名”处输入“Hexagon”，确定单位为“毫米”，如图 1-16 所示。未联网状态接口为脱机；联机状态下则确定接口为“机器 1”。

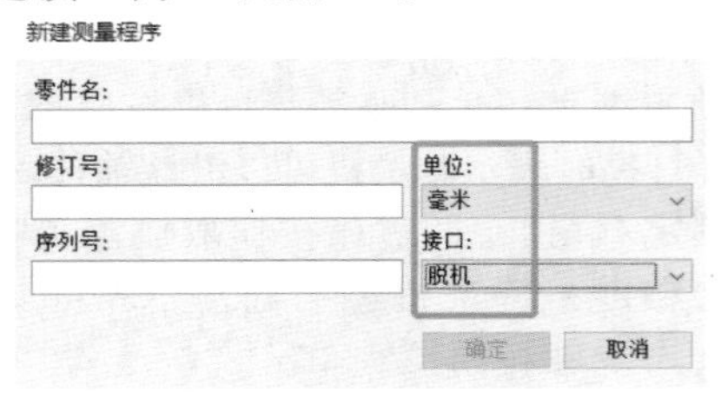

图 1-16　新建测量测序

2）将光标放在加载测头处，并按 F9 键（或右键→编辑），如图 1-17 所示，弹出测头工具框。

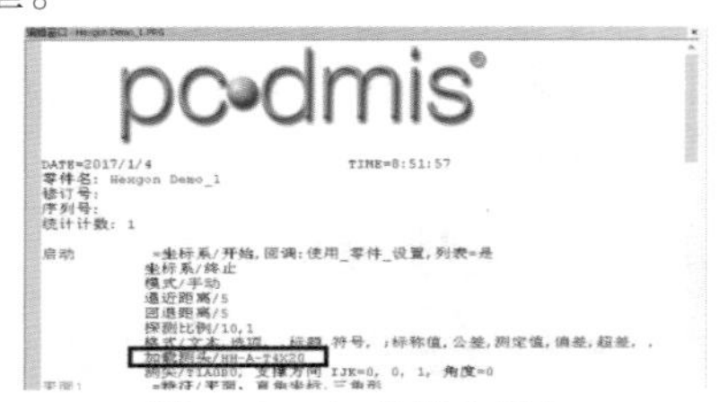

图 1-17　加载测头语句

3）配置测头文件，图 1-18 所示为测头工具框，在“测头文件”框下输入测头文件名（格式可以为名字缩写_测针型号，如：ZN_3X40），然后在“测头说明”处，单击下拉框，选择测头文件信息。配置完成的测头如图 1-19 所示。

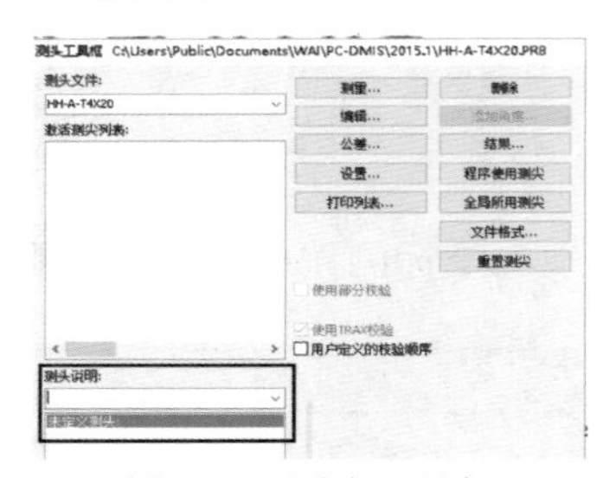

图 1-18　测头工具框

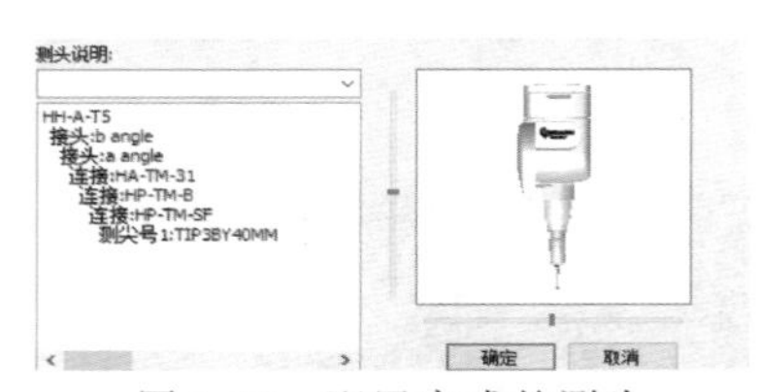

图 1-19　配置完成的测头

【知识资讯】

完整的测头校验流程如知识资讯图 1-7 所示。操作者编程时要将测头配置保存，在测量程序里做好备注，最好的方法是保存测头文件（＊.prb），以便操作人员在测量工件时能够得到相关的测头配置信息。测头配置信息包含测座、测头、转接、加长杆、测针、所使用的角度等。操作人员在使用新的测量程序时，必须了解该程序的测头配置信息，并按照该信息配置测头，否则有可能会导致测针干涉或碰撞。如果实际所使用的测头和编程时配置的测头不一致，要尽量确保所用测针和编程时配置的测针长度近似，并在第一次运行时进行程序调试。

知识资讯图 1-7
测量校验流程图

本次测头检验选用的是 HH-A-T5 测座测头组件，如知识资讯图 1-8 所示。

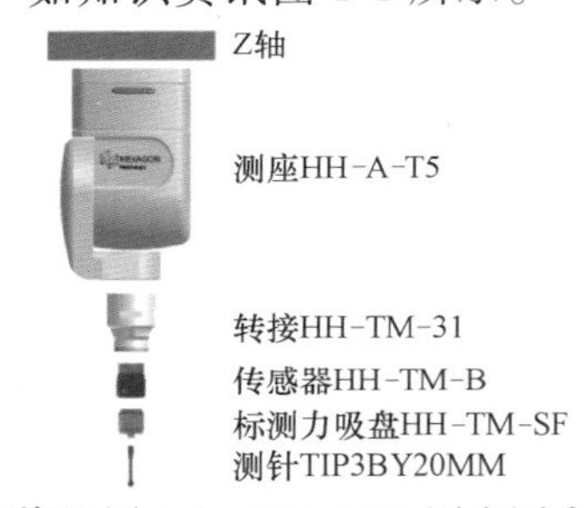

知识资讯图 1-8　HH-A-T5 测座测头组件

注意：选择测针和加长杆时要考虑测头的加长能力和承载能力，HP-TM 测头的参数见知识资讯表 1-2。

知识资讯表 1-2　HP-TM 测头参数

测头名称（数据基于 8mm/s 速度测试）	低测力	标测力	中测力	高测力
颜色	红	黄	绿	蓝
选用依据	橡胶等非金属表面需要低测力；细测针需要低测力	大多数情况下	比标测力要求大测针较长	大测针或容易误触发机器
推荐使用配置和设置	触测距离≥0.8mm，触测速度≤8mm/s			
最大允许不锈钢和碳化钨测针长度	30mm	30mm	60mm	60mm
最大允许碳纤维测针长度	30mm	50mm	60mm	60mm
最大允许星形测针长度	不能接	20mm	20mm	20mm

4）添加测头角度。配置好测头后，会自动添加A0B0角度，可根据实际检测需求，添加额外角度。此处以A90B180、A45B90角度为例，如图1-20所示，单击“添加角度”，出现图1-21所示“添加新角”对话框，即可输入相应角度。

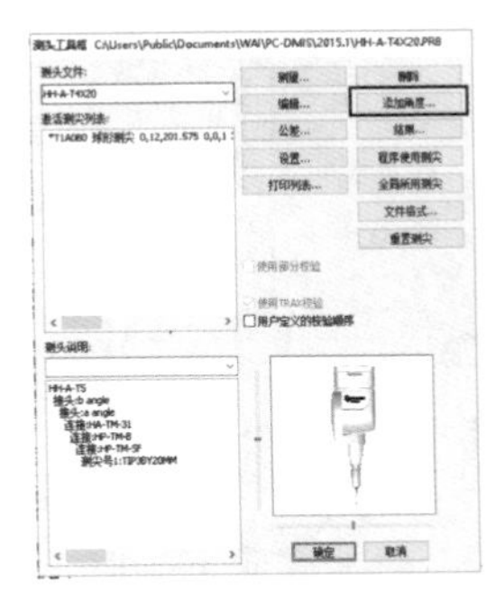

图1-20　测头工具对话框

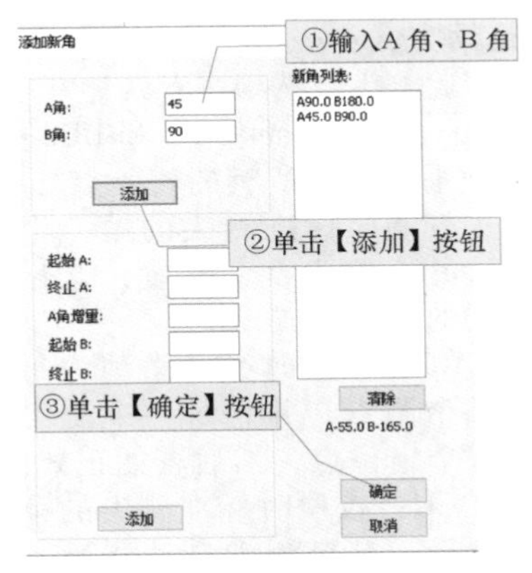

图1-21　“添加新角”对话框

5）校验用的标准器（标准球）如图1-22所示，将其固定到机器上，保证标准球的稳固和清洁，同时检查测头各连接部分的稳定，保证红宝石测球的清洁。

图1-22　标准球装置

【知识资讯】

HH-A-T5测座的角度范围和分度信息会在实际测座中标出，A角和B角的定义方式如知识资讯图1-9所示。

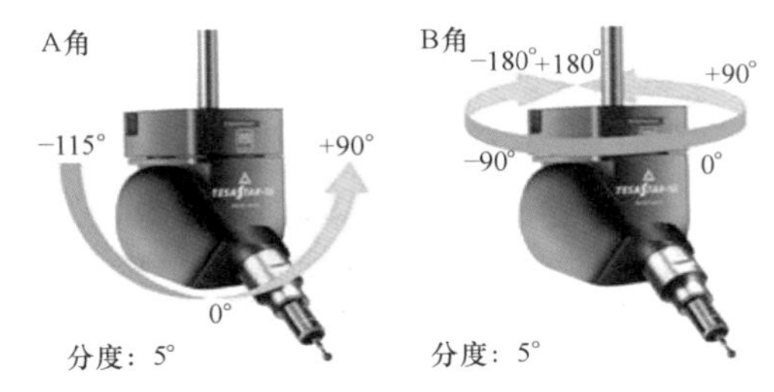

知识资讯图1-9　测座A角和B角的定义方式

实际测量中只能使用检验过的角度，未校验角度无法使用，未校验的角度前会有星号标识，如知识资讯图1-10所示。

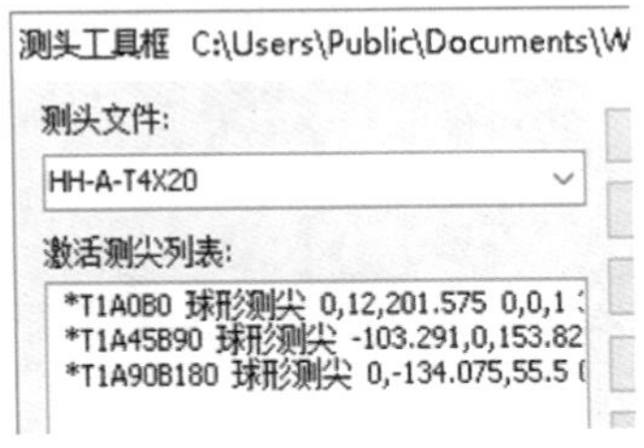

知识资讯图1-10　未校验角度

标准球：标准球会随测量机配置，是高精度的标准器，在使用中要注意保护。测头校验的结果对测量精度影响很大，要保证测量机精度，标准球需要定期校准。

【思考题】

请描述测头校验过程。

____

____

____

6）单击图 1-20 所示的“测量”按钮，弹出如图 1-23 所示的“校验测头”对话框，设置参数。

图 1-23 “校验测头”对话框

素养提升

任劳任怨、兢兢业业——大国工匠顾秋亮

顾秋亮在中国船舶重工集团公司第七〇二研究所从事钳工工作四十多年，先后参加和主持过数十项机械加工和大型工程项目的安装调试工作，是一名安装经验丰富、技术水平过硬的钳工技师。在蛟龙号载人潜水器的总装及调试过程中，顾秋亮同志作为潜水器装配保障组组长，工作兢兢业业，刻苦钻研，对每个细节进行精细操作，任劳任怨，以严肃的科学态度和踏实的工作作风，凭借扎实的技术技能和实践经验，主动勇挑重担，解决了一个又一个难题，保证了潜水器顺利按时完成总装联调。诚如顾秋亮所说，每个人都应该去寻找适合自己的人生之路。知识重要，手上的技艺同样重要，作为 21 世纪的主人，年轻一代理应看清——自己人生的价值体现其实不必拘泥于书本，接受大国工匠的人生故事感召，成为各种高精尖技艺的接班人，幸甚至哉！

【知识资讯】

校验测头需设置的参数含义如下：

① **测点数**：校验时每个角度测量标准球的采点数。**逼近/回退距离**：推荐 2.54mm。**移动速度**：推荐 30mm/s。**接触速度**：推荐 2mm/s。上述参数意义如知识资讯图 1-11 所示。

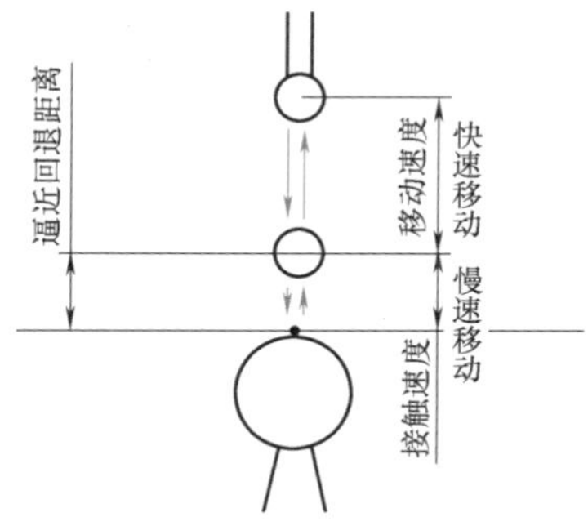

知识资讯图 1-11　测点数等参数意义

② **运动方式：一般采用 DCC 方式。**

在“校验测头”选项中有四种常用的校验模式：手动、自动、Man+DCC 和 DCC+DCC。

手动：手动测量所有的校验点。

自动：校验时标准测尖的第一个点需要手动测量，其余测尖自动测量，这也是校验时比较常用的一种方式。

Man+DCC：校验时必须手动为每一个测尖触测第一个测点，并且每一个测尖的校验均会测量 3 个定位点，然后开始正式校验。

DCC+DCC：校验时标准测尖的第一个点需要手动测量，其余测尖自动测量，并且每一个测尖的校验会测量 3 个定位点，然后开始正式校验。

③ **检验模式：测量点在标准球上的分布，一般采用用户定义，层数应选择 3 层。** 起始角和终止角可以根据情况选择，一般球形测针和柱形测针采用 0°~90°。对特殊测针（如盘形测针）校验时起始角、终止角要进行必要调整，起始角/终止角定义如知识资讯图 1-12 所示。

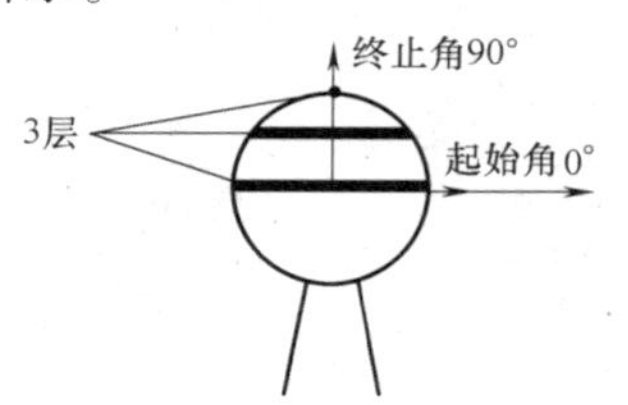

知识资讯图 1-12　起始角/终止角定义

7）单击图 1-23 所示的“添加工具”按钮，弹出如图 1-24 所示“添加工具”对话框，设置标准球参数，如果已有定义好的标准球，可以从“可用工具列表”中选择。设置完毕后，单击“确定”，返回图 1-23 所示的“校验测头”对话框。

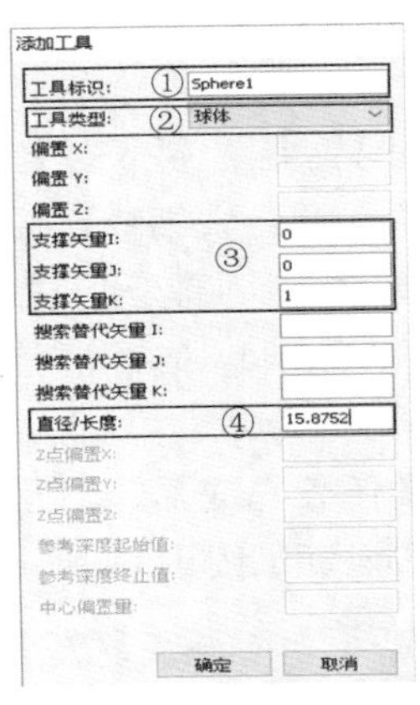

图 1-24　“添加工具”对话框

8）校验过程。单击图 1-23 所示“校验测头”对话框的“测量”按钮，出现图 1-25 所示对话框，勾选“是-手动采点定位工具”，单击“确定”按钮，弹出图 1-26 所示“警告：测针将旋转到 T1A0B0”对话框，确保测座周围无障碍物时单击“确定”按钮。弹出采点提示框，如图 1-27 所示，按照提示用操作盒在标准球手动采点，采点结束后，按操纵盒的“确认”键。测量机将按顺序自动运行，校验完所有角度，校验完成后，知识资讯图 1-10 的“激活测尖列表”里的星号将消失。

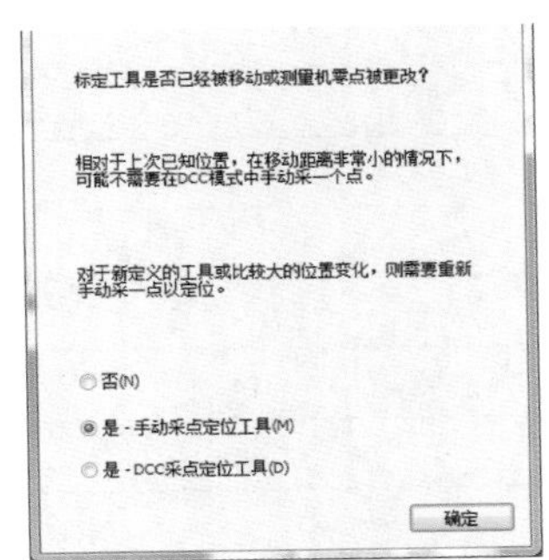

图 1-25　标定工具是否移动对话框

【知识资讯】

“添加工具”对话框中各项参数含义如下：

① **工具标识**：不能用！@ # $ %^& *（）- + =等特殊字符，建议使用英文大写。

② **工具类型**：一般选用球体。

③ **支承矢量**：标准球固定在机器上，可以有不用的方向，为了避免校验测头时测针和支承杆干涉，需要告知标准球的摆放方向，支承矢量定义如知识资讯图 1-13 所示。

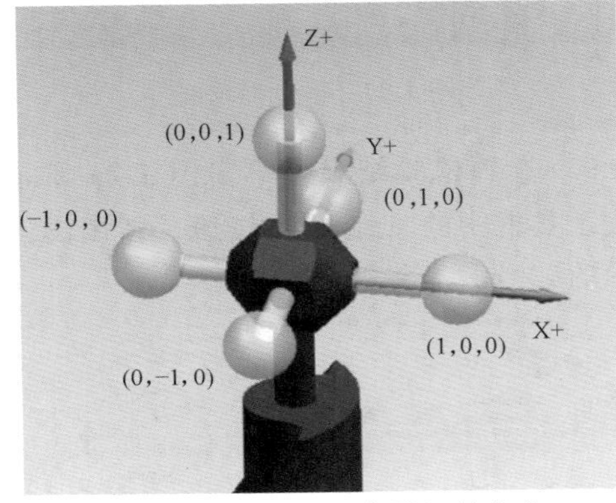

知识资讯图 1-13　支承矢量定义

④ **直径/长度**：在标准球（或其他标准器）的证书上会有标定直径（长度），并会定期校准，一定要输入最新的校准值。

标定工具是否移动或测量机零点被更改的意义是什么？

① 如果是第一次校验，需要选择“是-手动采点定位工具”。

② 如果是重新校验测针，标准球没有移动，则需要单击“否”，自动测量。

③ 如果是重新校验测针，标准球移动过，需要先校验参考测针（A0B0），并且单击“是-手动采点定位工具”。

操纵盒操作

参照图 1-11，手动操作时必须先将“慢速按钮”按亮，然后按住“Probe Enable”键，操作“摇杆”，左右控制 X 轴移动，前后控制 Y 轴，旋转控制 Z 轴。移动时速度应均匀，快接触采点位置时，速度更要变慢。听到采点提示音时，采点结束，将测针反方向移开。如果采点错误，可使用“删除点”键删除，并重新采点。

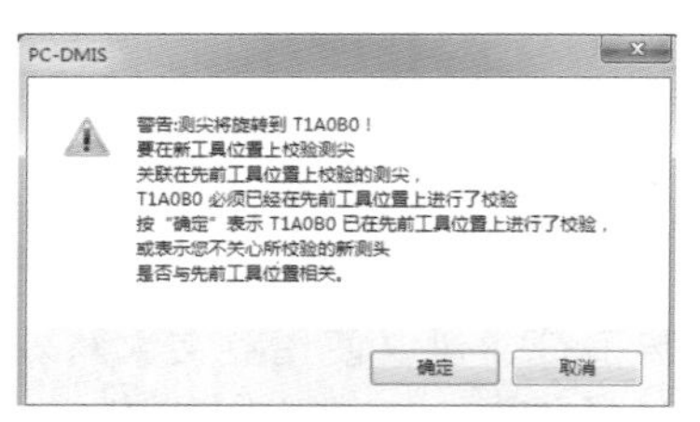

图 1-26　警告对话框

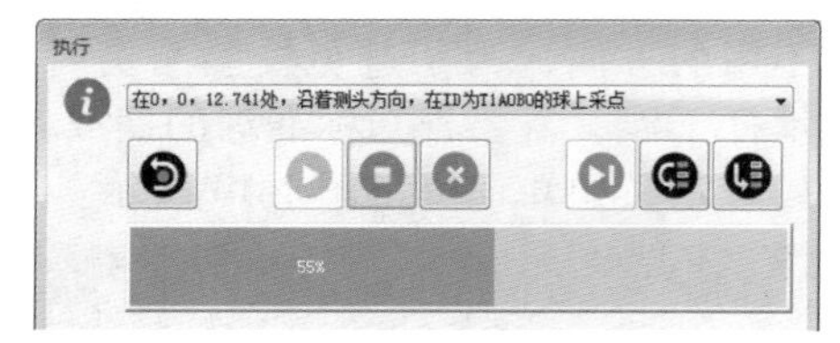

图 1-27　采点提示框

9）查看校验结果。单击图 1-28 所示的测头工具框中的“结果”按钮，弹出图 1-29 所示的“校验结果”对话框。

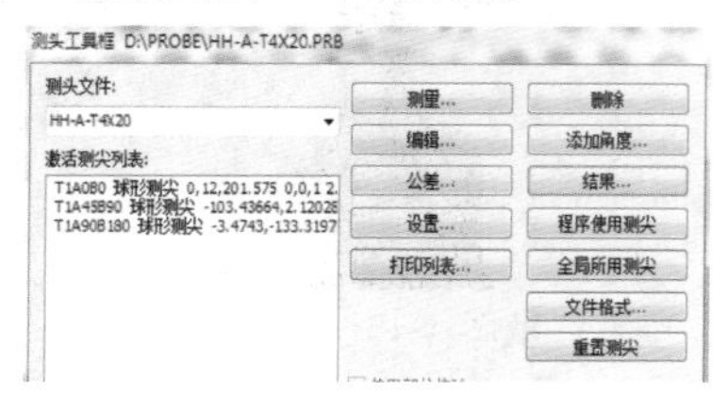

图 1-28　测头工具框

图 1-29　“校验结果”对话框

1.3.3　测量机关机

1）首先将测头移动到安全的位置和高度（避免造成意外碰撞）。

2）退出 PC-DMIS 软件，关闭控制系统电源和测座控制器电源。

3）关闭计算机，关闭气源。

> **总结：完成本任务的学习，应掌握“7S”管理概念，熟悉测量机的开机、测头校验以及测量机的关机操作。**

【知识资讯】

校验结果

如图 1-29 所示，“StdDev”是校验结果的标准差，这个误差越小越好，一般结果应小于 0.002。

当校验结果偏大时，可检查以下几个方面：

1）测针配置是否超长、超重或刚性太差（测力太大、测杆太细或连接太多）。

2）测头组件或标准球是否连接或固定紧固。

3）测尖或标准球是否清洁干净，是否有磨损或破损。

每次测量任务完成后，三坐标测量机的关机位置如知识资讯图 1-14 所示。

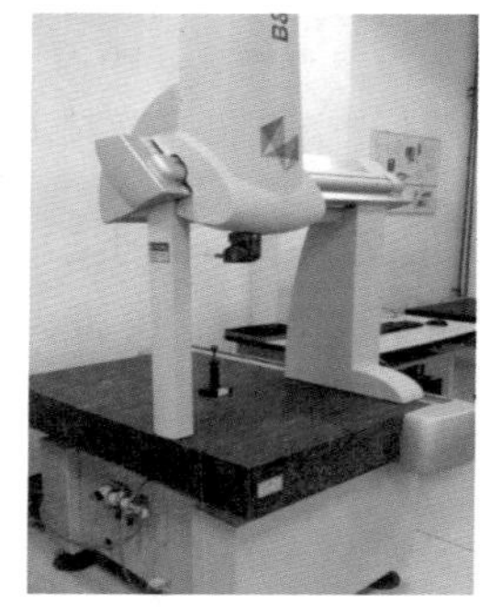

知识资讯图 1-14　测量机关机位置

【思考题】

校验测头的运动方式有哪些？

学习任务 2
数控铣零件的手动测量

【学习目标】

通过学习本任务，学生应达到以下基本要求：

1）掌握多测针角度的校验方法。

2）能够使用操纵盒移动坐标测量机，进一步了解各个操作键的功能。

3）掌握手动测量的方法。

4）掌握报告评价窗口的使用方法。

5）掌握工作平面的使用方法。

6）掌握距离评价的一般方法。

7）掌握保存测量报告的设置方法。

【考核要点】

根据数控铣零件检测图样，以手动测量的方式完成检测表中标注尺寸的检测，并输出测量报告。

【建议学时】

6 学时。

【内容结构】

测量准备	测头校验	零件检测	报告输出
1.工件摆放位置及姿态 2.工件装夹方案设计 3.测量顺序确认	1.测头选型 2.测头文件配置 3.测头自动校验程序 4.查看校验结果	1.手动建立坐标系 2.手动测量特征 3.添加尺寸评价命令	1.设置报告保存方式 2.保存并打印报告

任务2 工　单

任务名称	数控铣零件的手动测量	学时	6学时	班级	
学生姓名		学号		成绩	
实训设备		实训场地		日期	
学习任务	1)掌握多测针角度的校验方法 2)能够使用操纵盒移动坐标测量机,进一步了解各个操作键的功能 3)掌握手动测量的方法 4)掌握报告评价窗口的使用方法 5)掌握工作平面的使用方法 6)掌握距离评价的一般方法 7)掌握保存测量报告的设置方法				
任务目的	读懂图样,制订检测方案,手动控制操作盒对数控铣零件进行检测,完成尺寸评价并输出测量报告,重点学会“3-2-1”建立工件坐标系的方法				
知识资讯 (若表格空间不够,可自行添加白纸)					

（续）

<table>
<tr><td>实施过程
（若表格空间不够，可自行添加白纸）</td><td colspan="3"></td></tr>
<tr><td rowspan="4">评估</td><td colspan="3">1. 请根据自己任务完成情况，对自己的工作进行评估

2. 成绩评定</td></tr>
<tr><td>小组对本人的评定</td><td>（甲、乙、丙、丁）</td><td></td></tr>
<tr><td>教师对小组的评定</td><td>（一、二、三、四）</td><td></td></tr>
<tr><td>学生本次任务成绩</td><td colspan="2"></td></tr>
</table>

【检测任务描述】

现接到某机械加工厂的数控加工件检测任务，要求如下：

1）完成图2-1所示图样中零件的检测，检测项目见表2-1。

表2-1 检测项目 （单位：mm）

序号	尺寸	描述	理论值	公差	上极限尺寸	下极限尺寸	关联元素ID
1	D001	尺寸2D距离	60	±0.02	60.02	59.98	PLN1、PLN2
2	DF002	尺寸直径	40	0.04/0	40.04	40	CIR1
3	D003	尺寸2D距离	60	±0.05	60.05	59.95	CYL1、CYL2
4	D004	尺寸2D距离	28	±0.02	28.02	27.98	PLN3、PLN4
5	DF005	尺寸直径	12	±0.05	12.05	11.95	CYL3
6	D006	尺寸2D距离	78	0.04/0	78.04	78	PLN5、PLN6
7	SR007	尺寸球半径	5	±0.05	5.05	4.95	SPHERE1
8	A008	尺寸锥角	60°	±0.05°	60.05°	59.95°	CONE1

2）图样中未标注公差按照±0.05mm处理。

3）测量报告输出项目有尺寸名称、实测值、公差值、超差值，格式为PDF文件。

4）测量任务结束后，检测人员打印报告并签字确认。

零件测量特征布局图和立体图分别如图2-2、图2-3所示。

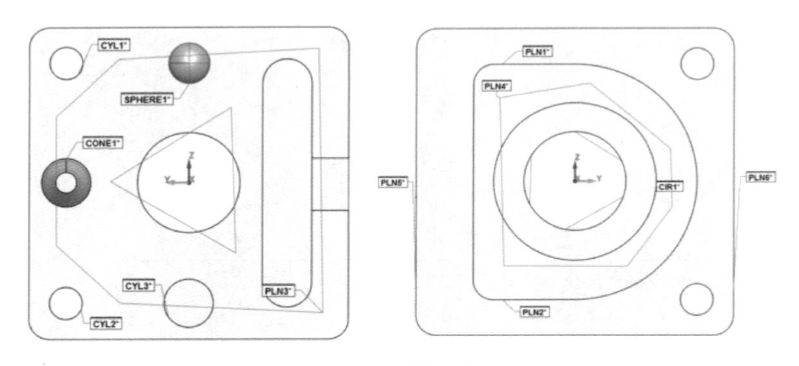

图2-2 测量特征布局图

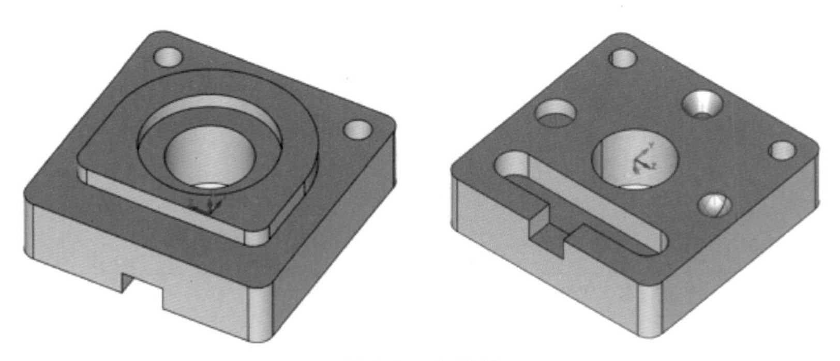

图2-3 立体图

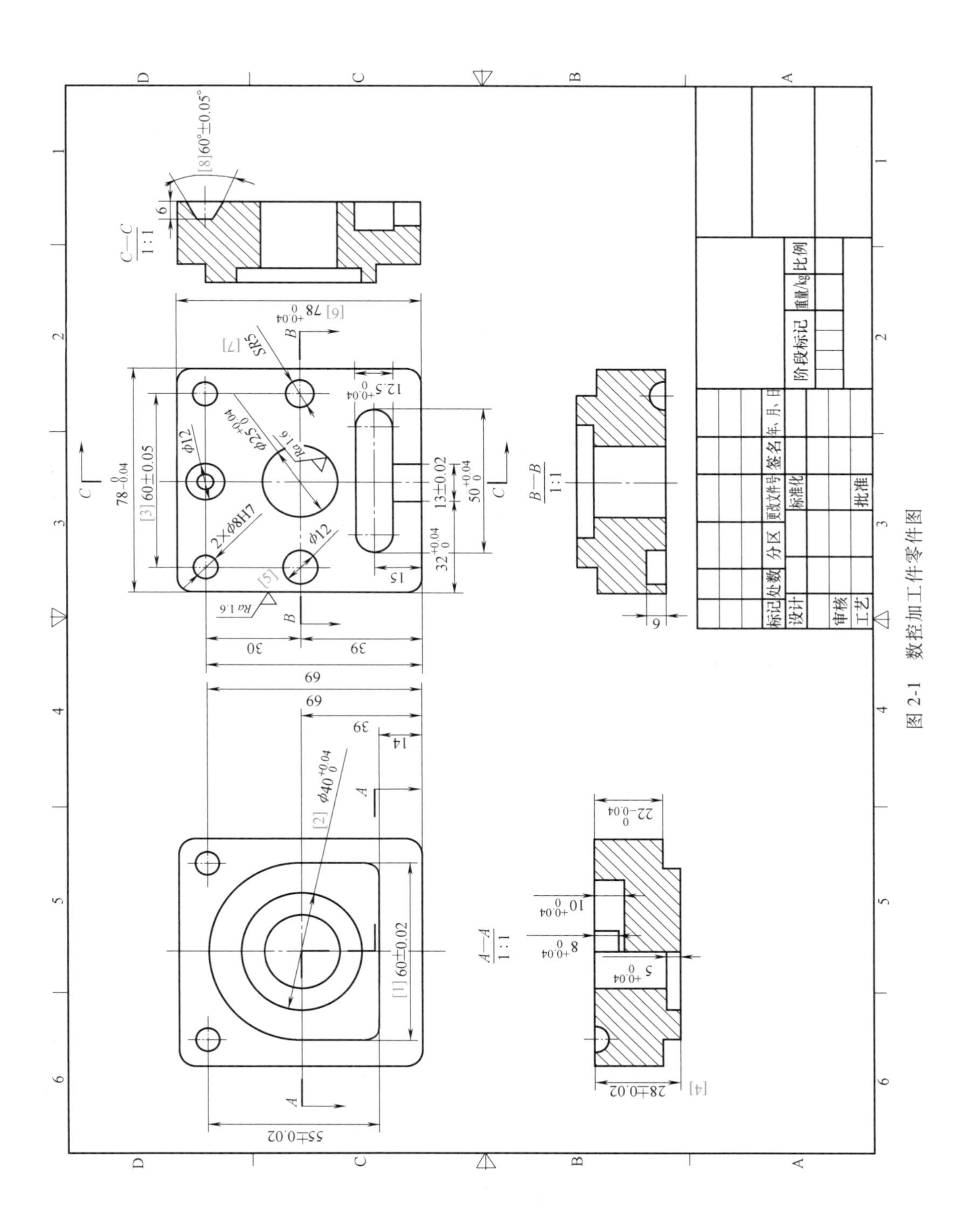

图 2-1　数控加工工件零件图

2.1 测量室检测设备配置

2.1.1 测量设备型号

本任务测量设备为三坐标测量机，型号为海克斯康 Global Advantage 05.07.05，其行程满足测量要求，测量前应将零件装夹在机台中心位置。

2.1.2 测头传感器配置

1）HH-A-T5 测座。

2）TESASTAR-P 测头（图 2-4）。

本任务选用的测头与任务一配置相同，并需要做如下操作：

1）将测针紧固在测头体上。

2）清除红宝石测球（图 2-5）表面的污垢，如测球有明显划痕则需要更换测尖。

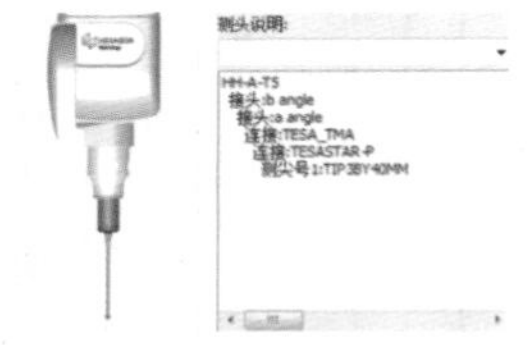

图 2-4 测头文件配置明细

图 2-5 红宝石测球

素养提升

不计回报——大国工匠张德勇

张德勇是中国嘉陵工业股份有限公司的钳工高级技师。他 19 岁入行，20 岁开始独立承担项目，32 岁成为高级技师。“切、锉、削、磨、攻，钳工就是手上功夫，实践性强，所以工作时间越长、经验越多，解决问题的办法就越丰富。”张德勇把钳工比作“万金油”，那些机器不适宜或不能解决的加工，都可以由钳工来解决。2005 年，中核集团一个检测核反应堆里核燃料组件的高精密检测专用设备改造项目颇为棘手，张德勇主动承接了这项改造任务。通过查找大量资料，认真分析技术要点，仅用了半个月的时间，就独立完成了 500 余个零部件的安装。最终，各项技术指标甚至超过设备技术验收标准。“人的价值不在于赚多少钱，而在于能在岗位上创造多少价值。”这是张德勇的初心。

【知识资讯】

（1）测量机选型 测量行程是选择测量设备的重要指标之一，三坐标测量机的测量行程主要指三个轴向（X、Y、Z）的最大可移动范围，以海克斯康三坐标测量机来讲，其行程可通过产品型号来判断。例如 Global Advantage05.07.05，表示 X 轴行程为 500mm，Y 轴行程为 700mm，Z 轴行程为 500mm，均大于被测零件尺寸（知识资讯图 2-1）。

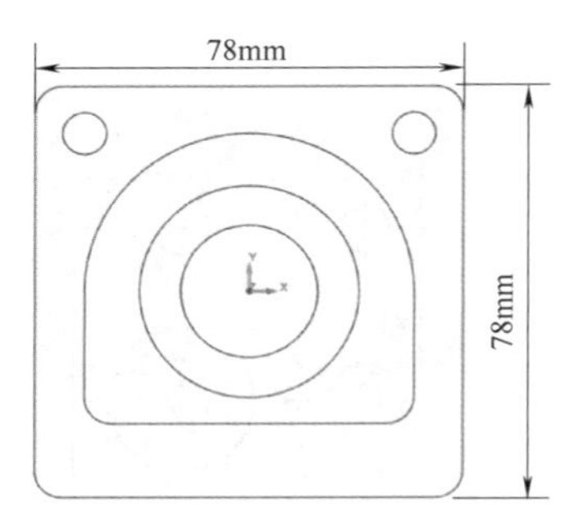

知识资讯图 2-1 零件整体尺寸

当零件尺寸较大，测量行程不够时，可使用测针加长杆和夹具。考虑到零件测量情况比较复杂，通常按预估尺寸的两倍确定三坐标测量机型号。

（2）测头选型 对于标准球型测头，在选型时主要考虑以下参数：

1）**测针连接螺纹**。本任务测头使用 M2 的测针连接螺纹（知识资讯图 2-2 中的 *E* 位置）。连接螺纹的规格除了 M2，还有 M3 和 M5。

2）**测针总长度**。测针连接端面至红宝石测球球心的距离（知识资讯图 2-2 中的 *B* 位置）。

3）**红宝石测球直径**。红宝石测球直径需要根据零件被测特征尺寸合理选择。本例中零件的最小孔直径为 ϕ8mm，选用常规 ϕ3mm 测针即可。

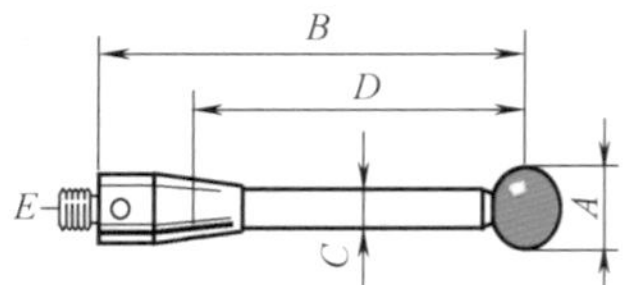

知识资讯图 2-2 测头各部分名称

A—测球直径 *B*—测针总长度 *C*—测杆直径 *D*—有效工作长度 *E*—连接螺纹

2.2　零件的装夹及机械找正

1. 零件的装夹

零件装夹的基本原则：在满足测量要求的前提下，尽可能以较少的装夹次数完成全部尺寸的测量。

在本任务中，零件尺寸集中分布在顶面和底面。如果选用图 2-6 所示的装夹方式，将导致底部特征无法测量。

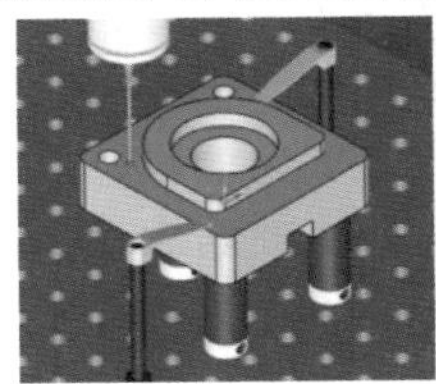
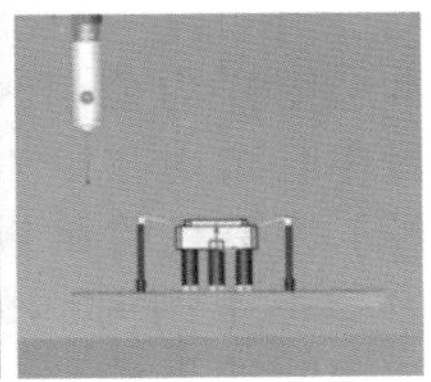

图 2-6　水平装夹

为了保证一次装夹完成该零件所有要求尺寸的检测，建议采用侧向装夹方案（使用海克斯康柔性夹具），零件相对于三坐标测量机的姿态如图 2-7 所示。

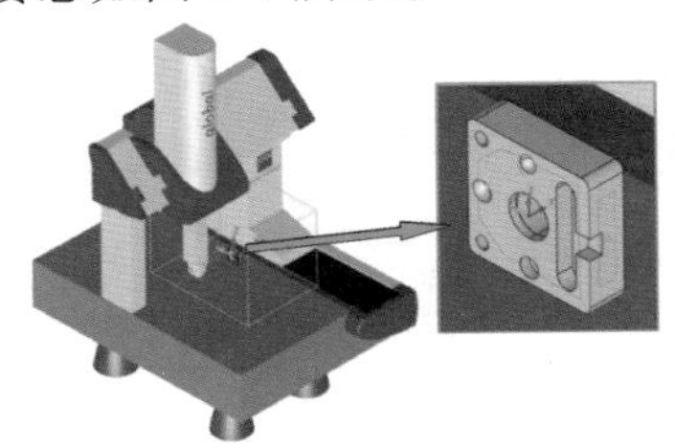

图 2-7　侧向装夹

2. 零件的机械找正

本任务采用锁定操纵盒轴向（图 2-8）的方式来找正零件。

1）调整零件顶面，与测量机 Z 轴近似垂直，零件底面由两个相同规格的支承柱支承，因此不需要调整顶面位置。

2）调整侧面轴向（参考知识资讯图 2-4），将操纵盒的 X 轴锁定灯按灭（这时测量机只能沿着 Y 轴、Z 轴移动），使用操纵盒将测量机的测针贴近零件侧面的后边缘，并保留微小间隙（约 1mm），然后沿着 Y 轴移动测量机到侧面前边缘，比较两次的间隙大小，使其尽量保持一致。

图 2-8　轴向锁定按钮

【知识资讯】

（1）零件的机械找正　在测量机平台上装夹零件时，使用通用夹具很难保证一次装夹到理想状态，零件或多或少有一定歪斜。因此测量前应尽量使零件与测量机平台保持平行关系（操作方法类似于机加工中的打表找正），或使用专用夹具进行装夹。

零件的找正必须在测量程序编写前完成，若测量程序编写完成，则不可进行装夹调整。如要调整夹具，需要重新调试程序。

（2）进行零件机械找正的原因　进行零件找正是为了避免测量过程中发生测针干涉。如知识资讯图 2-3 所示，当测量长方体零件的长度 L 时，必须在零件两个侧向端面采点。如果零件没有放平，在测量过程中就可能发生测针干涉，导致测量误差。

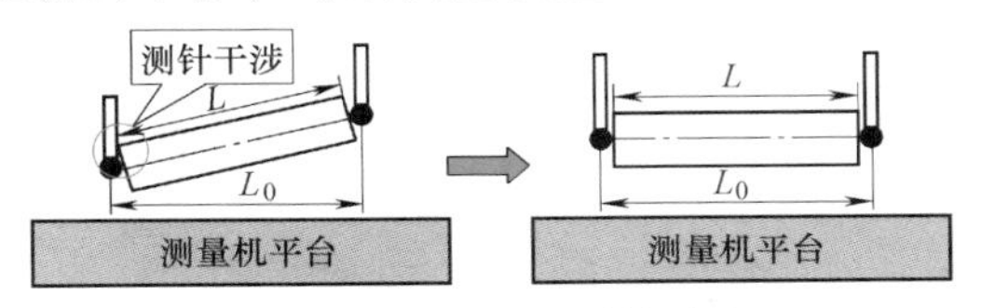

知识资讯图 2-3　测针干涉

三坐标测量机由于配有专业的测量软件，可通过建立零件坐标系的方式实现数学找正，所以三坐标测量机不严格要求零件做到精确找正，理论上只要装夹稳固、测针不干涉即可。

（3）调整侧面轴向　如知识资讯图 2-4 所示。

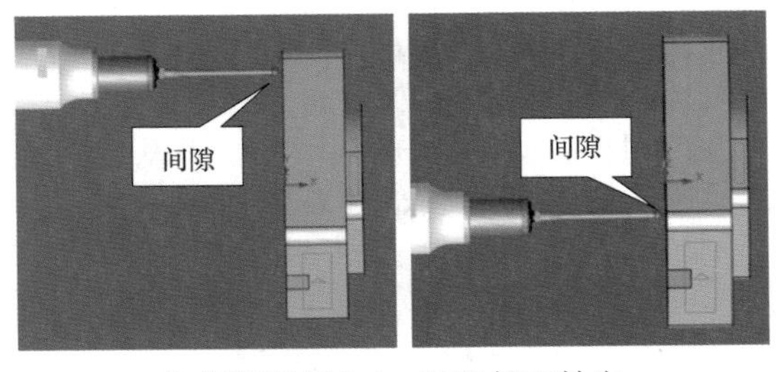

知识资讯图 2-4　调整侧面轴向

（4）“轴向锁定”应用　“轴向锁定”按钮共有 3 个，分别控制 Y、X、Z 轴的移动。如果按钮指示灯亮，则表示测量机可以沿着该轴进行轴向移动，如果要锁定该轴的移动，按灭此按钮指示灯即可。

2.3 检测流程

1. 新建测量程序

打开 PC-DMIS 测量软件，新建测量程序（图 2-9），单击“确定”后进入程序编辑界面，随后将程序另存在路径“D:\PC-DMIS\MISSION2”中。

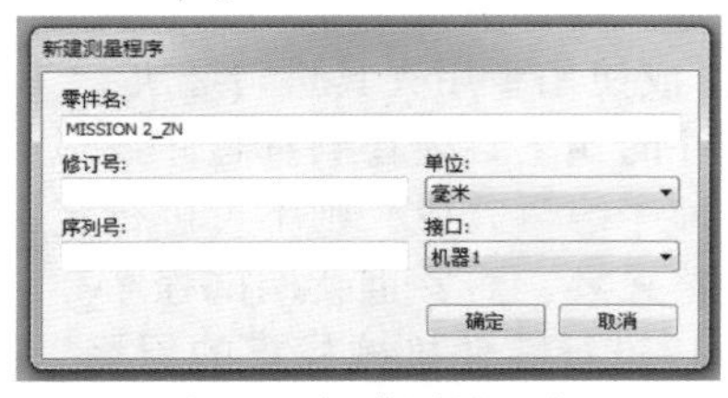

图 2-9 新建测量程序

2. 添加测针角度

调用任务一中的测头文件，添加 A90B90 与 A90B-90 两个测针角度，用于测量两个侧面，如图 2-10 所示。

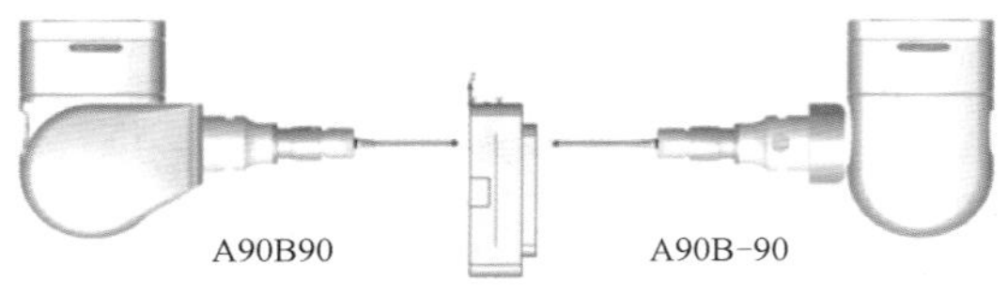

图 2-10 测针角度

3. 校验测头

校验测头前，需要做以下检测工作：

1）保证测头、测针各连接件安装紧固，不能有松动。

2）标准球支座各连接处不能有松动，底座必须紧固于测量机平台上。

3）使用无纺布擦拭测针红宝石测球及标准球，保证其表面清洁、无污渍。

校验测头操作步骤如下：

1）打开测头工具框，单击“设置”按钮，进入设置页面，如图 2-11 所示。

2）勾选“将校验结果附加到结果文件”，单击“确定”按钮。

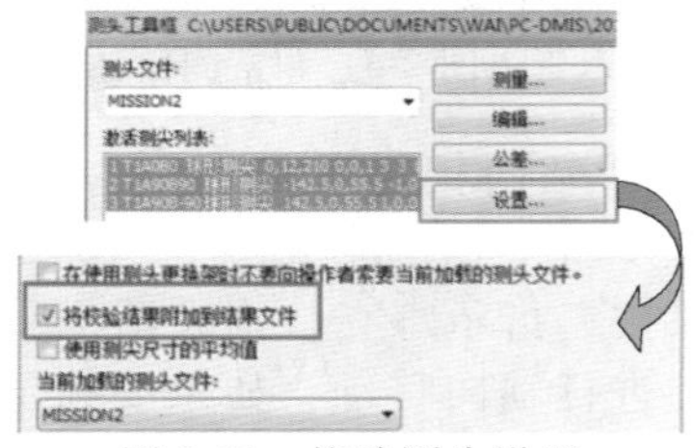

图 2-11 校验测头设置

【知识资讯】

（1）米制和寸制的区分 零件图样的标注有米制和寸制两种，单位换算为 1 英寸（inch）= 25.4 毫米（mm），可根据以下方法来区分：

1）根据图样标注的尺寸与实际产品长度对比进行确认。

2）从图样来源的国家推测。

3）看图样注释及标题栏。

本书图样均采用米制标注，因此在新建测量程序时选用“毫米”作为单位。

（2）“将校验结果附加到结果文件”选项 为了将不同时间的测头校准结果累计，可通过校验结果的附加设置来实现。每次校准的结果都会保存在结果文件“测头文件名.Results”中，与测头文件同在默认调用路径下，如知识资讯图 2-5 所示。

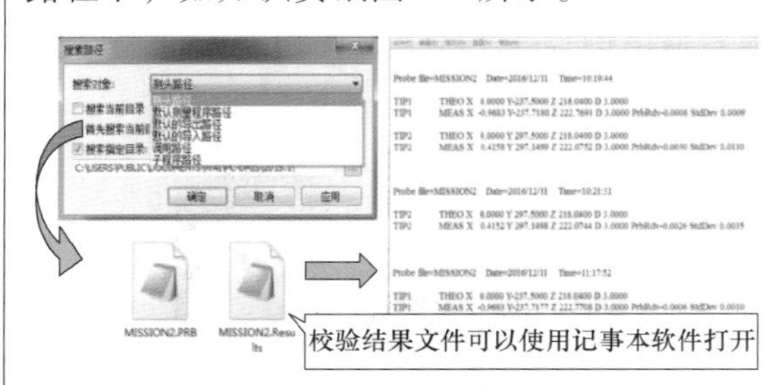

知识资讯图 2-5 校验结果保存至记事本

（3）测针有效直径 由于测头触发有一定的延迟，以及测针会有一定的形变，测量时测针有效直径会小于该测针红宝石测球的理论直径，所以需要通过测头校验得到测量时的有效直径，从而对测量进行测头补偿。

测量零件时，接触点的坐标是通过红宝石测球中心点坐标加上或减去红宝石测球半径得到的，所以必须通过校验得到测量时测针的有效直径，如知识资讯图 2-6 所示。

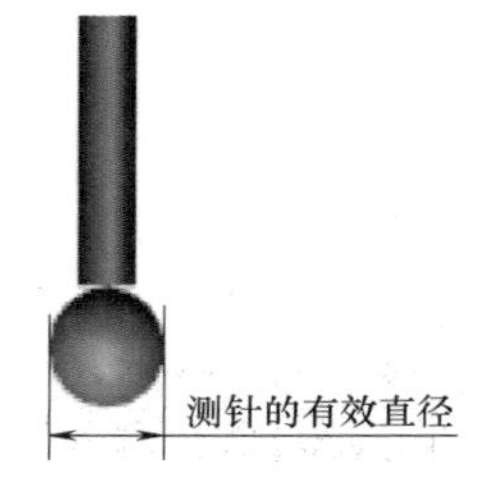

知识资讯图 2-6 测针有效直径

3）勾选“用户定义的校验顺序”（图 2-12）。

使用TRAX校验
用户定义的校验顺序

图 2-12　勾选校验顺序

4）按 < Ctrl > 键，选择参考测针 T1A0B0、T1A90B90、T1A90B-90，这时前面会显示顺序标号（图 2-13）。

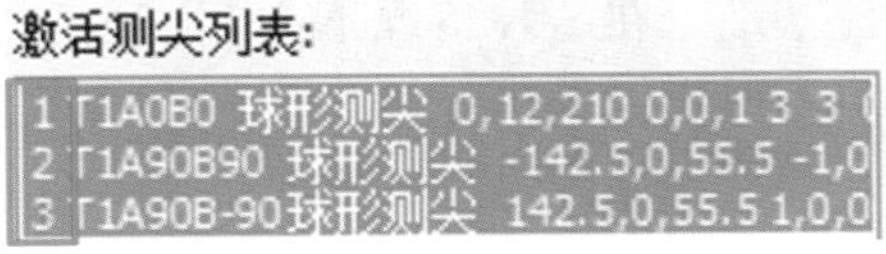

激活测尖列表:

1 T1A0B0 球形测尖 0,12,210 0,0,1 3 3
2 T1A90B90 球形测尖 -142.5,0,55.5 -1,0
3 T1A90B-90 球形测尖 142.5,0,55.5 1,0,0

图 2-13　激活测尖列表

5）按照任务 1 介绍的校验方法设置，注意这里使用 DCC+DCC 的校验模式。

6）校验结束后查看校验结果（图 2-14），确认满足要求后单击“确定”进入建立坐标系环节，否则需要重新排查问题并再次校验测针。

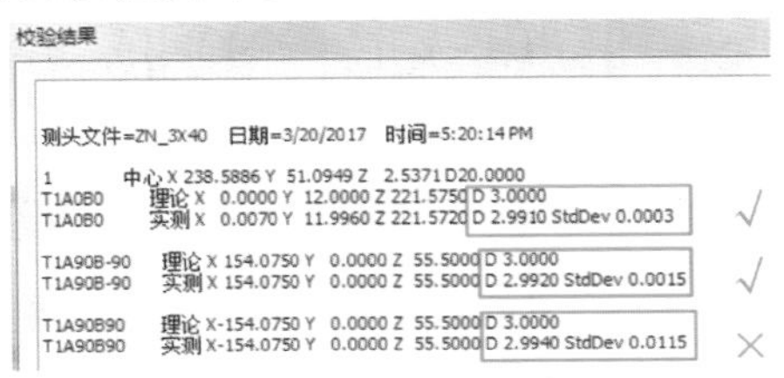

图 2-14　测头校验结果

素养提升

好工人——大国工匠胡双钱

“好工人”胡双钱出身于工人家庭，作为中国商飞上海飞机制造有限公司高级技师，他先后高精度、高效率地完成了 ARJ21 新支线飞机首批交付飞机起落架钛合金作动筒接头特制件、C919 大型客机首架机壁板长桁对接接头特制件等加工任务。核准、划线，锯掉多余的部分，拿起气动钻头依线点导孔，握着锉刀将零件的锐边倒圆、去毛刺、打光……这样的动作，他整整重复了 30 年。这位“航空手艺人”用一丝不苟的工作态度和精益求精的工作作风，创造了“35 年没出过一个次品”的奇迹。胡双钱说，“工匠精神是一种努力将 99% 提高到 99.99% 的极致，每个零件都关系着乘客的生命安全，确保质量，是我最大的职责”。

【知识资讯】

（1）参考测针　将所有校验测针中心坐标与参考测针（Master Tip）建立关联关系，以参考测针的测球位置为中心，得到与其余测头角度之间的位置关系，如知识资讯图 2-7 所示。

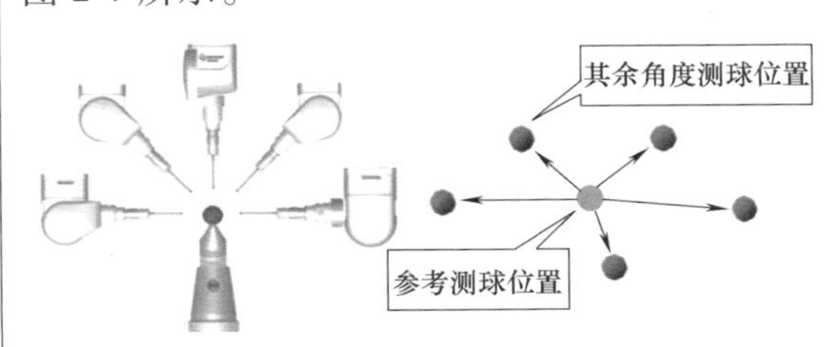

知识资讯图 2-7　参考测针

（2）定义参考测针　参考测针由测针校验过程指定。首次校验测针选择标准球已移动，随后校验的第一个测针就定义为参考测针，而在实际测量中，通常以 A0B0 角度测针作为参考测针，而将其他角度测针与之关联。

（3）校验测头的原因

1）校正红宝石测球的有效直径、不同测头角度时的位置关系。

2）校正测头之间的位置关系，即校正各测针位置与参考测针之间的位置关系。

当不同测针位置测量的结果出现偏差时，原因有以下几点：

1）校验测头的方法。校验测头时，最少需要 9 个点，三层校正。如果使用 5 点校正，测针的位置会出现较大偏差。

2）测头系统的刚性。在校验测头时，要求测座、测针、标准球等环节连接紧固、无松动、清洁、无破损，否则会使校验测头时的位置与测量时的位置发生变化，出现误差。

【思考题】

为什么要进行测头检验？是不是每次测量都需要进行测头校验？

4. 零件坐标系建立

根据图样，以“3-2-1”方法建立手动坐标系（精基准建坐标系的方法将在任务3中作详细介绍）。

1）测量模式（图2-15）必须为手动模式（默认）。

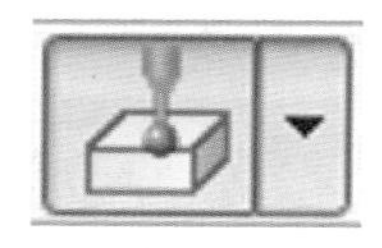

a) 手动模式按钮

b) 自动模式按钮

图2-15　手动/自动模式按钮

2）手动测量找正平面（图2-16所示着色平面）。

① 测针切换为“T1A-90B90”。

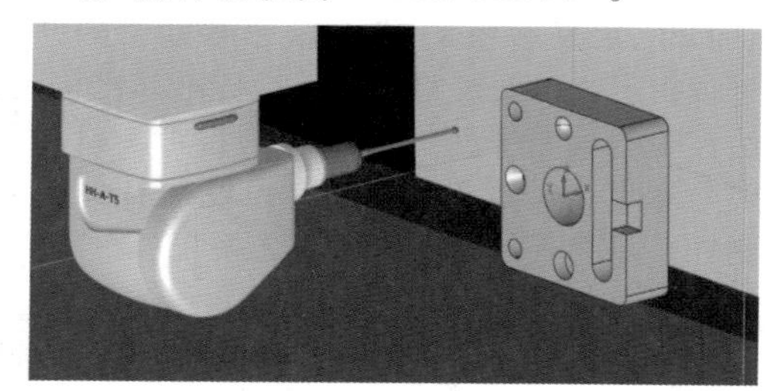

图2-16　T1A-90B90

② 通过“视图”→“其他窗口”→“状态窗口”，开启“状态窗口”显示功能。

③ 用操纵盒操纵测头在此平面采集3个点，按操纵盒“确认”键，在软件中得到“平面1”的测量命令。

由于粗基准建坐标系是第一次为零件定向、定位，因此不需要在基准平面上大量采点，建议测点点数为3~4个，测点分布按照推荐位置测量。

平面采点策略如图2-17所示，图2-17a中，测点分布太集中，不能反映全貌；图2-17b中，测点近似分布在一条直线上，不能反映平面；图2-17c中的测点分布得当。

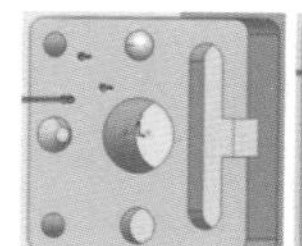

a) 不合理

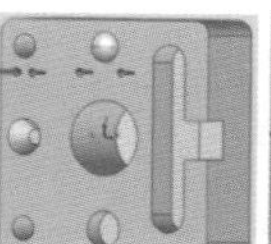

b) 不合理

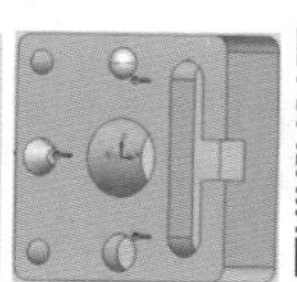

c) 合理

图2-17　平面采点策略

【知识资讯】

零件建立坐标系方法分析

零件坐标系的建立方法虽然只能从现有的图样资料来判断，但是原则上必须遵从产品的设计、加工及装配方式。

常规图样中如果没有几何误差评价，可不标注基准，在这种情况下主要通过尺寸线的引出方向确定基准特征。例如本任务中的零件，如知识资讯图2-8所示。

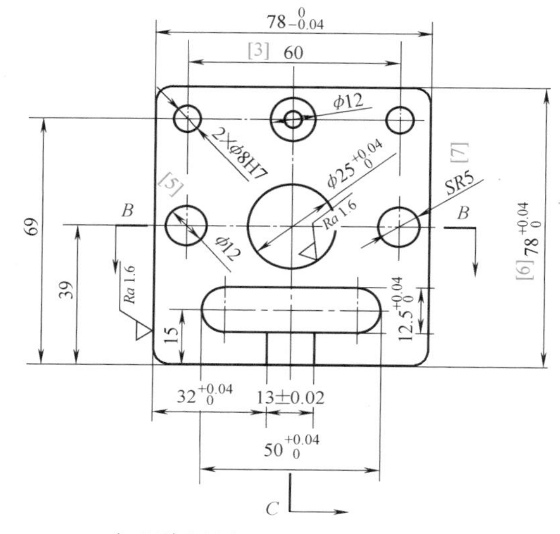

知识资讯图2-8　尺寸指引方向

知识资讯图2-8中，所有横向尺寸的指引线都是从左侧端面引出，表明该侧面为横向加工基准，用于该方向其他元素的加工。当然此端面作为第一基准还是第二基准，是需要结合其他因素综合判断的。

本案例加工过程：

1）铣大端面平面，因此测量该大端面并找正，对应“3-2-1”中的3。

2）铣左侧平面，在这个侧面上测量一条直线来控制第二轴向，对应“3-2-1”中的2。

3）在上平面测量一点，用于定义坐标系轴向的零点，对应“3-2-1”中的1。

【思考题】

简述粗基准建坐标系的过程。

3）插入新建坐标系找正平面。

① 通过菜单“插入”→“坐标系”→“新建”（使用快捷键<Ctrl+Alt+A>或单击新建坐标系图标），插入新建坐标系 A1。

② 鼠标左键点选“平面 1”，找正方向选择“X 负”，单击“找正”按钮，如图 2-18 所示，有“X 负找正到平面标识＝平面 1”命令显示在信息提示栏。

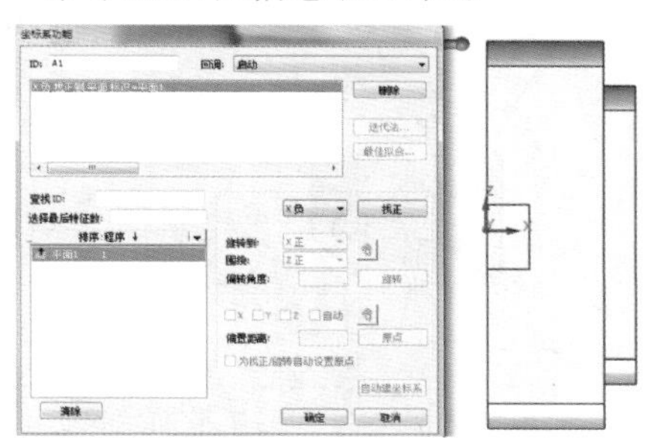

图 2-18　粗建坐标系-找正

③ 鼠标左键再次点选“平面 1”，勾选“X”，单击“原点”按钮，如图 2-19 所示，则有“X 负找正到平面标识＝平面 1”命令显示在信息提示栏。

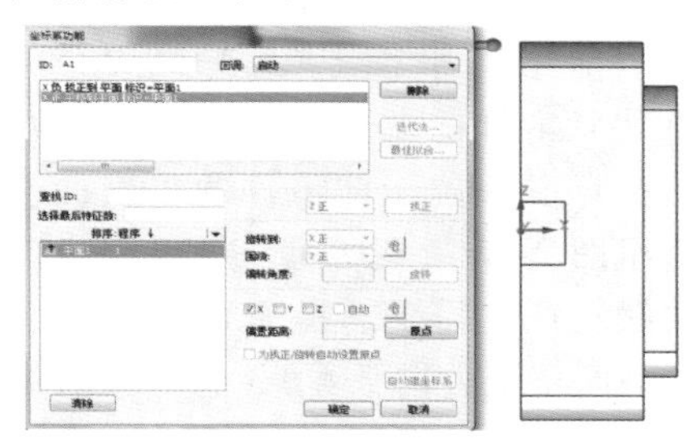

图 2-19　粗建坐标系-平面归零

4）手动测量次基准平面上的一条直线，测量顺序如图 2-20 所示。

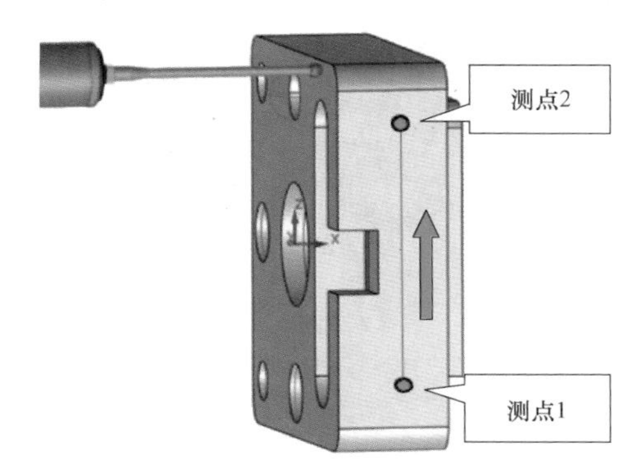

图 2-20　直线测量

【知识资讯】

1. 测量软件状态窗口的使用

PC-DMIS 软件的状态窗口提供了非常多的测量信息，可以实时提示操作者测量进程的每一步信息，推荐开启“状态窗口”显示。“状态窗口”可通过“视图”→“其他窗口”→“状态窗口”开启，如知识资讯图 2-9 所示。

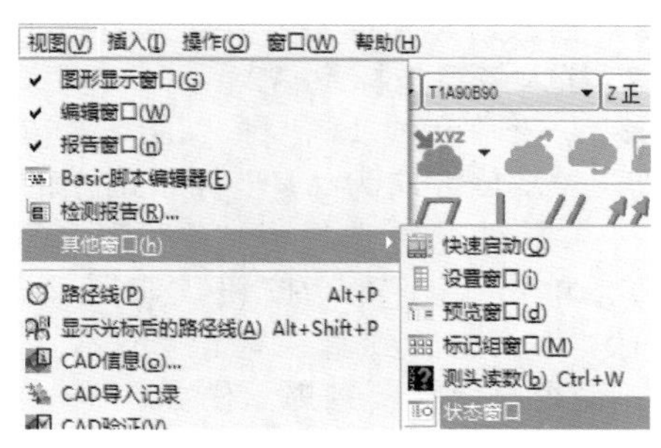

知识资讯图 2-9　状态窗口开启

2.“状态窗口”使用注意事项

1）在执行过程中，“状态窗口”通常仅显示最后执行的特征和尺寸。

2）“状态窗口”可以在特征尺寸还未创建时提供预览效果。

3）当鼠标光标放在报告命令位置时，“状态窗口”可显示其预览结果。

3. 状态窗口测点颜色

测点颜色表明偏差程度，可根据知识资讯图 2-10 所示的尺寸颜色示意图判断。

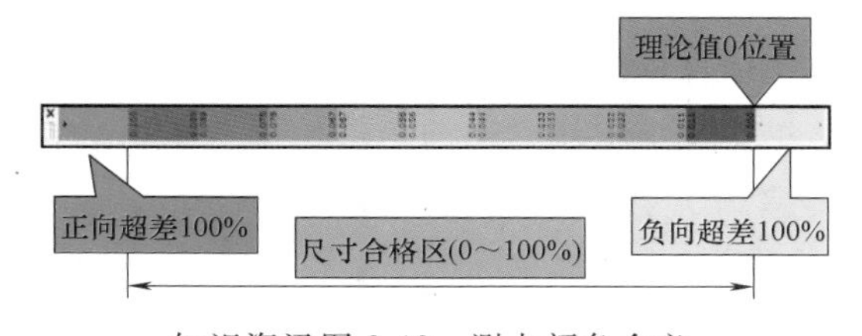

知识资讯图 2-10　测点颜色含义

【思考题】

请打开软件，记录状态窗口包含的信息。

① 将工作平面切换为“X 负”，如图 2-21 所示。

② 用操纵盒操纵测头在此平面连续采 2 个点（注意测量顺序），按操纵盒“确认”键，得到“直线 1”测量命令。

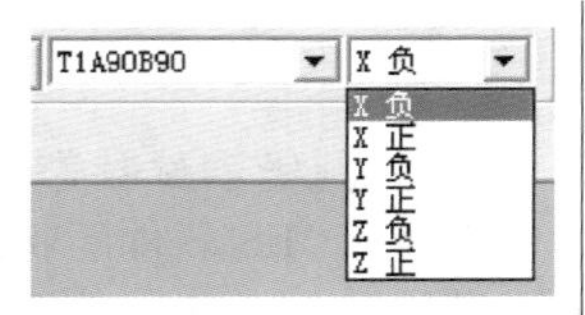

图 2-21　切换工作平面

5）插入新建坐标系，旋转到直线 1。

① 插入新建坐标系 A2。

② 点选“直线 1”，将“围绕”选择为“X 负”（X 负方向为 A1 坐标系确立的找正方向），“旋转到”选择为“Z 正”（直线 1 矢量），单击“旋转”按钮，如图 2-22 所示，有“Z 正旋转到直线标识 = 直线 1 关于 X 负”命令显示在信息提示栏。

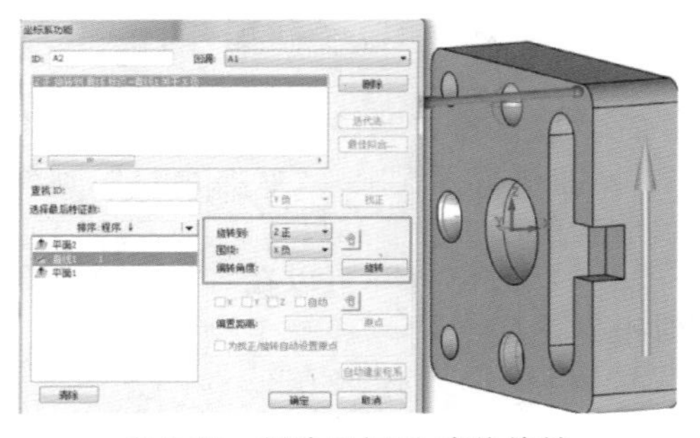
图 2-22　粗建坐标系-直线旋转

③ 继续在该界面点选“直线 1”，勾选“Y”，单击“原点”按钮，如图 2-23 所示，有“Y 正平移到直线标识 = 直线 1”命令显示在信息提示栏。

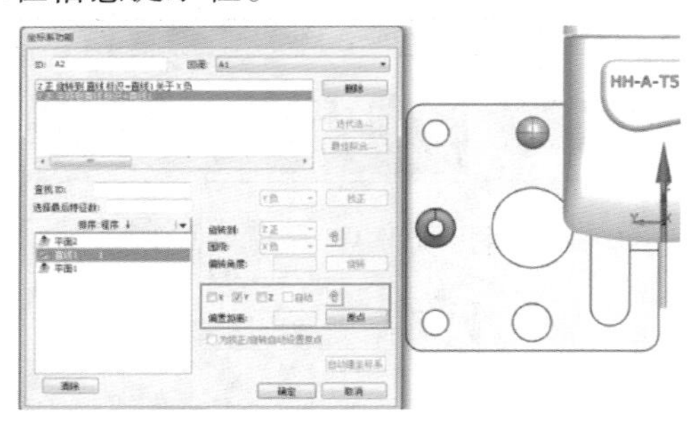

图 2-23　粗建坐标系-直线归零

6）手动测量第三基准平面上的一点。操纵测量机测头在上表面测量 1 个测点，触测完毕后按操纵盒“确认”键完成测量命令创建，测量位置如图 2-24 所示。

【知识资讯】

选用工作平面

工作平面是测量时的视图平面，类似图样的三视图。工作平面共有 6 个：X 正、X 负、Y 正、Y 负、Z 正、Z 负，分布及对应轴向如知识资讯图 2-11 所示。

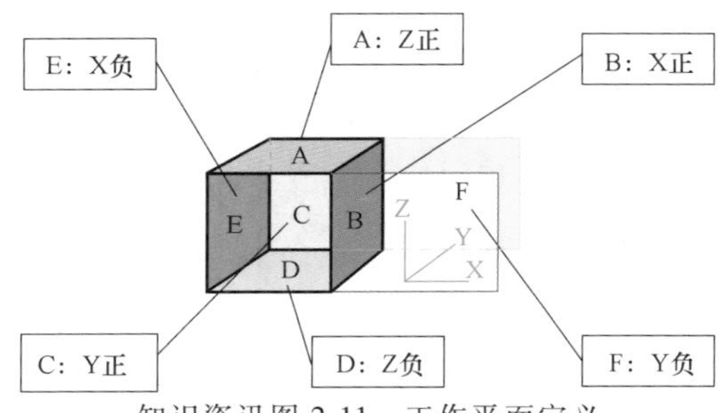

知识资讯图 2-11　工作平面定义

当测量二维元素（如直线、圆等）时，要求在与当前工作平面垂直的矢量上采集测点，因此此时需要将工作平面进行相应的调整。

对于三维元素（如圆柱、圆锥等）的测量，不需要调整工作平面。

若当前工作平面是 Z 正（矢量 0，0，1），在块状零件前端面上测量直线，则测量直线的测点必须位于此零件的垂直面上，如知识资讯图 2-12 箭头所示。如果测量工件上平面的线特征，需要选择 Z 正工作平面（从 Z 工作平面正上方向下看），这时该直线可以测得正确的结果。另外，选择 Z 负、Y 正、或 Y 负工作平面都是可以的。

如果工作平面选择 X 负或 X 正，则从该视角看过去，直线变成了点元素。

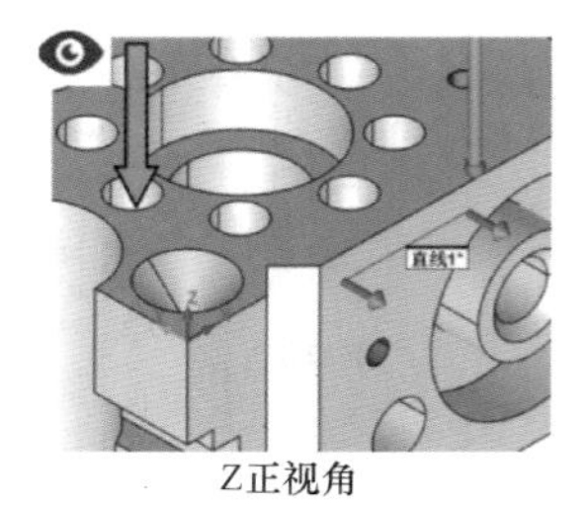

知识资讯图 2-12　不同视角所呈现的元素

具体选用哪个工作平面取决于直线的矢量方向。

图 2-24　点采集

7）插入新建坐标系，Z 轴置零。

① 插入新建坐标系 A3，点选“点 1”，勾选“Z”，单击“原点”按钮，如图 2-25 所示，有“Z 正平移到点标识=点 1”命令显示在信息提示栏。

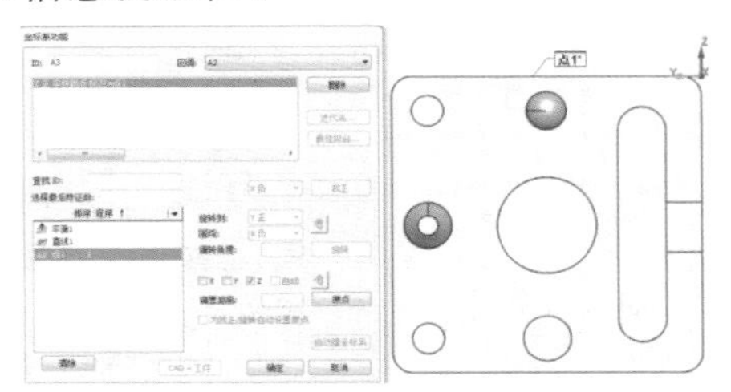

图 2-25　粗建坐标系-点归零

② 将坐标系名称“A3”改为“MAN_ALN”，作为后期程序执行或维护的标识，便于识别。

注意： 粗建坐标系的过程是手动测量的开始阶段，触测过程要尽量保持平稳、慢速测量，当测头远离被测零件时，可适当提高移动速度。

8）采集如图 2-26 所示。通过移动测量机操作验证坐标系建立是否准确。

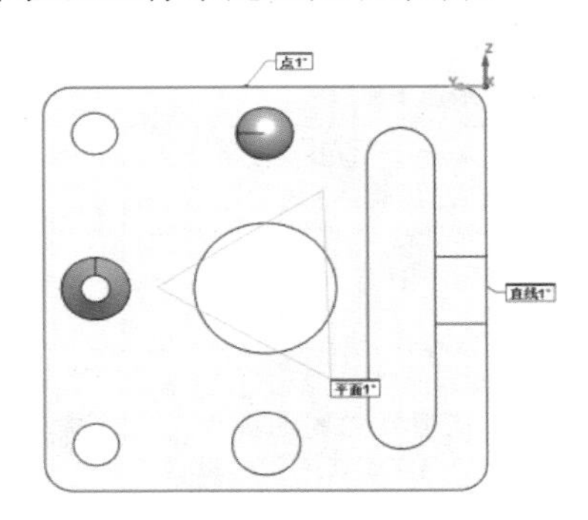

图 2-26　粗建坐标系-采集

【知识资讯】

检查坐标系（结合读数窗口使用）

读数窗口向操作者展示了 CMM 当前测头位置读数及其他有用信息。以知识资讯图 2-13 为例，当运行手动测量程序时，可以显示特征 ID、当前测头坐标、测点数信息。可通过快捷键<Ctrl+W>调出读数窗口，或通过“视图”→“其他窗口”→“测头读数”开启。

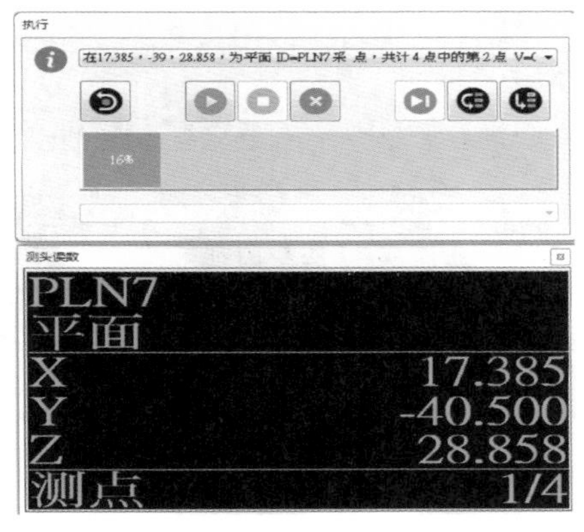

知识资讯图 2-13　测头读数窗口

借助读数窗口可以验证坐标系是否正确，方法如下：

1）坐标系零点位置的确认。通过移动测针至大致的坐标系零点位置，看读数窗口三个轴的坐标是否接近零。

2）坐标系方向的确认。沿着坐标系某个轴向移动测量机，观察读数窗口中这个轴的读数变化，如果往正方向移动，那么这个轴的数字就应该变大。

【思考题】

如何验证坐标系是否正确？

2.4 手动测量特征

测量软件可以根据测针在零件表面触测采集得到的触测点信息，自动计算推测所测量的元素类型。手动操作操纵盒时，在测针触测前，务必将“SLOW”键按亮（慢速模式）后再进行触测，避免因速度过快导致测头体或测针损坏。

1. 测量特征 PLN1、PLN2

1）切换测针为“T1A90B-90”，如图 2-27 所示。

图 2-27 切换测针角度

注意：确认测头远离零件，避免旋转时碰撞到零件，而且测针与被测平面无干涉，如图 2-28 所示。

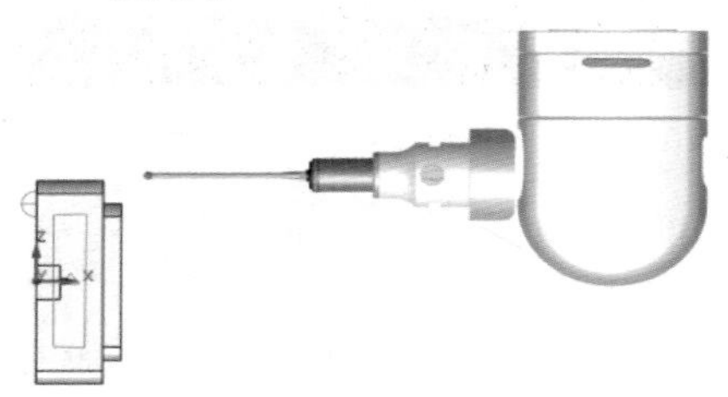

图 2-28 测针 T1A90B-90

2）手动操纵测头触测 PLN1。使用操纵盒将测针靠近被测表面，按亮“SLOW”键，按照图 2-29 所示位置触测 4 个测点，触测完毕后按操纵盒“确认”键，完成测量。

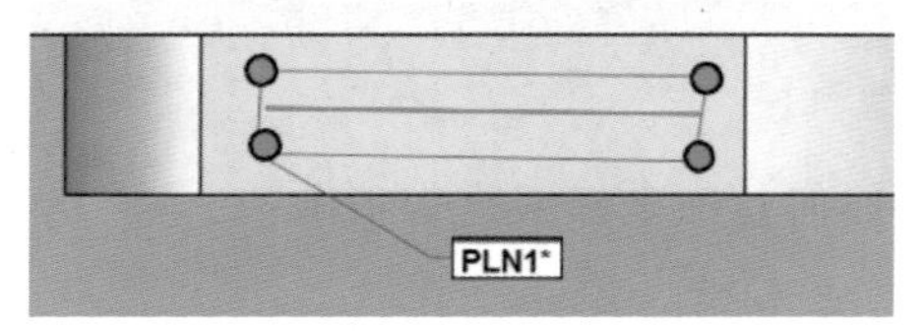

图 2-29 平面测点

3）采用相同的方法完成 PLN2 的测量。由于这两个平面测量区域为长方形，因此软件可能将其推测为直线特征（图 2-29），此时可使用“替代推测”功能来实现元素类型的纠正。

替代推测操作步骤：

1）将光标移动至编辑窗口该特征命令的位置。

【知识资讯】（知识资讯表 2-1）

知识资讯表 2-1 手动特征说明

元素类型	说明	工作平面	测点数要求
测量点	使用点图标，可以测量与参考平面对齐的平面上的点或空间点的位置	不需要	1
测量直线	使用直线图标，可以测量与参考平面对齐的平面上的直线或空间直线的方位和线性。测量直线时，PC-DMIS 要求测量点的法向矢量垂直于当前的工作平面	需要	至少 2
测量平面	要测定平面，至少在任意 1 个平面上采 3 个测点。如果仅使用 3 个测点，最好以较大的三角形的方式选择点，以便覆盖曲面上尽可能大的区域	不需要	至少 3
测量圆	要测定孔或键，至少应采 3 个测点，系统会在测量时自动识别和设置平面。要采的点必须均匀分布在圆周上	需要	至少 3
测量圆槽	要测定圆槽，至少应采 6 个测点，通常在竖直方向上每侧采 2 点，在圆弧上各采 1 点。同理，可以在每条圆弧上采 3 点	需要	至少 6
测量方槽	要测定方槽，至少应在方槽上采 5 个测点，2 个点在槽的长边上，其他点分布在剩下的 3 条边上。这些点采集必须沿着顺时针方向（CW）或逆时针方向（CCW）	需要	至少 5
测量圆柱	要测定圆柱体，至少应在圆柱体上采 6 个测点。这些点必须在表面，前 3 个点必须在与主轴垂直的平面上	不需要	至少 6
测量圆锥	要测定锥体，至少应采 6 个测点。要采的点必须均匀分布在曲面上。前 3 个点必须在与主轴垂直的平面上	不需要	至少 6
测量球	要测定球体，至少应采 4 个测点。这些点必须在表面上采集，并且不能取在相同的圆周上。其中一个点应该在球体的极点，另外 3 个点取在同一圆周上	不需要	至少 4
测量圆环	要测定圆环，至少应采 7 个测点。在环中心线圆周的同一水平面上采前 3 个测点。这些测点必须代表环方向，以使通过这 3 个测点生成的假想圆的矢量与环大致相同	不需要	至少 7

2）通过单击菜单“编辑”→“替代推测”→“平面”来纠正（注意光标放在特征命令处），如图 2-30 所示。

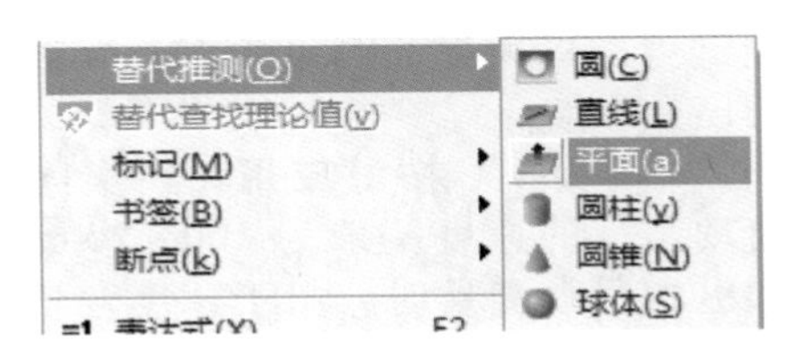

图 2-30　替代推测

注意： PLN2 是位于底面的特征，测量时应避免干涉，如图 2-31 所示。

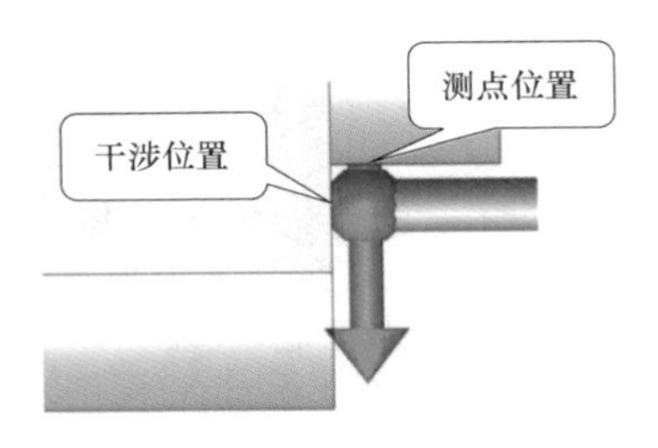

图 2-31　避免干涉

2. 测量特征 CIR1

1）切换测针为“T1A90B-90”。

2）将工作平面设置为“X 正”。

3）在特征 CIR1 所在圆柱面的中间截面位置测量多个测点，本任务采用 8 点，测量位置最好均匀分布（图 2-32）。

3. 测量特征 CYL1、CYL2

1）切换测针为“T1A90B-90”。

2）在特征 CYL1、CYL2 所在圆柱面靠近中间的位置测量多个测点，本任务采用 8 点，测量位置最好均匀分布，近似测量在两层截面上，即每层 4 个测点（图 2-33）。

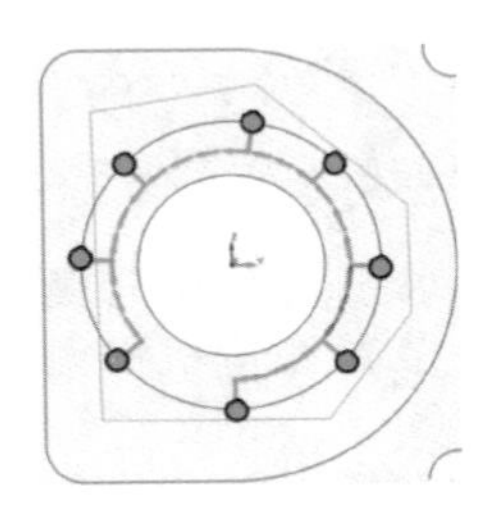

图 2-32　CIR1 采点

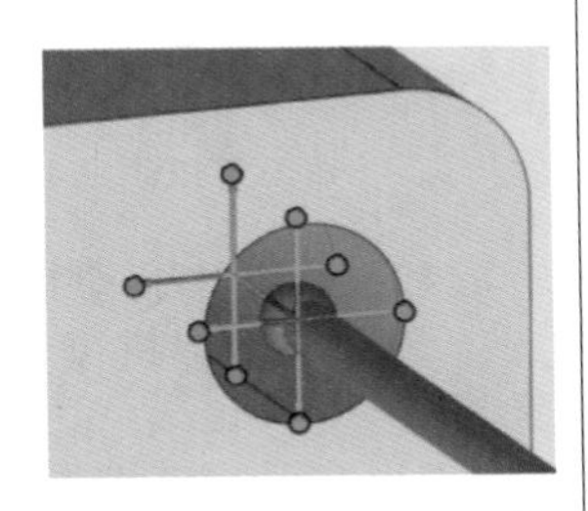

图 2-33　CYL1 测点采集

【知识资讯】

手动测量命令详解

如知识资讯图 2-14 所示，以 CIR1 特征的手动测量命令为例，各命令行解读如下：

```
CIR1   =特征/圆，直角坐标,内,最小二乘方
     理论值/<25.66,0,0>,<-1,0,0>,40
     实际值/<25.66,0,0>,<-1,0,0>,40
     测定/圆,8,X负
      触测/基本,常规,<25.8,19.998,-0.284>,<0,-0.999899,0.0142148>,<25.8,19.998,-0.284>,使用理论值=是
      移动/圆弧
      触测/基本,常规,<25.422,15.078,-13.14>,<0,-0.7538949,0.6569951>,<25.422,15.078,-13.14>,使用理论值=是
      移动/圆弧
      触测/基本,常规,<25.636,0.306,-19.998>,<0,-0.0153233,0.9998826>,<25.636,0.306,-19.998>,使用理论值=是
      移动/圆弧
      触测/基本,常规,<25.561,13.842,14.436>,<0,-0.6921218,-0.7217807>,<25.561,13.842,14.436>,使用理论值=是
      移动/圆弧
      触测/基本,常规,<25.854,3.019,19.771>,<0,-0.1509257,-0.9885451>,<25.854,3.019,19.771>,使用理论值=是
      移动/圆弧
      触测/基本,常规,<25.586,-14.193,14.091>,<0,0.7096373,-0.7045671>,<25.586,-14.193,14.091>,使用理论值=是
      移动/圆弧
      触测/基本,常规,<26.133,-19.975,1>,<0,0.9987503,-0.049979>,<26.133,-19.975,1>,使用理论值=是
      移动/圆弧
      触测/基本,常规,<25.29,-15.237,-12.955>,<0,0.7618597,0.647742>,<25.29,-15.237,-12.955>,使用理论值=是
     终止测量/
```

知识资讯图 2-14　CIR1 手动命令

第一行： 表明特征类型、所用坐标系类型、内（外）圆、拟合圆算法。

第二行： 表明圆理论值（包括理论坐标及理论矢量值）。

第三行： 表明圆实测值（包括实测坐标及实测矢量值）。

第四行： 表明圆测量总点数及工作平面。

第五行： 表明基本测点信息（首个测点），依次显示了测点的理论坐标、理论矢量、实测坐标。

第六行： 表面移动圆弧命令，在测量外圆柱时非常有用。

【简答题】

请描述手动测量圆的过程，测量圆时，测量结果是否与工作平面有关？

3）触测完毕后按操纵盒“确认”键，完成命令创建。

4. 测量特征 PLN3、PLN4

由此前的特征分布图来看，PLN3 与 PLN4 刚好是相对的两个平面（平面矢量相反），因此必须使用两个角度的测针分别完成测量。

PLN3 是此前测量的基准平面，这里不需要重复测量。

1）沿用测针“T1A90B-90”，在特征 PLN4 所在平面测量多个测点。本任务采用 6 点（图 2-34），测量位置最好均匀分布，避免测点集中在局部。此外，由于边缘位置容易受到倒角和毛刺的影响，应避免测量到平面边缘位置。

2）触测完毕后，按操纵盒“确认”键，完成命令创建。

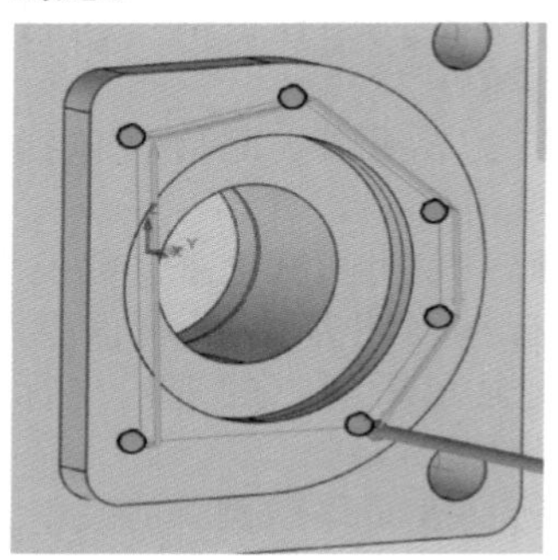

图 2-34　PLN3 测点采集

5. 测量特征 CYL3

切换测针为“T1A90B90”，参考 CYL1、CYL2 的测量方法完成 CYL3 的测量，本任务采用 8 点，测量位置最好均匀分布，近似测量在两层截面上，即每层 4 个测点（图 2-35）。

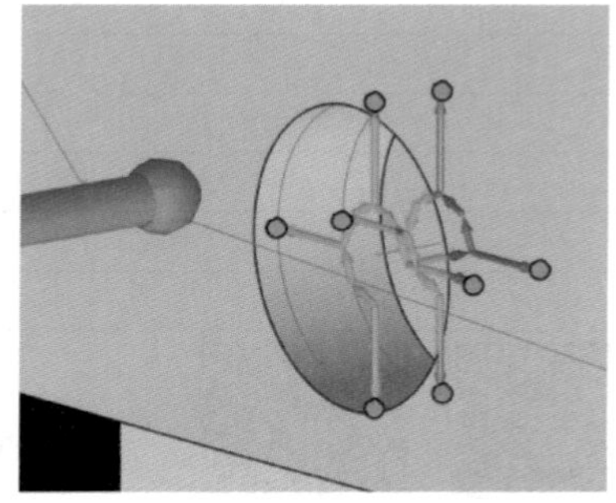

图 2-35　CYL3 测点采集

【知识资讯】

1. 操纵盒锁定坐标轴向移动功能应用

在手动测量过程中，合理使用操纵盒上的功能键可以极大提高测量效率，保证测点的精准度。

1）“SLOW”按键应用。在实际测量中，自动运行的速度一般为 100～200mm/s。使用操纵盒手动测量时，由于速度较快，不好控制触测力度，因此推荐使用“SLOW”按钮切换为慢速模式进行手动测量。

2）“移动控制”按键应用。软件提供了三种测头移动方向选择，分别为机器坐标系（mach）、零件坐标系（part）、测头坐标系（probe）。

① **机器坐标系：**顾名思义，操纵盒的移动测头的方向与机器轴向一致。

② **零件坐标系：**使用操纵盒移动测头的方向与零件坐标系的方向保持一致。

③ **测头坐标系：**使用特殊角度的测针手动测量斜圆柱时，如果使用默认的机器坐标系模式测量，是很难操作的。这时可以将模式切换为“测头坐标系”，以便在圆柱各个方位进行触测。

2. 修改程序时发生死机的处理

在编辑和修改理论值后，软件有时会出现死机，因为有关修改理论值语句后的提示窗口被关闭了，所以一定要经常检查在“警告”中是否已经把提示信息全部取消勾选。只有把这些提示信息都释放出来，才能避免修改程序时出现死机的情况。

3. 三坐标校验测针模式

PC-DMIS 软件的测头校验模式有手动、自动、Man＋DCC、DCC＋DCC，如知识资讯图 2-15 所示。

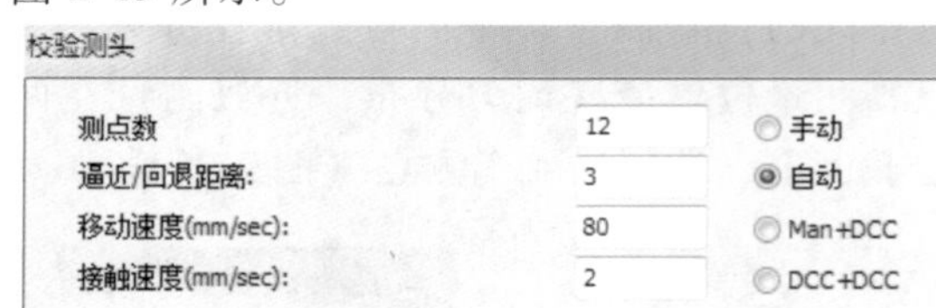

知识资讯图 2-15　测头校验模式

1）手动。手动模式要求手动采所有测点，多用于特定机型，如关节臂测量机的测针校验。

2）自动。三坐标测量机使用 DCC 模式在标准球上自动采集所有测点。如果标准球是

6. 测量特征 PLN5、PLN6

PLN5 与 PLN6 虽然也是相对的两个平面，但由于其平面区域狭长，可通过一个测针角度完成这两个特征的测量，无须进行测针角度切换。这里仍然沿用上一个特征的测针角度“T1A90B90”（测点位置参考图 2-36）。

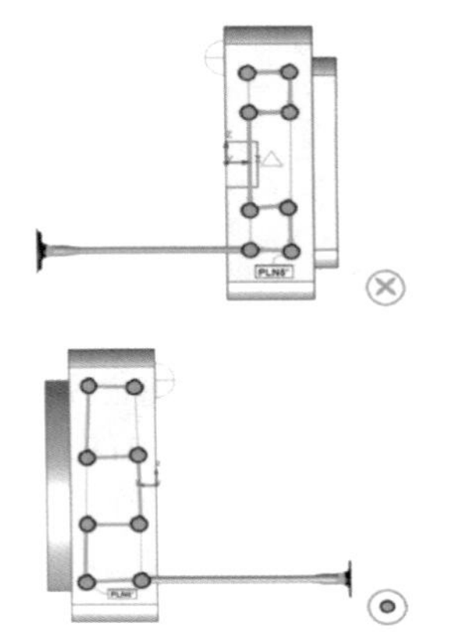

图 2-36　PLN5、PLN6 测点采集

7. 测量特征 SPHERE1

使用“T1A90B90”完成内半球的测量，推荐使用 3 层 9 个测点（测点位置参考图 2-37）。

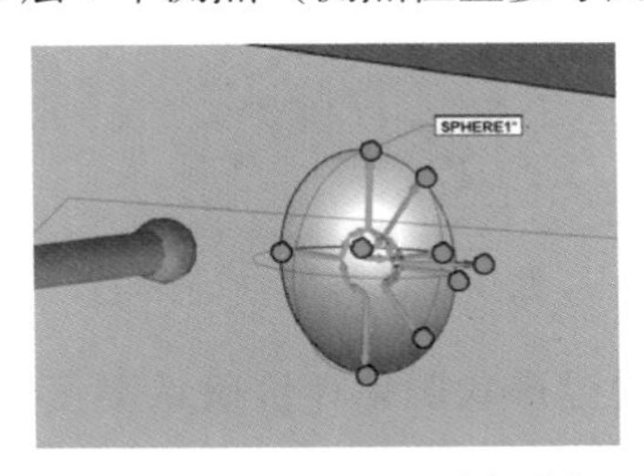

图 2-37　SPHERE1 测点采集

8. 测量特征 CONE1

使用“T1A90B90”完成内圆锥的测量。使用操纵盒控制测量机在内圆锥上采集必要的测点。本任务采用 8 个测点，分 2 层测量（测点位置参考图 2-38）。

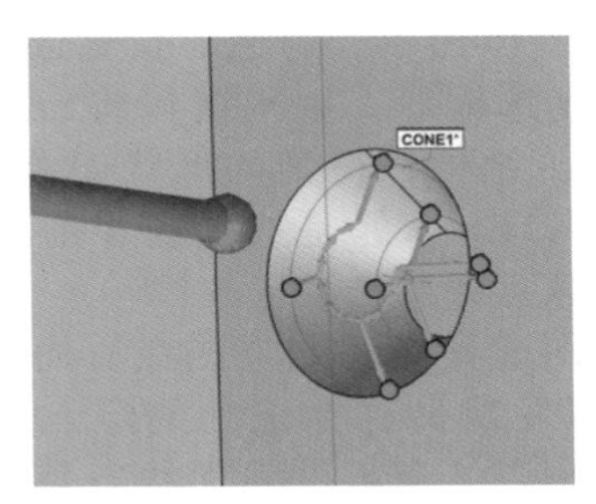

图 2-38　CONE1 测点采集

第一次安装并首次校验测头，或在校验测头前已移动校验工具，则必须手动在标准球上采集第一个测点。

3）Man+DCC。Man+DCC 模式为混合模式。此模式有助于校准不易模拟的奇异测头配置，尤其测针指向空间特定角度。在多数情况下，Man+DCC 类似于 DCC 模式，但存在不同：必须要手动为每个测尖采第一个测点，即使标定工具尚未移动。该测尖的所有其他测点将在 DCC 模式下自动采集。因为所有第一次触测均手动执行，所以校准前后不对每个测尖进行测量的安全移动。

4）DCC+DCC。DCC+DCC 模式与 Man+DCC 模式类似，两种模式采集测点的方式是一样的，不同之处在于 DCC+DCC 模式在对定位标准球的第一个测点时用自动采集方法，而 Man+DCC 则需要手动采第一点。如果想全部过程都是自动校准，则此模式非常有用。但是注意使用 Man+DCC 模式会获得更准确的结果。

4. 什么时候需要重新校验测头？

1）测量系统发生碰撞：使用的测针角度需要全部校验。

2）测头部分更换测针或者重新旋紧：此时需要测针角度全部校验。

3）增加新角度：先校验参考测针“A0B0”，再校验新添加的角度。

【单项选择题】

1）对于配置触发式测头的机器，测球的有效直径通常会（　　）实际直径。

A. 等于　　B. 大于　　C. 小于　　D. 不确定

2）关于测针的使用原则，下列说法不正确的是（　　）。

A. 测针连接点最少，为避免引入潜在变形和弯曲点，在保证应用的前提下，应尽量减少转接或者加长杆的数目

B. 为了减少测针的使用数量及方便测量，应尽可能使用小直径的测针和比较长的加长杆

C. 测针长度增大会影响精度，所以要选择尽可能短的测针

D. 大直径测针可降低表面精度对测量的影响

2.5 尺寸评价

1. 尺寸 D001 评价（表 2-2）

表 2-2 D001

尺寸	描述	标称值	上公差	下公差
D001	尺寸 2D 距离	60mm	0.02mm	-0.02mm

被评价特征为“PLN1”与“PLN2”。

1）首先将工作平面调整为 X 负，通过菜单“插入”→“尺寸”→“距离”（或单击距离图标）插入距离评价。

2）在左侧特征列表点选被评价元素“PLN1”与“PLN2”，输入标称值与公差，关系选择“按 Z 轴”，方向选择“平行于”，其他设置如图 2-39 所示。

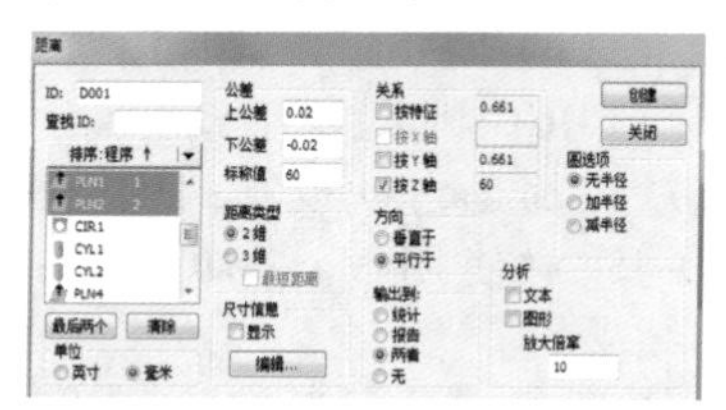

图 2-39 距离评价 PLN1 与 PLN2

3）单击“创建”按钮后在编辑窗口生成评价命令。

2. 尺寸 DF002 评价（表 2-3）

表 2-3 DF002

尺寸	描述	标称值	上公差	下公差
DF002	尺寸直径	40mm	0.04mm	0mm

被评价特征为“CIR1”。

1）单击位置尺寸图标，插入直径评价。

2）在左侧特征列表点选被评价元素“CIR1”，默认“自动”是勾选的，这里需要将其取消勾选并重新选择“直径”，如图 2-40 所示。

3）输入图样理论值及公差，单击“确定”创建评价命令。

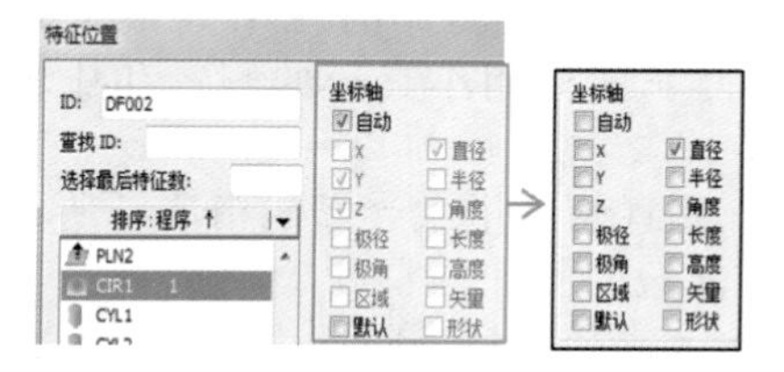

图 2-40 直径评价 CIR1

【知识资讯】

1. PC-DMIS 尺寸评价

PC-DMIS 软件支持所有类型的尺寸、形状、位置误差评价，知识资讯图 2-16 是尺寸评价快捷图标，可通过单击“视图”→“工具栏”→“尺寸”显示。

知识资讯图 2-16 PC-DMIS 尺寸评价

2. 输出半角

评价位置菜单不仅可以输出锥角尺寸，还可以输出半角尺寸。如知识资讯图 2-17 所示，当勾选“位置选项”中的“半角”复选框后，原“角度”选项则变为“A/2”，此时输出的结果就是半角尺寸。

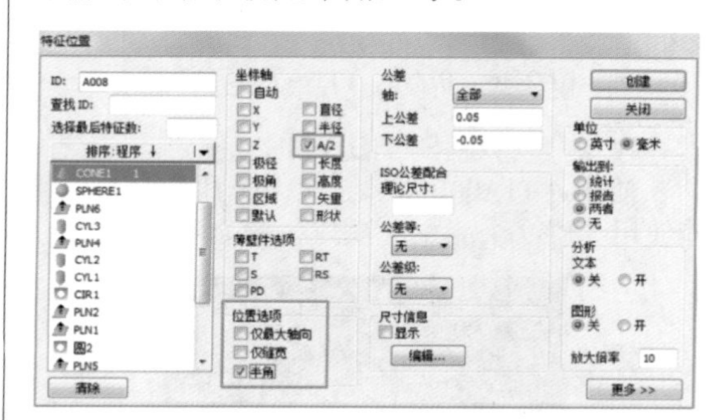

知识资讯图 2-17 半角

3. 通过形状误差评价确认测量过程是否存在干涉或误触发

在零件的测量环节，由于可能出现的测针干涉或工件表面质量问题（比如毛刺、飞边等）导致的测量结果失真，在自动化测量中是不容易辨识的，手动测量时尤其容易出现测针打滑的问题。可以通过评价该特征的形状误差来快速判断是否出现误触发。如知识资讯图 2-18 所示，勾选“位置选项”中的“形状”复选框后，编辑窗口将出现该特征的形状评价结果，得到的形状误差（圆度）结果为 0.21mm，但是按加工中心的精度不应该出现这么差的结果。

通过图形分析（此方法在后面任务中介绍），可以发现只有标记处的测点是有凸跳的，这时可以结合零件表面状态及测量状态灵活判断问题原因。

3. 尺寸 D003、D004、D006 评价（表 2-4）

表 2-4　D003、D004、D006

尺寸	描述	标称值	上公差	下公差
D003	尺寸 2D 距离	60mm	0.05mm	-0.05mm
D004	尺寸 2D 距离	28mm	0.02mm	-0.02mm
D006	尺寸 D 距离	78mm	0.04mm	0mm

被评价特征为“CYL1”“CYL2”“PLN3”“PLN4”“PLN5”“PLN6”，评价方法参考尺寸 D001。

4. 尺寸 DF005 评价（表 2-5）

表 2-5　DF005

尺寸	描述	标称值	上公差	下公差
DF005	尺寸直径	12mm	0.05mm	-0.05mm

被评价特征为“CYL3”，评价方法参考尺寸 DF002。

5. 尺寸 SR007 评价（表 2-6）

表 2-6　SR007

尺寸	描述	标称值	上公差	下公差
SR007	尺寸球半径	5mm	0.05mm	-0.05mm

被评价特征为“SPHERE1”，评价方法参考尺寸 DF002，唯一不同的是需要勾选输出“半径”值，如图 2-41 所示。

图 2-41　半径评价 SR007

6. 尺寸 A008 评价（表 2-7）

表 2-7　A008

尺寸	描述	标称值	上公差	下公差
A008	尺寸锥角	60°	0.05°	-0.05°

被评价特征为“CONE1”，评价方法参考尺寸 DF002，唯一不同的是需要勾选输出“角度”（对于圆锥特指锥角）。

7. 报告输出

如图 2-42、图 2-43 所示，测量报告输出过程如下：

1）通过“文件”→“打印”→“报告窗口打印设置”进入报告输出设置页面。

2）在“输出配置”界面切换为“报告”（默认）。

3）勾选“报告输出”前的复选框。

4）方式选择“自动”，输出格式：可移植文档格式（PDF）。

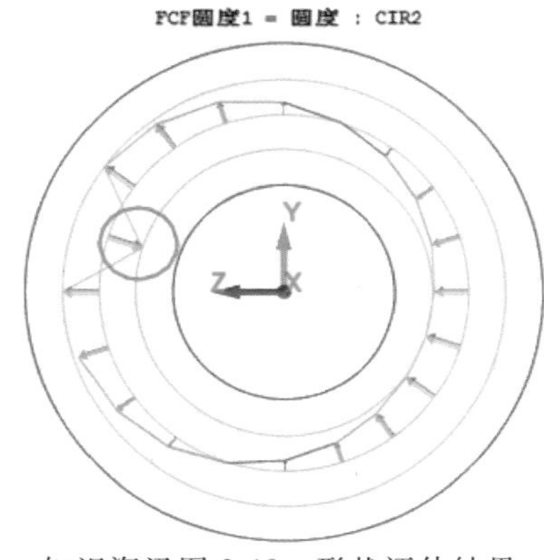

知识资讯图 2-18　形状评估结果

【思考题】

思考 2D 距离与 3D 距离的区别，并描述距离的评价过程。

______

______

______

______

______

______

4. 报告输出方式详解

如图 2-43 所示，报告输出方式如下：

1）附加（Append）。PC-DMIS 将当前的报告数据添加至选定的文件。注意，操作者必须指定完整路径，否则 PC-DMIS 会将报告存放在与测量程序相同的目录中。此外，若不存在该文件，生成报告时将创建该文件。

2）提示（Prompt）。程序执行完毕，显示另存为对话框，通过此对话框可选择报告保存的具体路径。

3）替代（Overwrite）。PC-DMIS 将以当前的测量报告数据覆盖所选文件。

5）按<Ctrl+Tab>切换至报告窗口，单击打印报告按钮，在指定路径下生成测量报告。

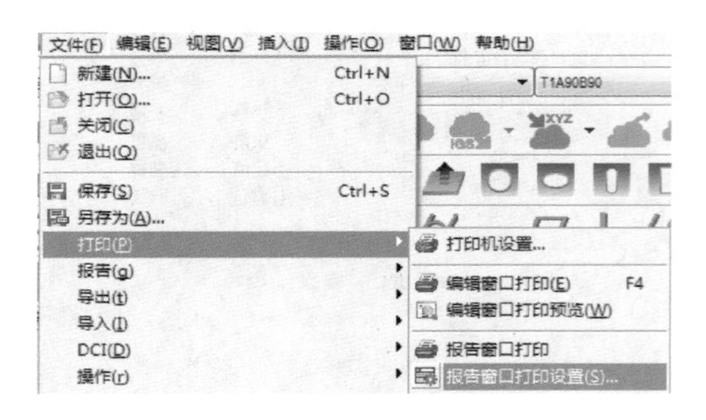

图 2-42 报告输出路径

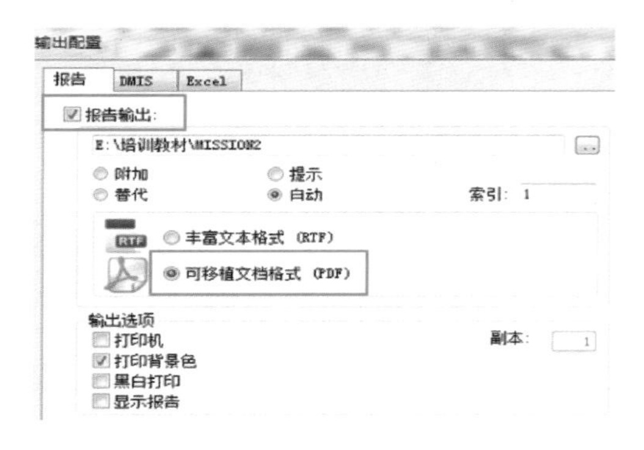

图 2-43 报告输出配置

注意：该软件支持生成报告后同步在打印机上联机打印报告，只需要勾选“打印机”前的复选框，这时后面的“副本”选项激活，用于控制打印份数。

总结：通过完整的手动测量过程，掌握使用三坐标测量机完成零件测量的基本思路，并熟悉手动测量的操作步骤。但是手动方式测量精度不高，一般应用于手动坐标系的建立或小批量零件个别尺寸（如平面度）的检测。

4）自动（Auto）。PC-DMIS 使用索引框中的数值自动生成报告文件名。所生成文件名的名称与测量例程的名称相同，但会附加数字索引和扩展名。此外，生成的文件与测量例程位于同一目录。若与生成的文件名存在同名文件，自动选项将递增索引值，直至找到唯一文件名。

5. 打印背景色选项

是否勾选“打印背景色”的效果分别如知识资讯图 2-19、知识资讯图 2-20 所示。

知识资讯图 2-19 勾选“背景色”

知识资讯图 2-20 不勾选“背景色”

学习任务 3
数控铣零件的自动测量程序编写及检测

【学习目标】

通过学习本任务，学生应达到以下基本要求：

1）掌握三坐标测量机测头选型的分析方法。

2）掌握数控铣类零件的装夹方法。

3）掌握基准的识别及测量方法。

4）掌握自动特征测量命令新建、参数编辑、复制移动。

5）掌握避让移动点的添加技巧。

6）掌握位置度、平行度、对称度的评价方法。

7）掌握测量报告的保存方法。

【考核要点】

在无零件 CAD 数模的情况下，依据零件图样完成检测清单所要求的检测项目，并输出测量报告。

【建议学时】

10 学时。

【内容结构】

测量机开机	测头校验	工件检测	测量机关机
1.测量机的工作环境 2.开机前准备工作 3.开机方法 4.操纵盒的使用	1.PC-DMIS软件介绍 2.打开测量程序 3.测头配置 4.标定工具介绍 5.测头校验 6.查看校验结果	1.运行测量程序 2.手动粗建坐标系(工件坐标系) 3.查看测量报告 4.保存并打印测量报告	1.保存程序 2.关闭测量软件 3.关闭测量机

任务3 工 单

任务名称	数控铣零件的自动测量程序编写及检测	学时	10 学时	班级	
学生姓名		学号		成绩	
实训设备		实训场地		日期	
学习任务	1)掌握三坐标测量机测头选型的分析方法 2)掌握数控铣类零件的装夹方法 3)掌握基准的识别及测量方法 4)掌握自动特征测量命令新建、参数编辑、复制移动 5)掌握避让移动点的添加技巧 6)掌握位置度、平行度、对称度的评价方法 7)掌握测量报告的保存方法				
任务目的	读懂图样,制订检测方案,无 CAD 数模进行数控铣零件自动测序编写及机台验证,完成尺寸评价并输出测量报告,重点学会自动特征参数设置				
知识资讯 (若表格空间不够,可自行添加白纸)					

（续）

<table>
<tr><td>实施过程
（若表格空间不够，
可自行添加白纸）</td><td colspan="3"></td></tr>
<tr><td rowspan="4">评估</td><td colspan="3">1. 请根据自己任务完成情况，对自己的工作进行评估

2. 成绩评定</td></tr>
<tr><td>小组对本人的评定</td><td>（甲、乙、丙、丁）</td><td></td></tr>
<tr><td>教师对小组的评定</td><td>（一、二、三、四）</td><td></td></tr>
<tr><td>学生本次任务成绩</td><td colspan="2"></td></tr>
</table>

3.1 检测任务描述

现接到生产部门的工件检测任务（工件图样见图 3-1，检测尺寸见表 3-1），检测工件是否合格。

1）给出检测报告，检测报告输出项目包括尺寸名称、实测值、公差值、超差值，格式为 PDF 文件。

2）测量任务结束后，检测人员打印报告并签字确认。

表 3-1 检测项目

尺寸	类型	公称尺寸	上极限偏差	下极限偏差	测量方法
DJ1	ϕ	25	+0.2	-0.2	CMM
DJ2	$S\phi$	20	+0.2	-0.2	CMM
DJ3	ϕ	12	+0.2	-0.2	CMM
DJ4	ϕ	39	+0.05	-0.05	CMM
DJ5	°	31.5	+0.1	-0.1	CMM
DJ6	L	8	+0.2	-0.2	CMM
DJ7	L	17	+0.2	-0.2	CMM
DJ8	L	60	+0.2	-0.2	CMM
DJ9	L	43	+0.2	-0.2	CMM
DJ10	L	30	+0.2	-0.2	CMM
DJ11	∠	47	+0.1	-0.1	CMM
DJ12	v	0.2			CMM
DJ13	v	0.1			CMM
DJ14	b	0.1			CMM
DJ15	v	0.2			CMM
DJ16	h	0.1			CMM
DJ17	n	0.1			CMM
DJ18	c	0.1			CMM

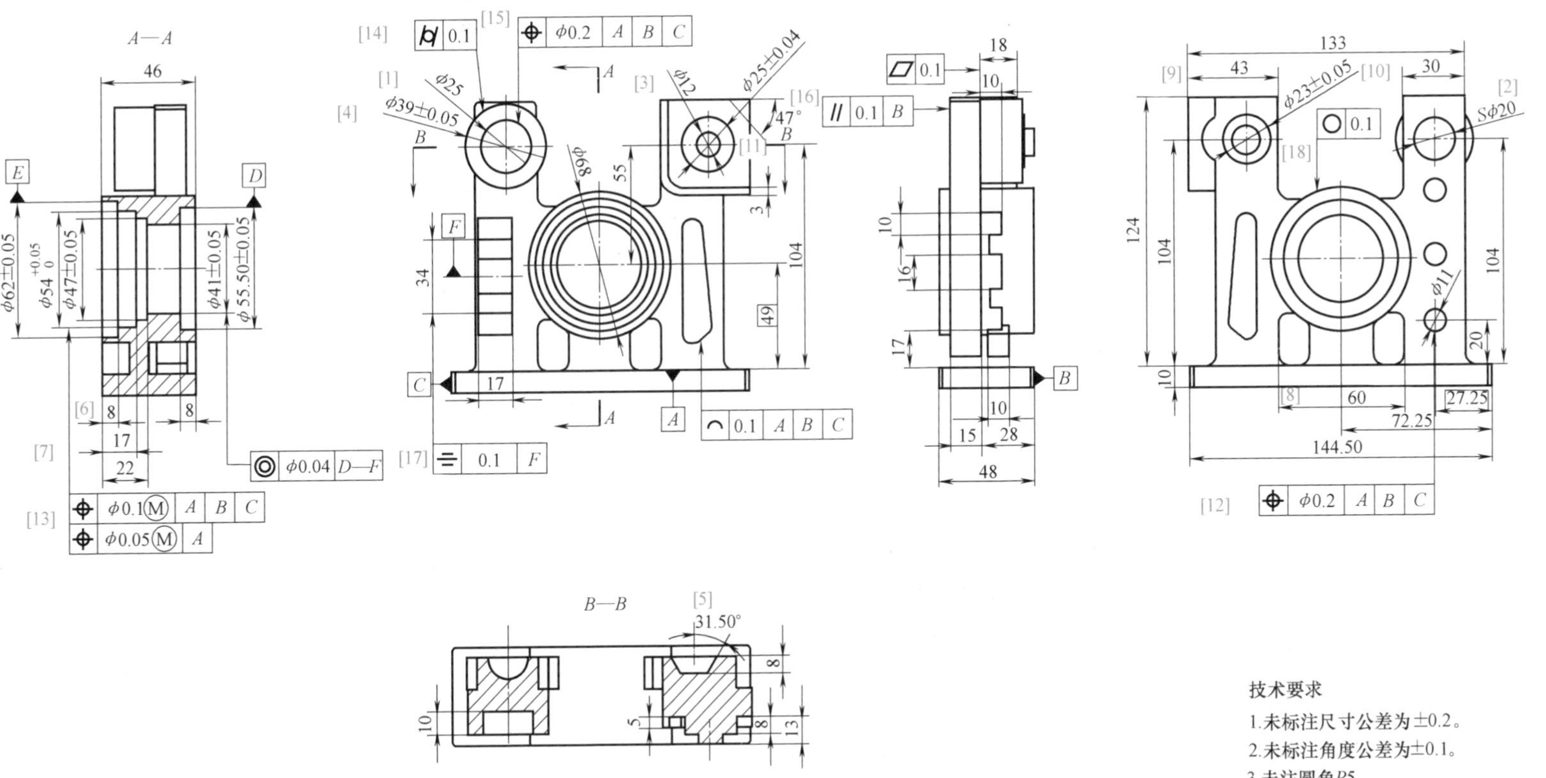

技术要求

1.未标注尺寸公差为±0.2。
2.未标注角度公差为±0.1。
3.未注圆角$R5$。
4.未注倒角$C1$。

图 3-1　工件图样

3.2 硬件配置准备

3.2.1 测头选型

任务三沿用任务二的测座、测头配置：

1）测座：HH-A-T5。

2）测头：TESASTAR-P。

经过分析，3BY40 测针（图 3-2）可以满足测量要求，无需更换。

3.2.2 零件装夹

为了保证一次装夹完成所有要求尺寸的检测，本任务采用零件竖向装夹方案，使用专用夹具，零件相对测量机姿态参考图 3-3。

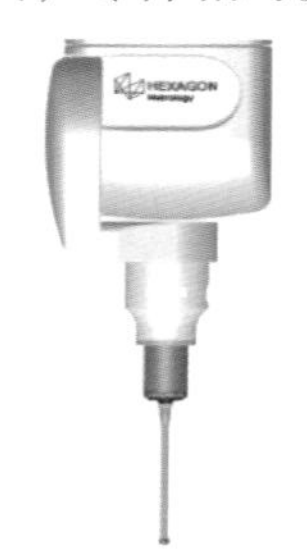

图 3-2 3BY40 测针

图 3-3 装夹姿态

零件尺寸远小于测量机行程，装夹时保证零件适当居中，而且要保留一定高度，避免测座旋转后到达 Z-方向行程极限。

素养提升

小失误大悲剧——“哥伦比亚号”航天飞机事故

2003 年，“哥伦比亚号”航天飞机在执行第 28 次任务时发生爆炸，机上 7 名宇航员全部遇难。这次事故引起了美国航天局的重视，经过长达数年的调查，原来是在上一次升空过程中有一块助推火箭外燃料箱的特制泡沫掉落，刚好砸中了航天飞机的左侧机翼，但当时工作人员并未在意。没想到，这次撞击给航天飞机造成了内伤，也为半个月之后发生的悲剧埋下了祸根。航天飞机在返航途中与大气层剧烈摩擦，产生了上千摄氏度的高温，左侧受伤的机翼再也支承不住压力，隔热材料突然发生破裂，高温热浪瞬间窜入机舱，航天飞机在空中解体并发生爆炸。

【知识资讯】

1. 测针选项分析

1）测针长度。根据零件左右两侧的特征分布及所需测量的尺寸范围，可以判断使用任务二的测针可以满足测量需求，如知识资讯图 3-1 所示。

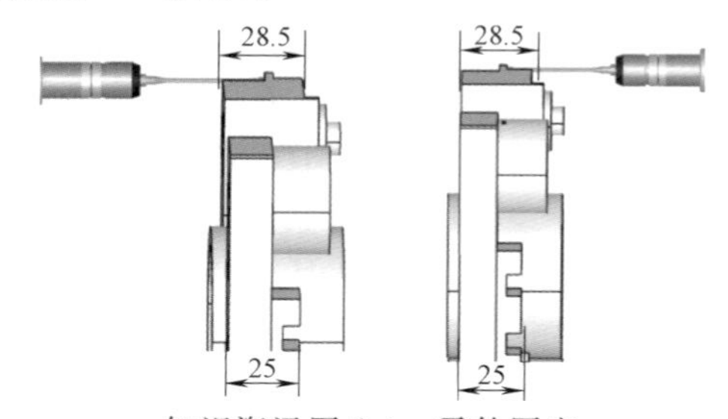

知识资讯图 3-1 零件厚度

2）测针直径。

① 最小孔径。由图样可知，零件的最小孔为 ϕ11mm 孔，ϕ3mm 测针完全满足要求。

② 最小台阶面。零件最小台阶面间距 7mm，ϕ3mm 测针完全满足要求。

综上所述，任务二测头配置可在任务三中沿用。

2. 坐标测量机 Z-方向行程极限

测量时，如知识资讯图 3-2 所示，一定要考虑 Z-方向行程极限，以免发生干涉。

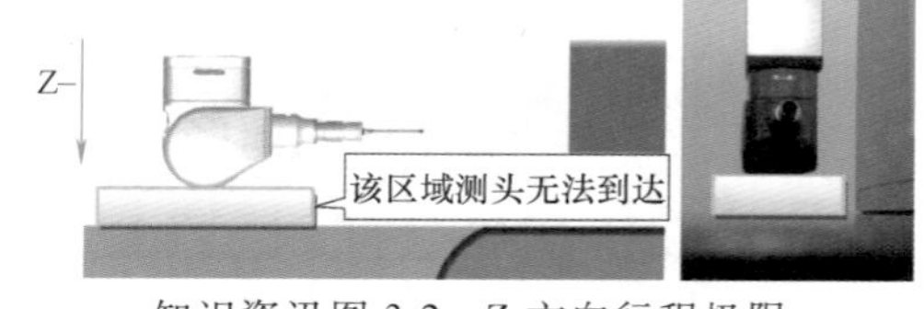

知识资讯图 3-2 Z-方向行程极限

【思考题】

请梳理图样中的基准特征。

3.3 编程过程

3.3.1 新建测量程序

新建测量程序（图 3-4），单击“确定”后进入程序编辑界面，随后将程序另存在路径“D：\PC-DMIS\MISSION3”中。

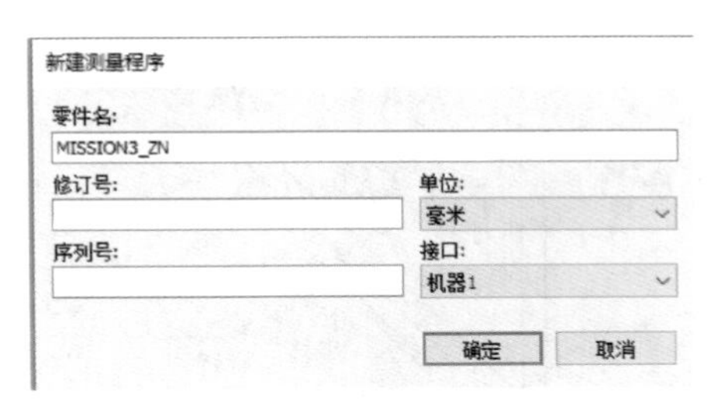

图 3-4 新建测量程序

3.3.2 程序参数设定

1）按<F5>进入“设置选项”菜单（图 3-5）。

①勾选“显示绝对速度”，最高速度设置为 200mm/s。

②“尺寸”栏中勾选“下公差显示负号”。

③“小数位数”选择 4，表示数据保留小数点后 4 位，即 0.0001mm。

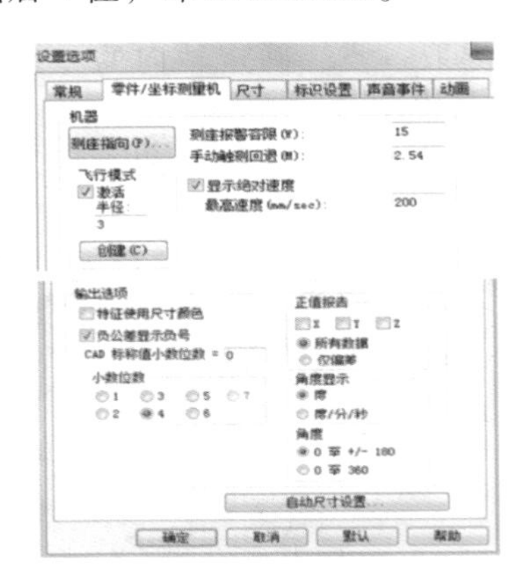

图 3-5 设置选项菜单

2）按<F10>进入“参数设置”菜单。

①“逼近距离”“回退距离”更改为 2mm。

②“探测距离”更改为 5，“探测比例”更改为 1。

③“移动速度”更改为 100mm/s。

④“尺寸”依次勾选“标称值”“公差”“测量值”“偏差”和“超差”。

【知识资讯】

1. 参数设置的重要性

参数设置决定了机器的运行参数、软件的显示精度、触测逼近回退距离等，在程序编制初始应该完成相关参数的设置。参数设置功能集中在快捷键菜单<F5><F6><F10>中。

对于自动测量程序，需要进行以下参数的定义，见知识资讯表 3-1。

知识资讯表 3-1 PC-DMIS 参数设置

序号	参数	快捷键菜单	触发测头	扫描测头
1	测量机移动速度	F10	√	√
2	测量机的触测速度	F10	√	√
3	逼近回退距离	F10	√	√
4	测量机的扫描速度	F10		√
5	程序显示精度	F5	√	√
6	显示绝对速度	F5	√	√
7	下公差显示负号	F5	√	√
8	测头测力	F10		√
9	报告显示设置	F10	√	√

以上参数仅对于本测量程序有效，不影响其他程序测量。“√”表示需要设置项。

2. 字体设置介绍

<F6>菜单可以完成“应用程序字体（界面窗口字体）”“图形字体（图形显示窗口字体）”和“编辑窗口字体”修改，如知识资讯图 3-3 所示。

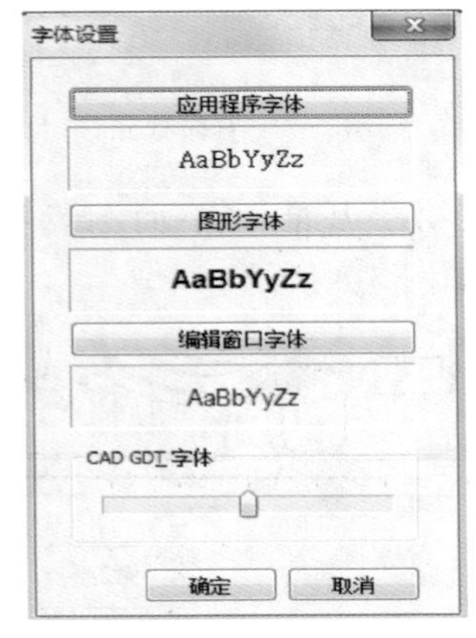

知识资讯图 3-3 字体设置

按照习惯的字体设置使用即可（推荐使用默认字体），保存后不需要每次修改。

3.3.3 测针校验

调用任务二的测头文件，再次校验“T1A0B0”“T1A90B90”“T1A90B-90”。

3.3.4 建立零件坐标系

1. 建立手动零件坐标系（粗基准系）

1）调用“T1A90B-90，支承方向 IJK = 0，0，1，角度 = -90”，测量主找正平面（第一基准 A），4 个测点分布如图 3-6 所示。

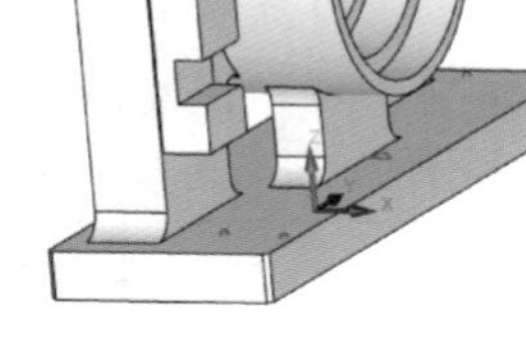

图 3-6 平面测点参考

2）插入新建坐标系 A1，“MAN_基准 A”找正 Z 正，并使用该平面将 Z 轴置零（图 3-7）。

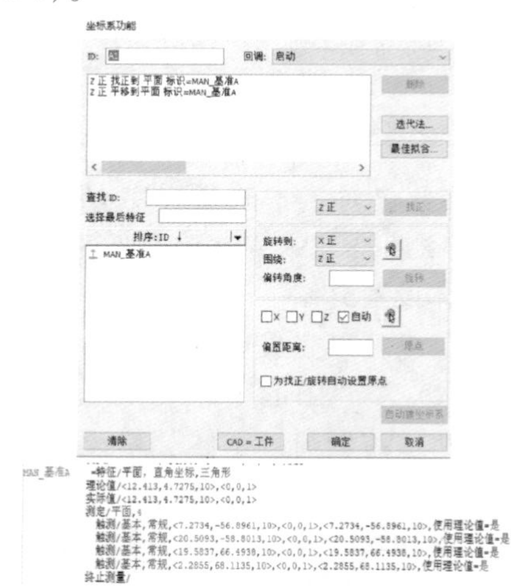

图 3-7 平面找正

3）在第二基准 B 平面测量一条直线，测点位置如图 3-8 所示。

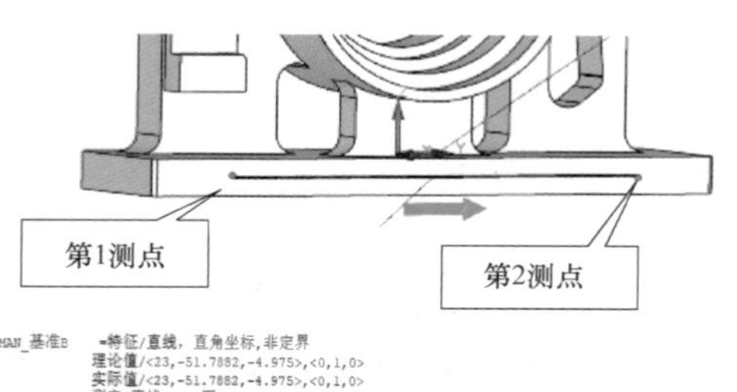

图 3-8 直线采点参考

【知识资讯】

1. 空间直角坐标系自由度概念

在空间直角坐标系中，任意零件均有六个自由度，即分别沿 X、Y、Z 轴平移（x、y、z）和分别绕 X、Y、Z 轴旋转（u、v、w），如知识资讯图 3-4 所示。

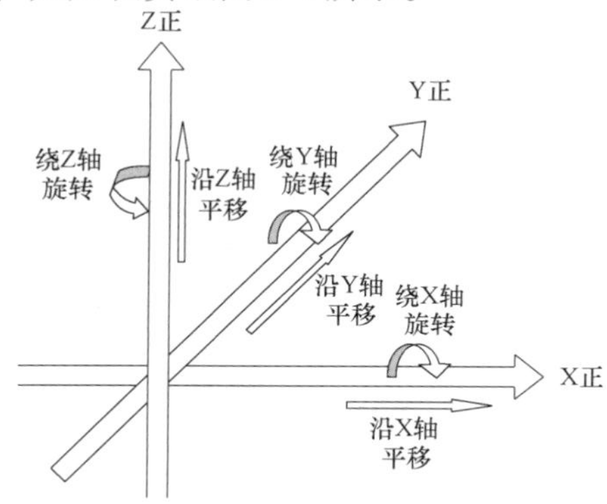

知识资讯图 3-4 坐标系自由度概念

2. “3-2-1 法”（面-线-点法）基本原理

1）测量主找正平面后，取其法向矢量作为第一轴向，锁定 3 个自由度（RX、RY、TZ）。

2）测取直线，通过矢量方向（起始点指向终止点）作为第二轴向，锁定 2 个自由度（RZ、TX/TY）。

3）测取一点，确定轴向的零点，锁定最后 1 个自由度（TX/TY）。

“3-2-1 法”建立空间直角坐标系的步骤如知识资讯图 3-5 所示。

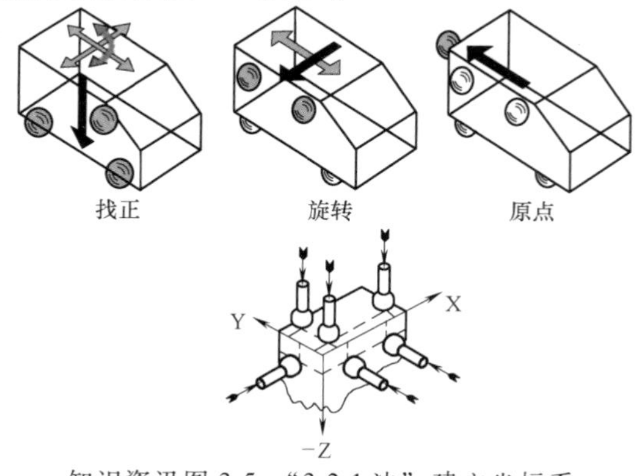

知识资讯图 3-5 “3-2-1 法”建立坐标系

【思考题】

本任务中，请思考粗建坐标系的作用。

4）插入新建坐标系 A2，“MAN_基准B”围绕 Z 正，旋转到 Y 正；并使用该基准将 X 轴置零（图 3-9）。

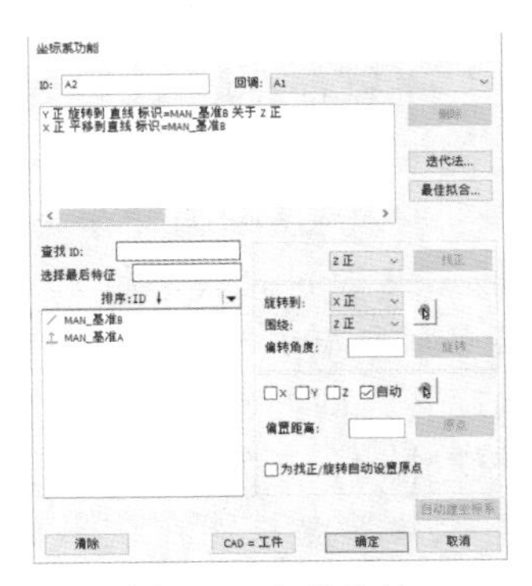

图 3-9 直线旋转

5）在基准 C 平面上测量一点（图 3-10）。

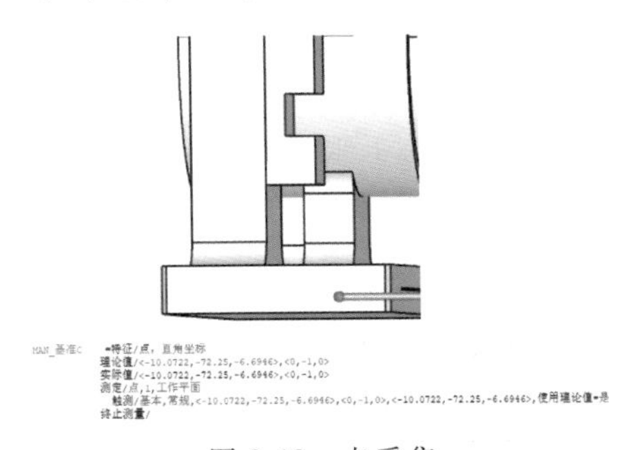

图 3-10 点采集

6）插入新建坐标系 A3，使用该点将 Y 轴置零（图 3-11）。

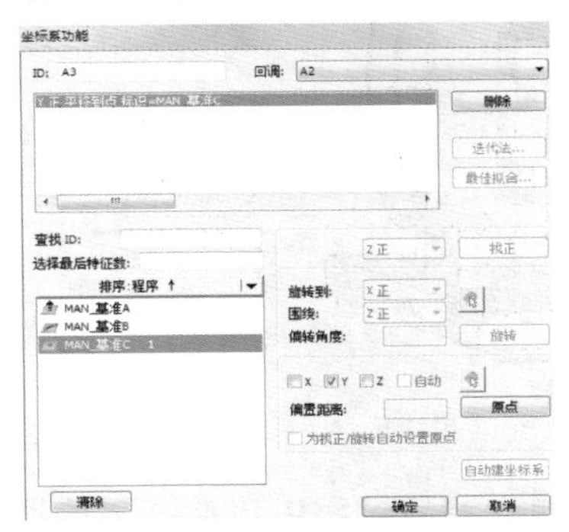

图 3-11 Y 轴置零

最终粗建坐标系轴向及原点位置参考知识资讯图 3-9。

【知识资讯】

1. 坐标系建立思路分析

任务三采用了三个相互垂直的平面作为坐标系建立的元素，也是在充分考虑该零件的加工顺序及图样标注后确定的。为了便于理解，将零件坐标系的指向与测量机轴向保持一致。

1）第一基准平面选择根据图样的标注，第一找正平面应该由 *A* 基准平面确定（知识资讯图 3-6）。

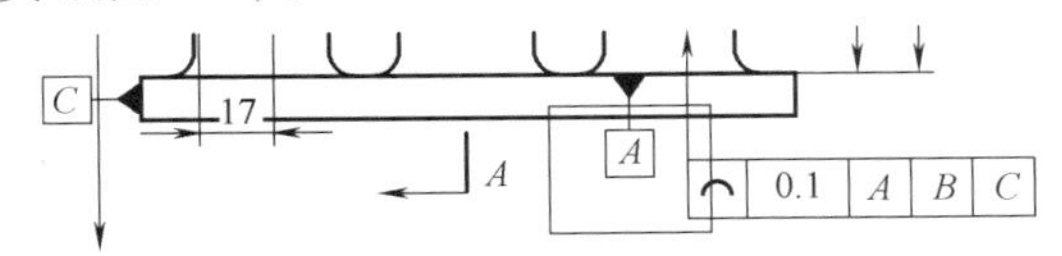

知识资讯图 3-6

2）第二基准平面选择根据图样的标注，第二找正平面应该由 *B* 基准平面确定（知识资讯图 3-7）。

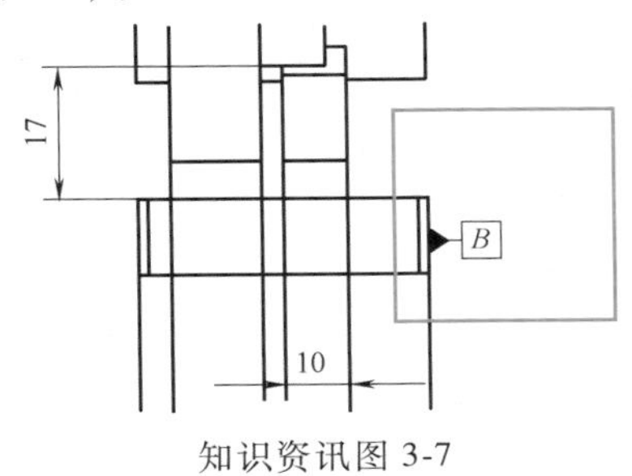

知识资讯图 3-7

3）第三基准平面选择根据图样的标注，第三找正平面应该由 *C* 基准平面确定（知识资讯图 3-8）。

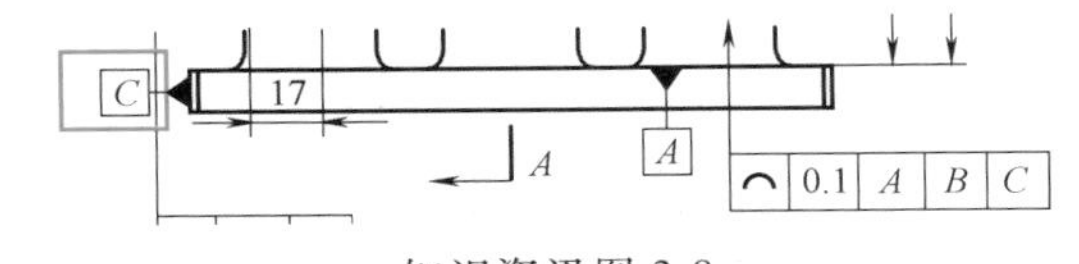

知识资讯图 3-8

2. “3-2-1 法”粗建坐标系

上述过程采用“3-2-1 法”粗建坐标系，展示了利用零件基准 A、B、C 控制零件坐标系位置及各轴指向。坐标系建立的最终目的就是控制坐标系的 6 个自由度，使其有唯一确定的结果。

【思考题】

请思考可以用面-面-面粗建坐标系吗？

2. 建立自动零件坐标系（“面-面-面”精建坐标系）

1）切换测量模式为自动（使用<Alt+Z>，或单击 DCC 图标切换）。

2）在安全位置添加移动点（根据需要可设置多个移动点）。

移动点的添加思路可参考右栏知识资讯，具体操作为将光标放在需要添加移动点的位置；按操纵盒上的“添加移动点”按钮，随后在编辑窗口自动生成一条移动点命令。

3）遵循粗建坐标系建立顺序前两步：测量主找正平面（注意测点与测点间不要有零件或夹具阻挡），并插入新建坐标系 A4 并找 Z 正，Z 轴置零，如图 3-12 所示。

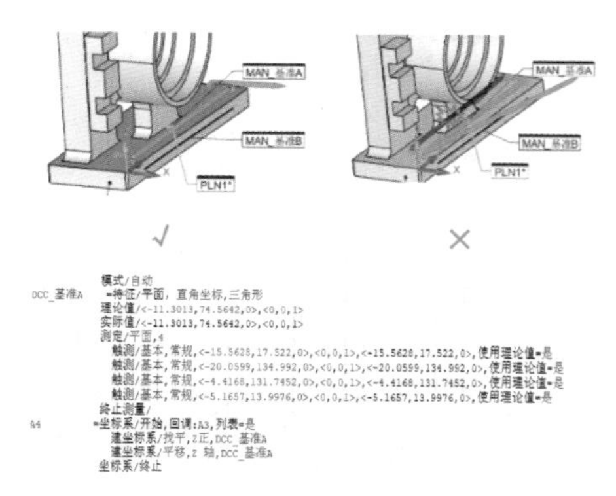

图 3-12　精建坐标系-找正

4）添加移动点过渡至基准面 B 附近，如图 3-13 所示。

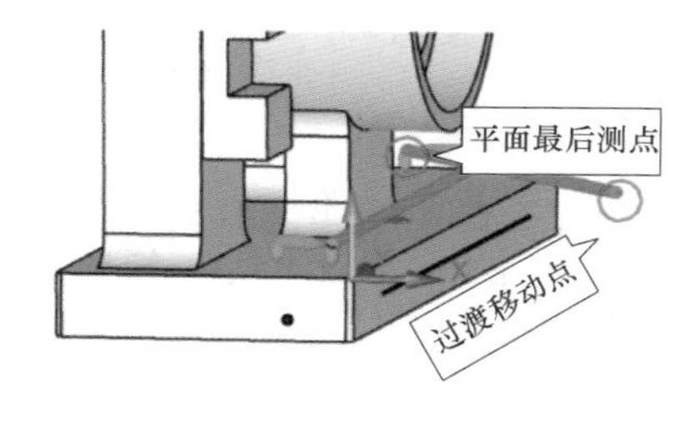

图 3-13　添加过渡移动点

【知识资讯】

1. 基准限定自由度过程

1）基准 A 平面的矢量方向用于找正零件坐标系的一个轴向。由于零件摆放位置刚好矢量指向测量机的 Z 正方向，因此选择找正 Z 正，得到的效果是：直角坐标系的 Z 轴强制与基准 A 矢量同向（平行），这时坐标系只能围绕 Z 轴旋转，即 w 不控制，不能围绕 X、Y 轴旋转，即控制 u、v；同时基准 A 平面除了找正作用，还可以限定延着 Z 轴的平动，即坐标系零点只能在该平面上平动，得到的效果是：坐标系 Z 轴方向零点始终与基准 A 的 Z 坐标重合，控制 z。

2）基准 B 的矢量用于限定 Y 轴方向和 X 轴零点位置，得到效果是：自由度 x 和 w 被限定。

3）基准 C 用于限定最后一个自由度 y，得到的效果是：坐标系 Y 轴零点与基准 C 的 Y 坐标重合。

因此粗建零件坐标系得到唯一确定的位置，手动坐标系建立完成，如知识资讯图 3-9 所示。

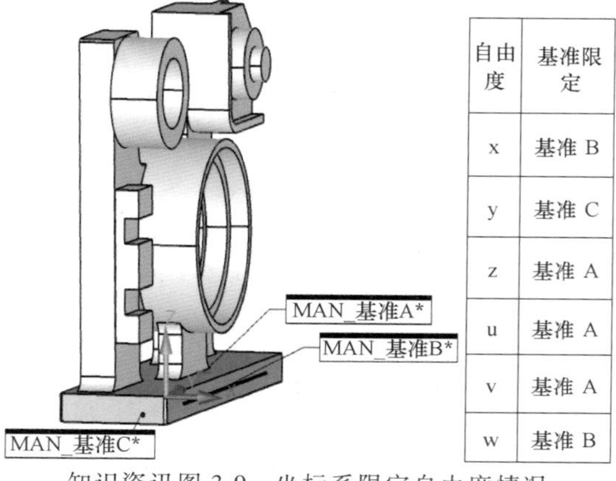

自由度	基准限定
x	基准 B
y	基准 C
z	基准 A
u	基准 A
v	基准 A
w	基准 B

知识资讯图 3-9　坐标系限定自由度情况

2. 自动测量过程中移动点添加思路

添加移动点是自动测量中保证元素与元素可以在测量机运行过程中无缝衔接的有效途径。如知识资讯图 3-10 所示，在“凹”型件表面测量 4 个点，为了相互衔接又添加了多个移动点。

5）测量基准B平面，插入新建坐标系A5并找正X正，X轴置零，如图3-14所示。

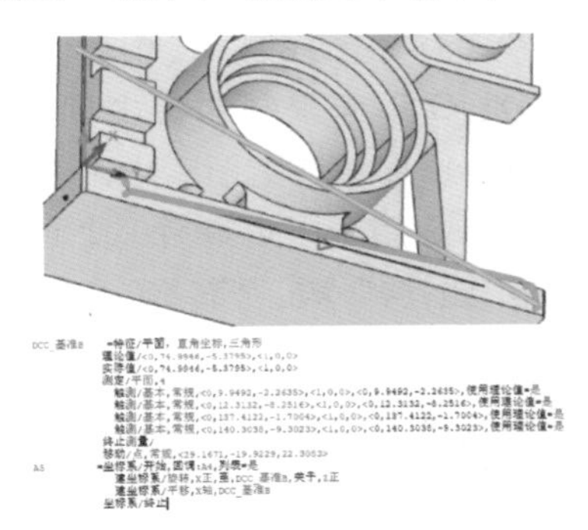

图3-14　精建坐标系-旋转

6）添加移动点过渡至基准面C附近，如图3-15所示。

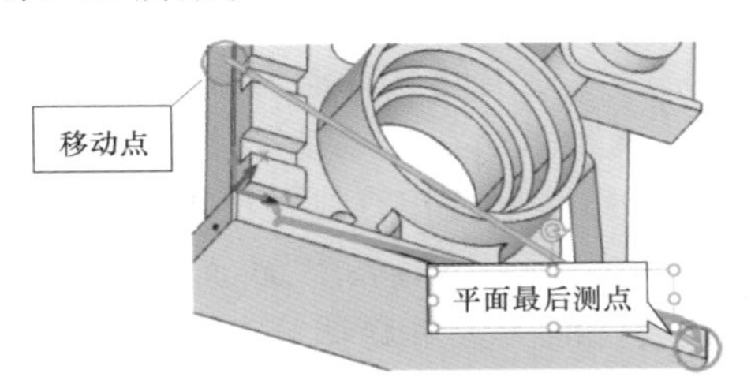

图3-15　添加移动点

7）测量基准C平面，插入新建坐标系A6（更名为DCC_ ALN）并将Y轴置零，如图3-16所示。

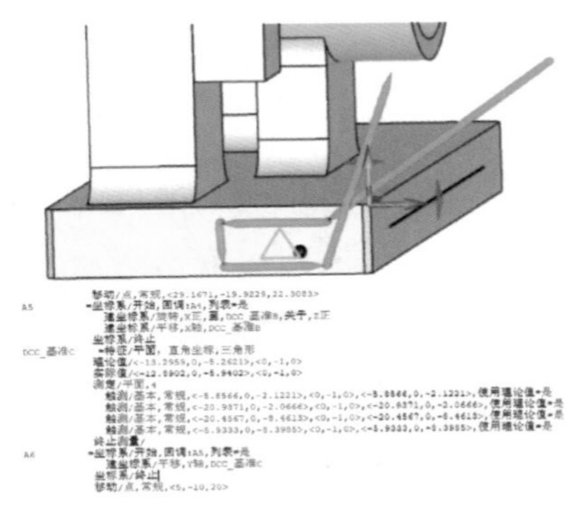

图3-16　精建坐标系-置零

8）坐标系检查。按照任务二的方法检查零件坐标系零点位置及各个轴向是否正确。

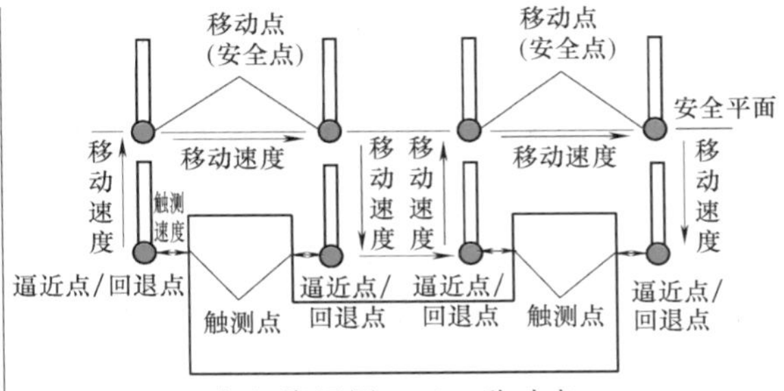

知识资讯图3-10　移动点

无论是手动测量还是自动运行程序，都遵循”快速移动（移动速度），慢速触测（触测速度）”运动方式。当自动运行时，触测点和移动点由程序给定，逼近回退距离值也需要在软件中设定。

移动速度：测量机移动快，一般环绕零件外表面移动，作为上一步测量和下一步测量的衔接。

触测速度：贴近被测表面触发采点时应用的速度，一般较慢。

3.“面-面-面”方法精建坐标系

知识资讯图3-11展示了零件基准A、B、C平面的矢量方向，以及完成精建坐标系后的零件坐标系位置及各轴指向。

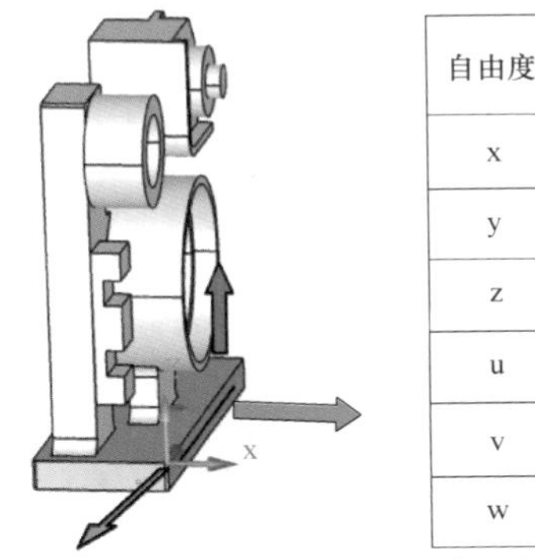

自由度	哪个基准限定
x	
y	
z	
u	
v	
w	

知识资讯图3-11　精建坐标系-自由度

1）基准A平面限制的自由度（基准A控制了哪些自由度？请在上图表中画√）。

基准A平面应用情况与粗建坐标系一致，此处不再赘述。

2）基准B平面限制的自由度（基准B控制了哪些自由度？请在上图表中画○）。

基准B平面矢量方向与坐标系的X正方向一致，因此选择围绕Z正，旋转到X正，得到的效果是：零件坐标系的Y轴强制与平面矢量同向（平行），此时坐标系已不能再旋转，控制w；基准B平面限定延着X轴的

3.3.5 自动测量特征

1. 自动测量 CYL_DJ1（内圆柱）

1）使用测针：T1A90B-90。

2）确定元素中心坐标值：CYL_DJ1（-6，27.25，104）。

3）打开自动圆柱测量对话框，并填入合理参数（图 3-17）。

① 坐标 X、Y、Z（-6，27.25，104）。

② 曲面矢量 I、J、K（1，0，0）。

③ 起始角度（0，0，-1）。

④ 内柱，直径 = 25，长度 = 10，起始角 = 0，终止角 = 360，“方向”选逆时针。

⑤ 自由移动“两者” = 20。

⑥ 每层测点 = 3，深度 = 2，结束深度 = 2，层 = 3。

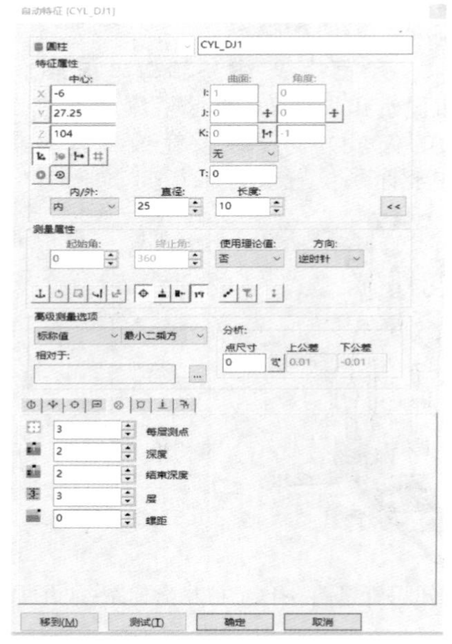

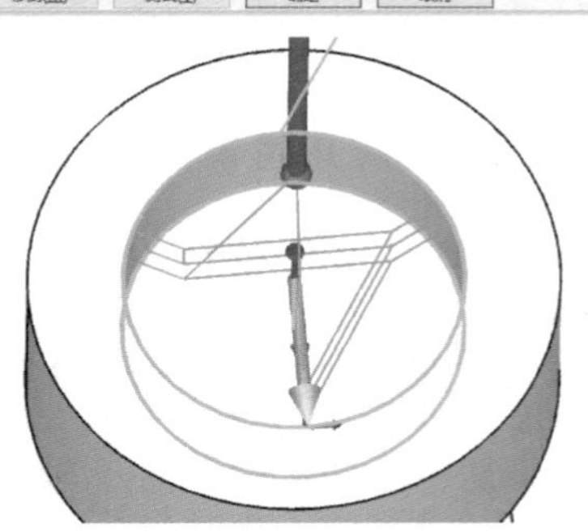

图 3-17　参数输入及采点

平动，即坐标系 X 轴置零，得到的效果是：坐标系 X 轴方向零点坐标始终在基准 A 与基准 B 的交线上移动，控制 x（不控制 y）。

3）基准 C 平面限制的自由度（C 基准控制了哪些自由度请在上图表中画△）。

基准 C 平面用于限定最后一个自由度 y。

4. “面-线-点”与“面-面-面”建立坐标系方法对比

在建立坐标系过程中使用了两种方法建立零件坐标系，有几点差异需要明确：

1）“面-线-点”方法总测点数少，测量效率高，适合建立手动坐标系（粗建）。

2）“面-面-面”方法总测点数多，可以反映基准面整体偏差情况（可以反映轮廓和位置偏差），适合建立自动坐标系（精建）。

3）两种方法在第二基准使用上有差异，“面-线-点”方法使用直线在找正平面上的投影方向来旋转第二轴向；“面-面-面”方法使用平面的空间矢量来旋转第二轴向。在实际检测中推荐使用“面-线-点”与“面-面-面”组合方式完成坐标系建立过程。

5. 典型自动测量特征功能

PC-DMIS 提了常见特征的自动测量功能：通过“视图”→“工具栏”→“自动特征”显示知识资讯图 3-12 所示自动测量菜单，具体功能将在学习任务三中介绍。

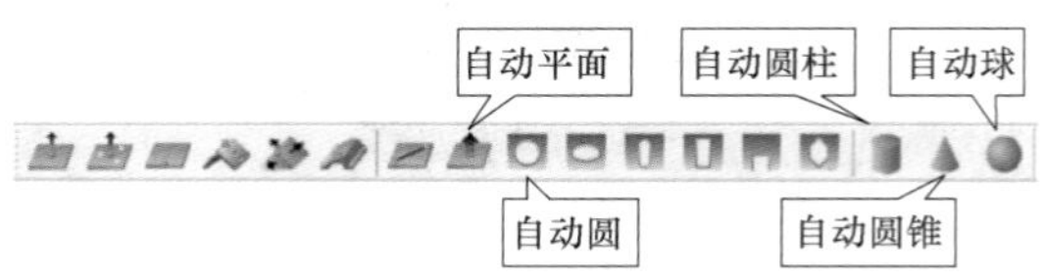

知识资讯图 3-12　自动特征测量

6. 自动测量对话框各项含义

1）XYZ 框：显示点特征位置 X、Y 和 Z 的标称值。

2）坐标切换：用于在直角坐标系和极坐标系之间的显示切换（**极坐标**：以极径、角度、Z 值的极坐标方式显示特征坐标值；**直角坐标**：以 X、Y、Z 直角坐标系的方式显示特征坐标）。

2. 自动测量 CYL_DJ4（外圆柱）

1）使用测针：T1A90B-90。

2）确定元素中心坐标值：CYL_DJ4（-6，-27.25，104）。

3）打开自动圆柱测量对话框，并填入合理参数（图 3-18）。

① 坐标 X、Y、Z（-6，-27.25，104）。

② 曲面矢量 I、J、K（1，0，0）。

③ 起始角度（0，0，-1）。

④ 外柱，直径=39，长度=-20，起始角=0，终止角=360，“方向”选逆时针。

⑤ 自由移动“两者”=20。

⑥ 每层测点=3，深度=3，结束深度=3，层数=3。

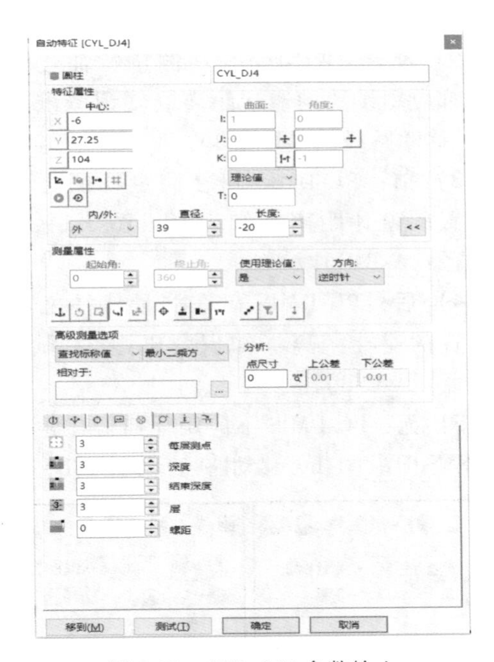

图 3-18　CYL_DJ4 参数输入

4）单击“创建”按钮，在编辑窗口中创建测量圆柱的程序（不建议打开立即测量 ）。

5）运行两条测量命令并调试参数设置是否合理。

将鼠标光标在编辑窗口选中两条测量命处，按<Ctrl+E>键执行测量命令。

3）**查找按钮**：查找用于根据 X、Y、Z 点对话框查找 CAD 图上最接近的 CAD 元素（有数模时才可使用）。

4）**从 CMM 上读取点** ：使用 CMM 读取测头当前位置作为矢量点的理论值。

5）**曲面矢量 I、J、K**：自动测点时该点的矢量方向。

6）**查找矢量** ：用于沿着 X、Y、Z 点和 I、J、K 矢量刺穿所有曲面，以查找最接近的点。曲面矢量将显示为 I、J、K 标称矢量，但 X、Y、Z 值不会改变。

7）**翻转矢量**：用于翻转矢量的方向。

8）**料厚补偿**：用于补偿钣金件测量中实际零件的厚度，选中此对话框之后，会显示料厚输入框料厚输 T: 理论值 0 入框，选择料厚补偿的方式输入料厚即可对料厚进行补偿。

9）**立即测量**：选中此处选项，单击“创建”，开始进行特征元素的测量，否则只生成程序。

10）**重新测量**：选中之后，将在第一次测量的基础上做矢量修正再测量一遍。

11）**捕捉点**：使用此功能，所有偏差都将位于点的矢量方向。

12）**自动匹配测量角度**：选择此选项后，软件会根据被测元素的矢量方向自动选择合适的测头角度进行测量（该功能在脱机编程时可以使用，联机状态下不建议使用该功能）。

13）**安全平面开关**：使用该选项后，如果程序中已经定义了安全平面，测量时将激活安全平面。

14）**圆弧移动开关**：在测量圆、圆柱、圆锥球体等元素时，测点与测点之间，测头将按圆弧移动。

第一次输入的参数未必合适，还需要根据实际工件的情况加以验证调整，尤其是测点位置分布。

特征 CYL_DJ1 与特征 CYL_DJ4 之间无需添加移动点，使用两者移动功能可完成避让动作，如图 3-19 所示。

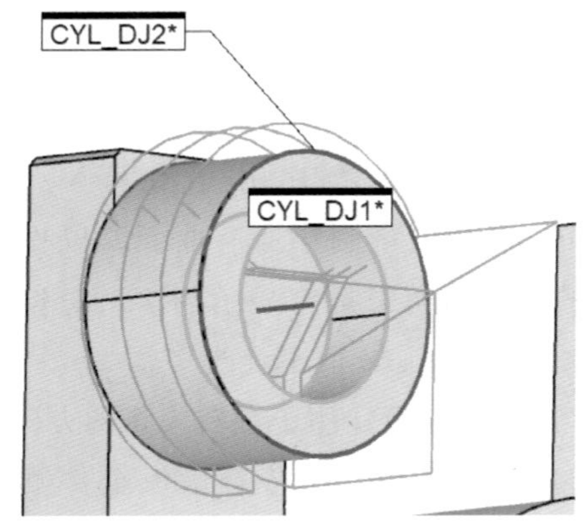

图 3-19　测量轨迹图

3. 自动测量 CYL_DJ3（外圆柱）

1）使用测针：T1A90B-90。

2）确定元素中心坐标值：CYL_DJ3（-6，-27.25，104）。

3）打开自动圆柱测量对话框，并填入合理参数。

① 坐标 X、Y、Z（-6，-27.25，104）。

② 曲面矢量 I、J、K（1，0，0）。

③ 起始角度（0，0，-1）。

④ 外柱，直径=39，长度=-20，起始角=0，终止角=360，“方向”选逆时针。

⑤ 自由移动“两者”=20。

⑥ 每层测点=3，深度=1.7，结束深度=1.7，层数=3。

因为 DJ3 特征与 DJ4 特征同样为外圆柱，因此只给出必要参数，不再赘述。测量完成后，在合适的位置添加移动点。

4. 自动测量 PLN_DJ11_1（平面）

1）使用测针：T1A90B-90。

2）在 PLN_DJ11_1 上手动触测 4～6 点（图 3-21），按操纵盒“Done”键生成测量命令。

3）按照图样尺寸修改平面的理论值及测点的理论值；以 PLN_DJ11_1 特征为例，其 Z 轴的理论值从图样上得到，为 124mm，理论矢量为 0，0，1。

15）**显示触测路径开关**：选中之后在图形窗口中将显示当前元素的测量路径。

16）**法向视图开关**：选中之后在图形窗口中将显示当前元素的法向视图。

17）**水平视图开关**：选中之后在图形窗口中将显示当前元素的水平视图。

18）**显示测量打开关**：选中之后在图形窗口中将显示当前元素的各个理论触测点。

19）**路径属性**：用于定义测量的点数和位置（对矢量点不可用）。

7. 自动测量对话框避让移动设置

1）**自由移动属性**：用于定义测量前和测量后测头的安全位置。在下拉选项中有“否”“两者”“前”“后”4 个选项（知识资讯图 3-13）。

2）**两者**：PC-DMIS 在测量特征之前和之后都应用设置的避让距离（知识资讯图 3-14a，移动路径：A-B-C-B）。

3）**前**：PC-DMIS 仅在测量特征之前应用设置的避让距离（知识资讯图 3-14a，移动路径：A-B-C）。

4）**后**：PC-DMIS 仅在测量特征之后应用设置的避让距离（知识资讯图 3-14a，移动路径：A-C-B）。

5）**无**：PC-DMIS 不应用任何避让距离值（知识资讯图 3-14b，移动路径：A-B-C-B）。

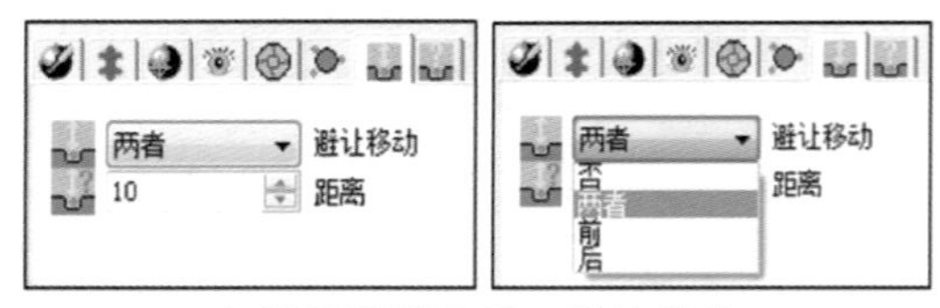

知识资讯图 3-13　避让移动

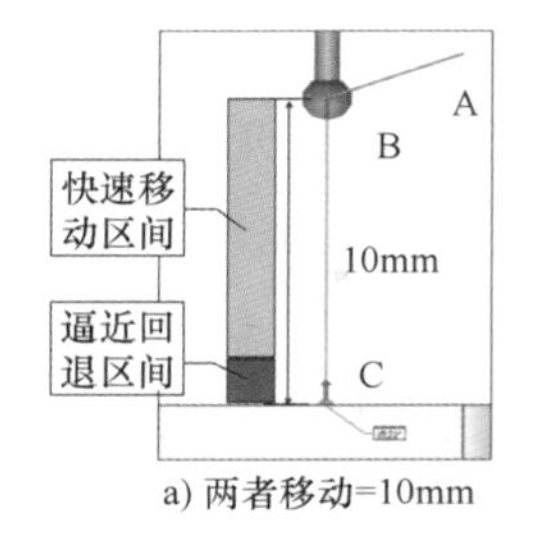

a) 两者移动=10mm

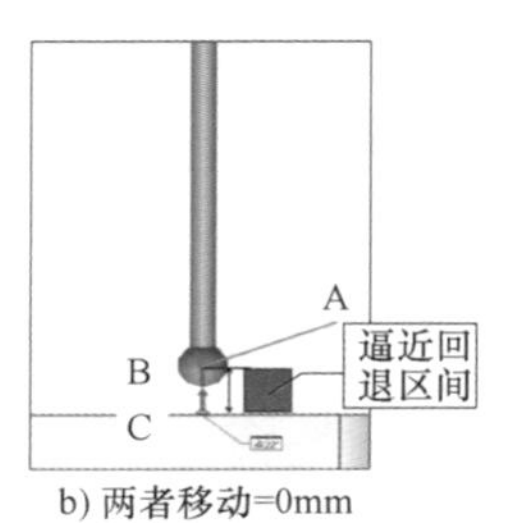

b) 两者移动=0mm

知识资讯图 3-14　两者移动示意

4）平面特征首尾都应加移动点确保不会发生碰撞，而且尽量保证首尾移动点坐标一致。

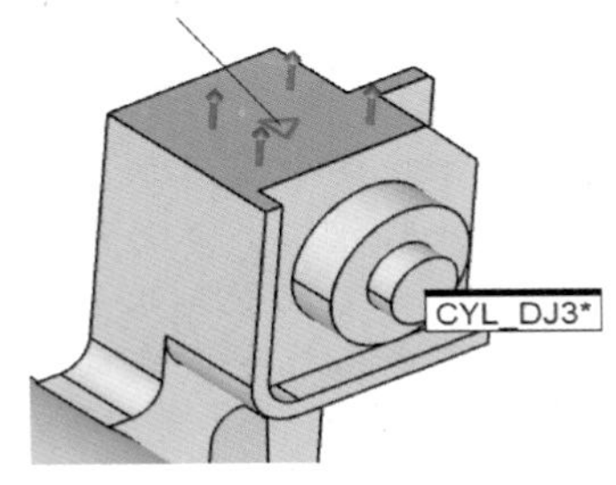

图 3-20　PLN_DJ11_1 采点示意

5. 自动测量 PLN_DJ11_2（平面）

1）使用测针：T1A90B-90。

2）在 PLN_DJ11_2 上手动触测 4~6 点（图 3-21），按操纵盒“Done”键生成测量命令。

3）平面特征首尾都应加移动点，确保不会发生碰撞，而且尽量保证首尾移动点坐标一致。

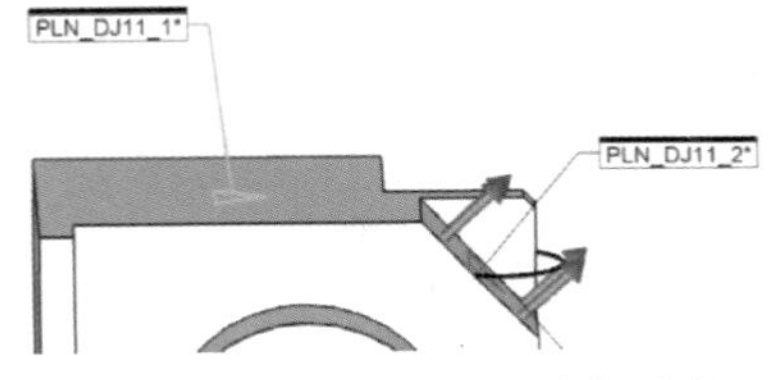

图 3-21　PLN_DJ11_2 采点示意

6. 自动测量 PLN_DJ9_1，PLN_DJ9_2（平面）

方法同上。

7. 自动测量台阶面 PLN_DJ6_1、PLN_DJ6_2、PLN_DJ7_1

1）使用测针：T1A90B-90。

2）因为这几个特征均为环形平面，推荐使用“TTP 平面圆策略”。

3）单击“插入”→“特征”→“自动平面”。

4）根据图 3-22，输入环形平面中心坐标值及直径。

PLN_DJ6_1 中心坐标值（0，72.25，49），直径 ϕ65mm。

PLN_DJ6_2 中心坐标值（-8，72.25，49），直径 ϕ58mm。

PLN_DJ7_1 中心坐标值（-17，72.25，49），直径 ϕ50.5mm。

【知识资讯】

1. 自动平面触发测量策略

“TTP 平面圆策略”和“TTP 自由形状平面策略”是 PC-DMIS 软件 2015 版之后推出的新功能，适用于具有复杂边界平面或环形平面的自动测量。

2. “TTP 平面圆策略”功能介绍

TTP 平面圆策略功能适用于环形平面，尤其适用于有多个有固定间距环形平面组的测量。本例中需要根据图样输入环形面理论圆心坐标及平面矢量。

3. TTP 自由形状平面策略功能使用

当使用 CAD 数模编程时，可以通过单击数模平面获取平面的理论值；如果不具备产品数模，可以通过在零件上用测头按要求位置触发测点生成命令。当然在具备数模时，功能优势更加明显。

4. 定义路径栏参数设置分析

由图样可知关于 DJ6 特征，外圆为 ϕ68mm，内圆为 ϕ62mm，因此将平面圆直径定义在 ϕ65mm 最佳，此时距离外圆有 3mm，距离内圆也有 3mm，不易与内外圆产生干涉。定义平面圆直径如知识资讯图 3-15 所示，台阶面路径如知识资讯图 3-16 所示。

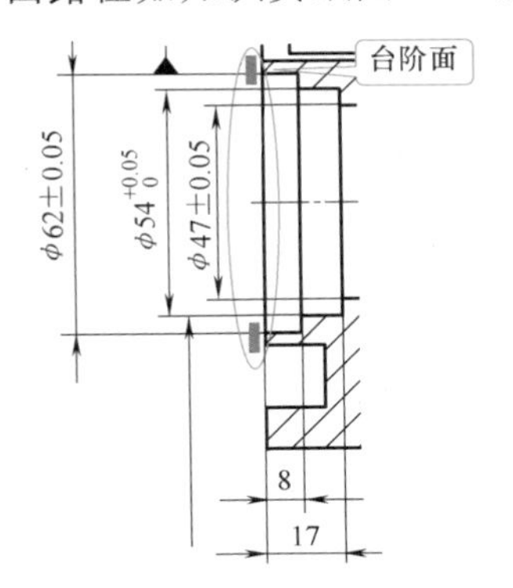

知识资讯图 3-15　定义平面圆直径

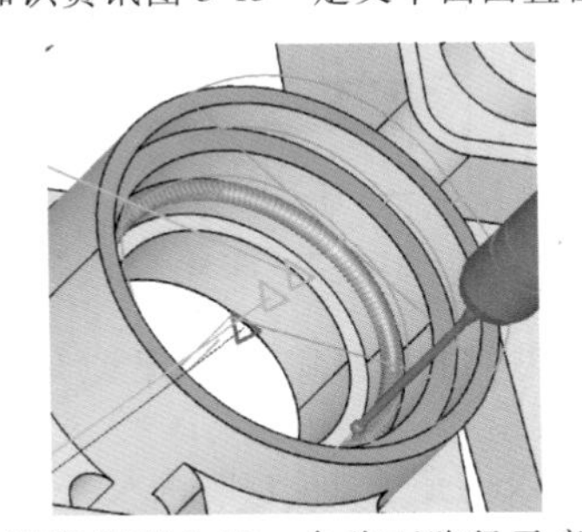

知识资讯图 3-16　台阶面路径示意图

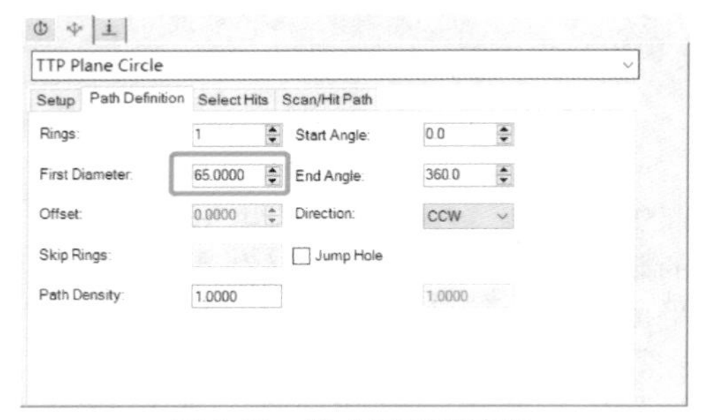

图 3-22　输入平面圆直径

5）选择“测点总数”=4，取消勾选第一个点和最后一个点，单击“选择”（图 3-23）。

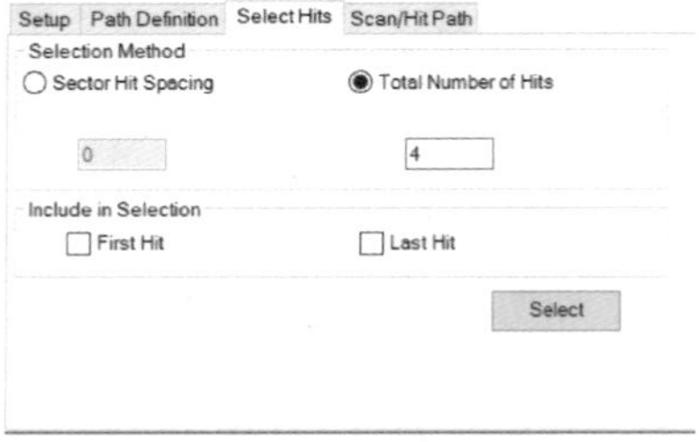

图 3-23　平面圆测点总数

6）避让移动选择“两者”=20，单击创建。

8. 自动测量 CLY_DJ13（内圆柱）

1）使用测针：T1A90B-90。

2）单击“插入”→“特征”→“自动”→“圆柱”。

3）根据图样，输入圆柱参数，完成测量。

9. 自动测量关于基准 F 的两个平面 PLN_DATUM_F_1、PLN_DATUM_F_2

1）测量两个平面，方法同前，测点位置及顺序如图 3-24 所示。

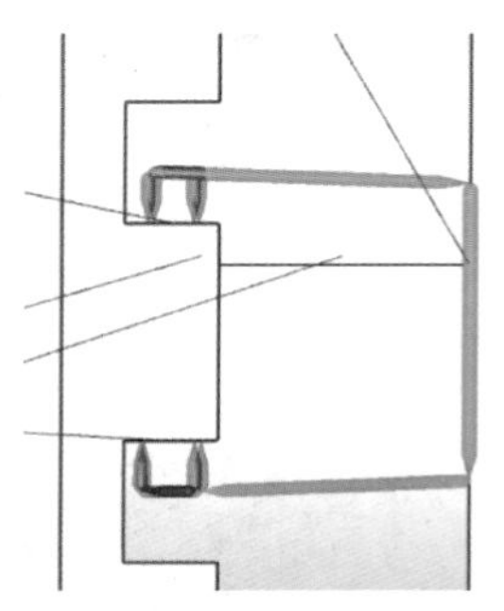

图 3-24　PLN_DATUM_F_1 采点

注意：通过添加移动点保证与上一个自动测量元素衔接。

2）插入构造平面（“插入”→“特征”→“构造”→“平面”），选中分面。

素养提升

干一行，爱一行，钻一行——大国工匠管延安

管延安，曾担任中交港珠澳大桥岛隧工程V工区航修队钳工，参与港珠澳大桥岛隧工程建设，负责沉管二次舾装、管内电气管线、压载水系统等设备的拆装维护以及船机设备的维修保养等工作。18 岁起，管延安就开始跟着师傅学习钳工，“干一行，爱一行，钻一行”是他对自己的要求，以主人翁精神去解决每一个问题。通过二十多年的勤学苦练和对工作的专注，一个个细小突破，一件件普通工作的累积，使他精通了錾、削、钻、铰、攻、套、铆、磨、矫正、弯形等各门钳工工艺，因其精湛的操作技艺被誉为中国“深海钳工”第一人，成就了“大国工匠”的传奇，先后荣获全国五一劳动奖章、全国技术能手、全国职业道德建设标兵、全国最美职工、中国质量工匠、齐鲁大工匠等称号。

在“超级工程”港珠澳大桥建设中，管延安针对世界上最大的外海抛石整平船“津平 1 号”90 米桩腿维修保养难题，提出了自主研发润滑油加油装置的思路，成功研制出“桩腿齿轮喷淋加油润滑装置”。该成果涵盖多项技术改进，制造成本不足 3 万元，比引进德国进口设备节省资金 240 余万元。他完成了 33 节巨型沉管和 6000 吨最终接头的舾装任务，做到手中拧过的 60 万颗螺钉零失误，以高精度、零误差、零缝隙的质量标准确保了世界首条外海沉管隧道的成功建设，被业界及媒体誉为“中国深海钳工第一人”，并成为中央电视台首批宣传的八名“大国工匠”之一。

管延安习惯给每台修过的机器、每个修过的零件做笔记，将每个细节详细记录在个人的“修理日志”上，遇到什么情况、怎么样处理都“记录在案”。从入行到现在，他已记了厚厚四大本，闲暇时他都会拿出来温故知新。这些“文物”里，除了文字还有他自创的“图解”。如今他也将这个习惯传承给了徒弟。

3）选中用于构造中分面的两个平面，单击创建完成构造中分面命令创建（图 3-25）。

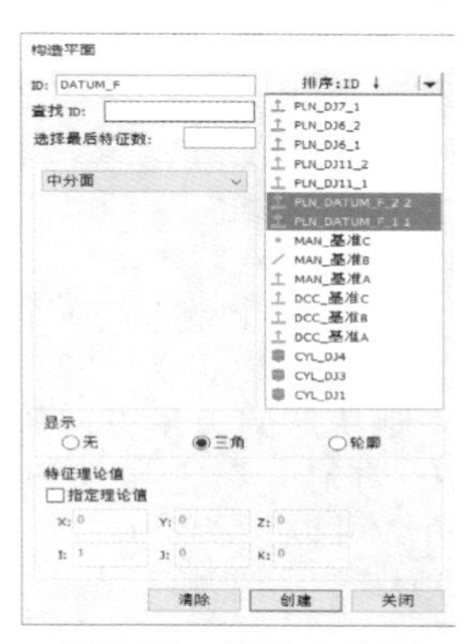

图 3-25 构造中分面

10. 自动测量对称平面（PLN_DJ17_1、PLN_DJ17_2）并构造特征组

1）更换测针：T1A90B90。

2）使用操纵盒按照下图所示位置采点；根据对称度定义要求，需要在这两个平面的对称位置测量几组（本例采用 4 组）点，最后将这些测点按照对应关系构造为特征组（图 3-26）。

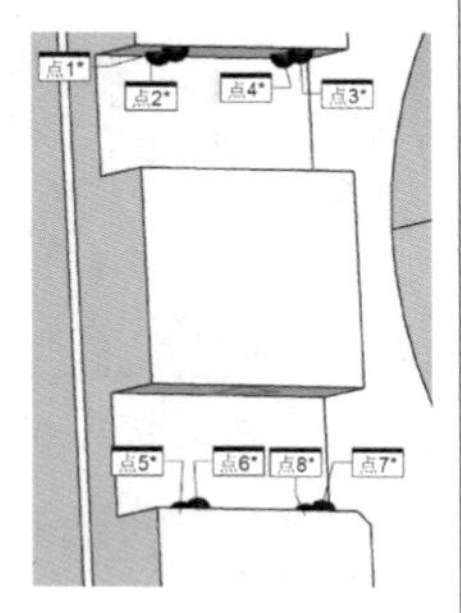

图 3-26 特征组采点

点 1 与点 5 位置对应，点 2 与点 6 位置对应（对应点的坐标值也需要有对应关系），以此类推。

3）单击“插入”→“特征”→“构造”→“特征组”，按照点的对应关系顺序依次选择，构造用于评价对称度的特征组 PLN_DJ17（图 3-27）。

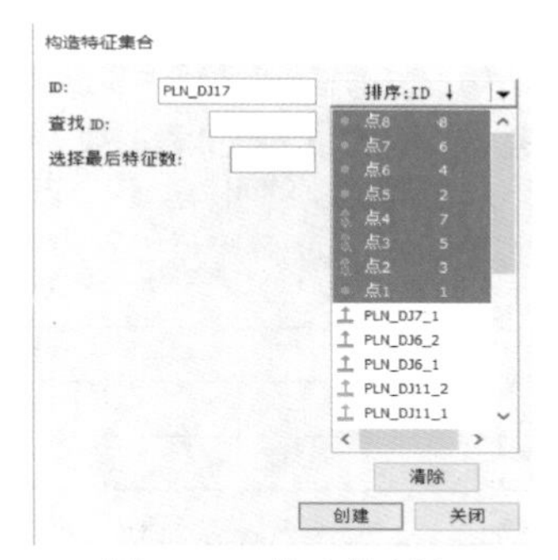

图 3-27 构造特征组

素养提升

执着专注、精益求精——大国工匠刘云清

刘云清本是一名中专毕业的钳工，却因为掌握了多门本领，被人称作“维修神医”“智能设备制造专家”。中车集团有一台全国顶级的 22000t 的一次锻压成形机，专门为高铁“复兴号”生产锻钢制动盘。作为厂里唯一全面掌握这台机器维修技术的专家，刘云清维修技术之高，远近闻名。为了不求人，原本只懂机械维修的刘云清，苦学电气、液压、软件等知识。渐渐地，他会的东西越来越多，也不再满足于维修工作，逐渐把目光移向了设备研发。高铁“复兴号”齿轮箱体内部结构复杂，原本装配前都需要进行人工清洗，但清洗后依旧残留的铁锈渣直接影响着齿轮的寿命。为了解决这个问题，刘云清先后拿出十多个论证方案，用了整整两年的时间，成功打造出了世界首台高铁齿轮箱全密封清洗机。

“执着专注、作风严谨、精益求精、敬业守信、推陈出新。”这是刘云清对工匠精神的切身体会，凭着这种精神，他从一名普通的机械设备维修工成为了智能设备制造专家。截至目前他带领团队研制的数控珩磨机已经发展到了第七代，不仅满足了本公司的生产，还实现了对外销售，得到国内外同行的认可。在刘云清看来，把这种精神不断传承下去同样重要，当初跟着他一起做项目搞研发的徒弟，现在也早已成为各自研发项目的负责人。

刘云清对待工作认真负责、钻研专研，为了解决一个零件的加工问题，足足花了三个月反复实验，最后居然在一个漏油的“小意外”中解决了。“这看似偶然的成功，如果没有我们的坚持，即使早放弃一分钟，那三个月的努力就是白费的。”刘云清说。

如今，中专学历的刘云清，手下却带着一批博士、硕士，他带队自主研发的设备直接创造经济效益超过 1.5 亿元。而这些，在刘云清看来，还只能算是跨出的小小一步。

11. 自动测量 SPHERE_DJ2（内球）

1）更换测针：T1A90B90。

2）确定元素中心坐标值。

3）打开自动测量球对话框，输入参数（图 3-28）。

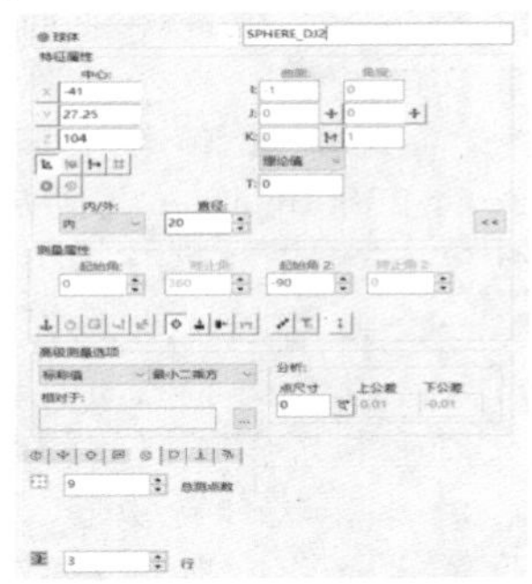

图 3-28　内球 SPHERE_DJ2 设置

4）单击“创建”按钮，在编辑窗口中创建测量球体的程序（图 3-29）。

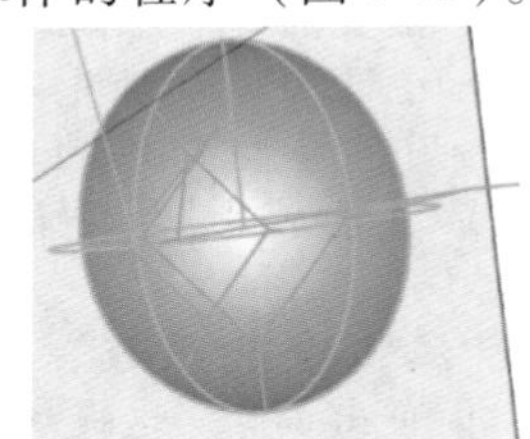

图 3-29　内球 SPHERE_DJ2 采点

12. 自动测量 PLN_DJ10_1、PLN_DJ10_2（平面）

1）更换测针：T1A90B90。

2）测量两个平面，采点如图 3-30 所示。

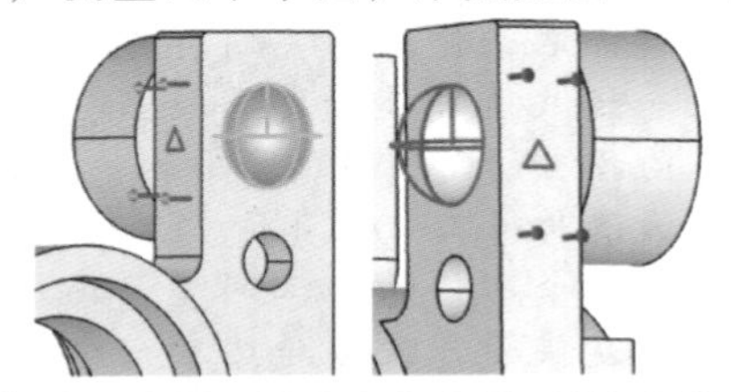

图 3-30　PLN_DJ10_1 和 PLN_DJ10_2 采点

13. 自动测量 CYL_DJ12（内圆柱）

1）使用测针：T1A90B90。

2）查看图样可知内圆柱中心坐标值为（-41，27.25，20）。

3）完成内圆柱参数填写（图 3-31）。

4）使用相同方法测量内圆柱 CYL_DATUM_D、CYL_DJ19。

【知识资讯】

球特征的“起始角”“终止角”使用说明

圆、圆柱、圆锥特征需要选择“起始角”和“终止角”数值，球特征需要设定“起始角 1”、“终止角 1”和“起始角 2”、“终止角 2”的数值。

当在一个外半球上测量 20 个点，分为 2 层分布。起始角 1 可以设为 45°，终止角 1 可以设为 270°，则从球的矢量方向俯视，测量区域从 45°~270°均匀分布，如知识资讯图 3-17 所示。起始角 2 可以设为 30°，终止角 2 可以设为 90°，即从球顶端测 1 点，30°（纬度）位置均匀分布 19 点，如知识资讯图 3-18a 所示；也可以起始角 2 设为 30°，终止角 2 设为 70°，则从球顶端测 5 点，30°（纬度）位置均匀分布 15 点，如知识资讯图 3-18b 所示。

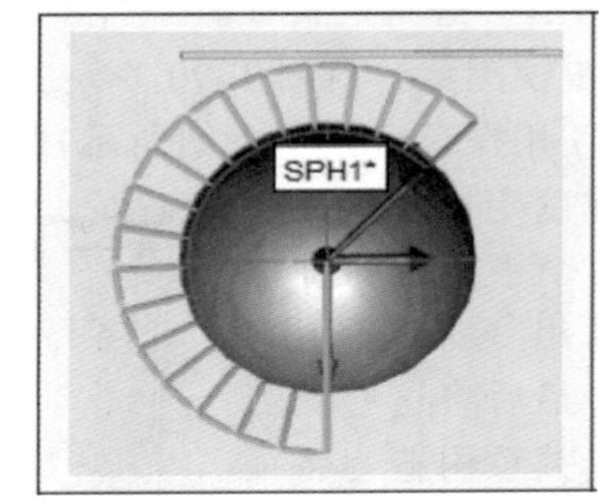

知识资讯图 3-17　起始角 1/终止角 1

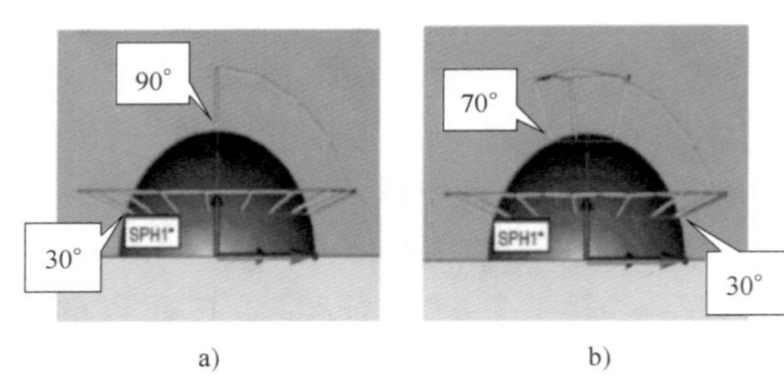

知识资讯图 3-18　起始角 2/终止角 2

【思考题】

请思考自动测量球过程中，曲面矢量、角度矢量、起始角 1/终止角 1、起始角 2/终止角 2 的意义。

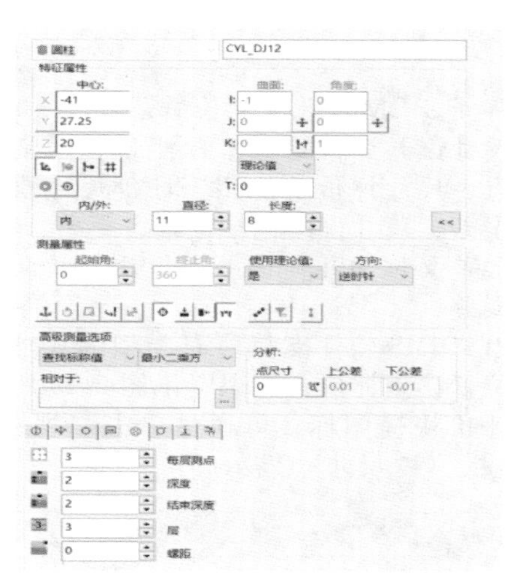

图 3-31　内圆柱 CYL_DJ12 参数

14. 自动测量 PLN_DJ8_1、PLN_DJ8_2、PLN_DJ16（平面）

1）更换测针：T1A90B90。

2）使用之前相同方法测量三个平面。

15. 自动测量 CONE_DJ5（内圆锥，图 3-32）

1）使用测针：T1A90B90。

2）确定元素中心坐标值。

3）打开自动测量圆锥对话框，按照图 3-33 所示的参数输入。

4）单击“创建”按钮，在编辑窗口中创建测量圆锥的程序。

5）运行该测量命令并调试参数设置是否合理。将鼠标光标放在编辑窗口该测量命令处，按<Ctrl+E>执行单条测量命令。

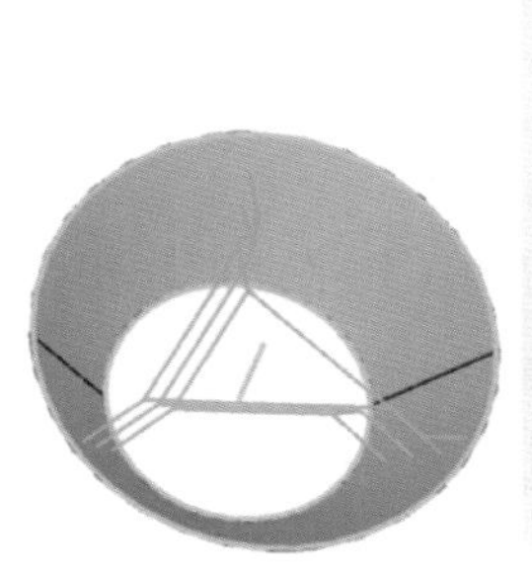

图 3-32　内圆锥 CONE_DJ5

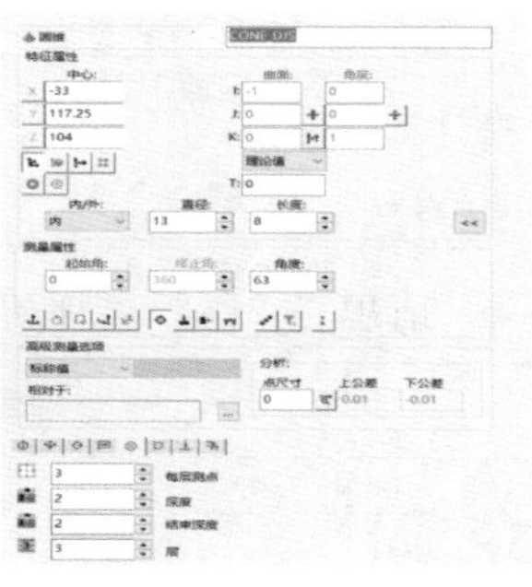

图 3-33　内圆锥 CONE_DJ5 设置

【知识资讯】

圆锥矢量方向的定义

内、外圆锥的矢量方向定义遵循：从圆锥的小圆截面中心指向大圆截面中心，如知识资讯图 3-19 所示。

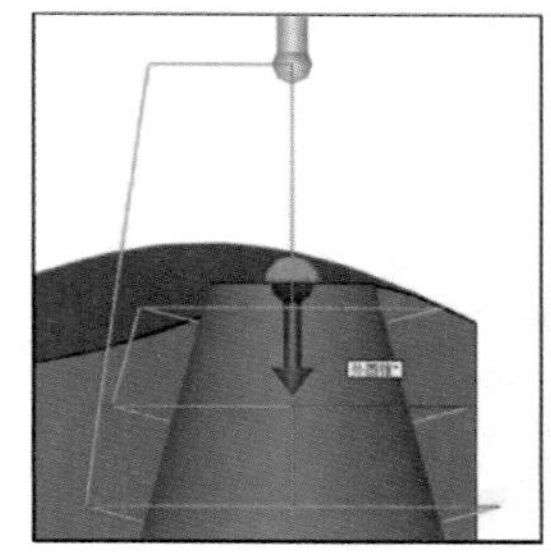

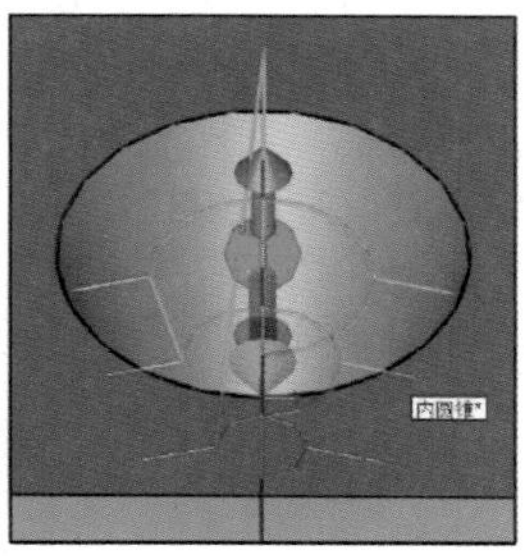

知识资讯图 3-19　圆锥矢量方向的定义

图中蓝色箭头表示矢量方向，假定竖直向上为 Z+，则左图曲面矢量为（0，0，-1）；右图曲面矢量为（0，0，1）。其中，蓝色箭头表示曲面矢量方向；红色球表示元素中心；黄色箭头表示测量的起始矢量方向。

【思考题】

1. 请思考自动测量半圆柱过程中，曲面矢量、角度矢量、起始角/终止角等参数设置方法。

2. 请思考自动测量圆锥过程中，中心点、曲面矢量、角度矢量、起始角/终止角的意义。

3.3.6 尺寸评价

1. 尺寸 DJ1 评价（表 3-2）

表 3-2 DJ1

序号	类型	描述	标称值	上公差	下公差
DJ1	ϕ	尺寸直径	25mm	0.2mm	-0.2mm

被评价特征为“CYL_DJ1”，具体操作如下。

1）单击“插入”→“尺寸”→“位置”，进入位置评价对话框。

2）按图 3-34 所示，左侧“ID”栏输入评价名称，选中被评价特征“CYL_DJ1”，坐标轴栏选择“直径”，右侧公差栏输入尺寸检测表要求的上、下公差以及理论尺寸。

图 3-34 尺寸 DJ1 评价设置

3）单击“创建”按钮，完成位置评价命令的创建。

2. 尺寸 DJ3、DJ4 评价（表 3-3）

表 3-3 DJ3、DJ4

序号	类型	描述	标称值	上公差	下公差
DJ3	ϕ	尺寸直径	12mm	0.2mm	-0.2mm
DJ4	ϕ	尺寸直径	39mm	0.05mm	-0.05mm

被评价特征为“CYL_DJ3”“CYL_DJ4”，具体操作如下。评价方法参考尺寸 DJ1。

3. 尺寸 DJ6 评价（表 3-4）

表 3-4 DJ6

序号	类型	描述	标称值	上公差	下公差
DJ6	L	尺寸 2D 距离	8mm	0.2mm	-0.2mm

被评价特征为“PLN_DJ6_1”、“PLN_DJ6_2”，具体操作如下。

1）选择工作平面为 Z 正，将 XY 平面作为投影平面。

2）单击“距离”按钮，插入距离评价。

3）在左侧特征栏选择被评价元素，按图 3-35 设置选择，并填入公差。

【知识资讯】

1. PC-DMIS 尺寸评价概述

尺寸误差评价是三坐标测量技术最终的落脚点，尺寸评价功能用于评价尺寸误差和几何误差，尺寸误差包括位置、距离、夹角，几何误差又称为几何误差，包括形状误差和位置误差。

PC-DIMS 软件支持所有类型的尺寸、形状、位置误差评价，知识资讯图 3-20 所示为尺寸评价快捷图标，可通过单击“视图”→“工具栏”→“尺寸”显示。

知识资讯图 3-20 评价快捷图标

1）位置评价，主要用于评价圆、圆柱等直径半径，圆锥的锥角等。

2）距离评价，主要用于评价两特征之间的距离等。

3）夹角评价，主要用于评价两平面之间的夹角等。

2. 工作平面和投影平面

工作平面是一个视图平面，类似图样上的三视图，工作时从这个视图平面往外看。假定在 Z+平面工作，那么工作平面就是 Z+；若被测量元素是在右侧面，那么就是在 X+工作平面工作。测量时通常是在一个工作平面上测量完所有的几何特征以后，再切换另一个工作平面，接着测量这个工作平面上的几何特征，工作平面选取菜单如知识资讯图 3-21 所示。

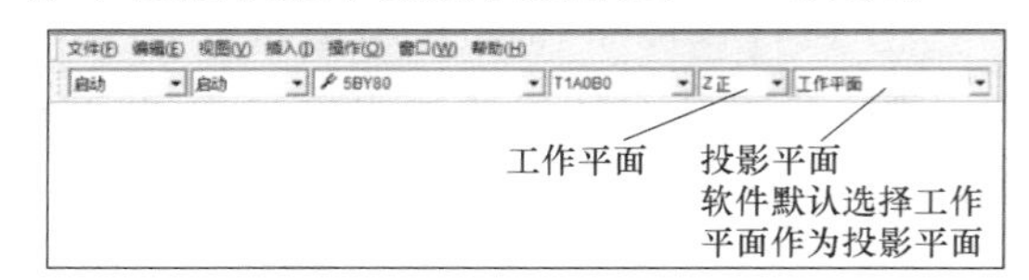

知识资讯图 3-21 工作平面/投影平面

【思考题】

请思考 2D 距离评价中工作平面的作用。

4）单击“创建”按钮完成距离评价命令的创建（图 3-35）。

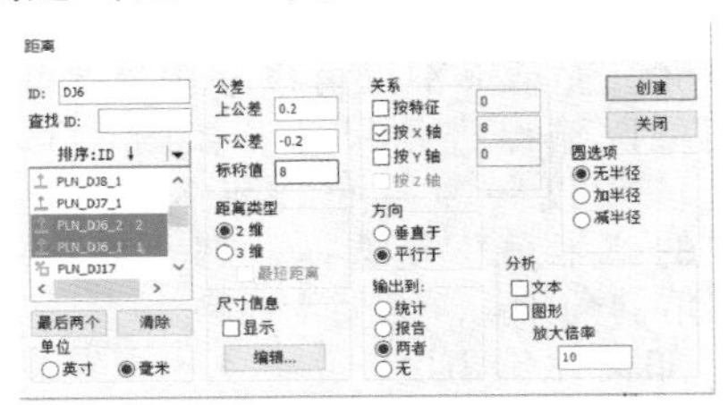

图 3-35　尺寸 DJ6 评价设置

4. 尺寸 DJ7 评价（表 3-5）

表 3-5　DJ7

序号	类型	描述	标称值	上公差	下公差
DJ7	L	尺寸 2D 距离	17mm	0.2mm	-0.2mm

被评价特征为“CYL_DJ6_1”、“CYL_DJ7_1”，具体操作如下。

1）插入距离评价，投影平面不做更改。

2）在左侧特征栏选择被评价元素，按照图 3-36 设置选择，并填入图样公差。

3）单击“创建”按钮完成距离评价命令的创建。

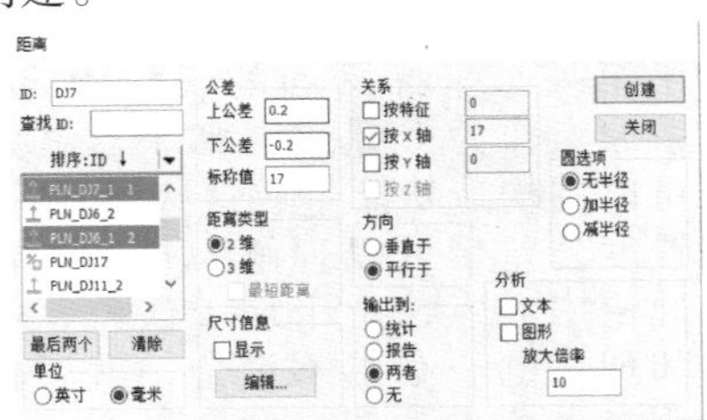

图 3-36　尺寸 DJ7 评价设置

5. 尺寸 DJ2 评价（表 3-6）

表 3-6　DJ2

序号	类型	描述	标称值	上公差	下公差
DJ2	$S\phi$	3D 球直径	20mm	0.2mm	-0.2mm

被评价特征为“SPHERE_DJ2”，具体操作如下。

1）单击“位置”按钮，插入位置评价。

2）在左侧特征栏选择被评价元素，按照图 3-37 设置，在“坐标轴”栏目中勾选“直径”，并输入公差值。

3）单击“创建”按钮完成球直径评价命令的创建。

【知识资讯】

1. 工作平面、坐标轴和角度的关系

PC-DMIS 默认选择工作平面作为二维几何特征的投影平面，也可以从投影平面下拉列表中选择某个平面作为投影平面，但一般只用于一些特殊角度的投影，较少使用；并且测量需要参考方向时，工作平面的矢量方向将作为默认方向，比如球的矢量方向、构造坐标轴的方向、安全平面的方向等，具体如知识资讯图 3-22 所示。

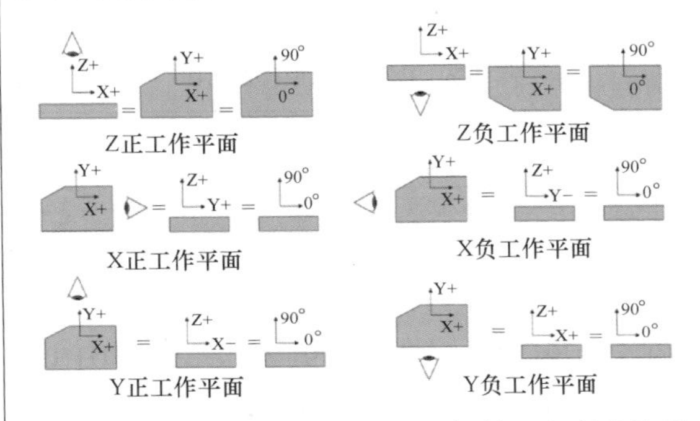

知识资讯图 3-22　工作平面、坐标轴、角度的关系

2. PC-DMIS 评价距离

评价距离应用以下规则：

1）球体、点、圆被视为点。

2）圆柱、圆锥、直线被视为直线。

3）平面、3D 宽度被视为平面。

4）如果两个元素均为点，PC-DMIS 将提供点之间的最短距离。

5）如果一个元素为直线，而另一个元素是点，PC-DMIS 将提供直线（或中心线）和点之间的最短距离。

6）如果两个元素均为直线，且没有选择“最短距离”，PC-DMIS 将提供第一条直线质心到第二条直线质心的最短距离。

7）如果一个元素是平面而另一个元素是直线，PC-DMIS 将提供直线质心和平面之间的最短距离。

8）如果一个元素是平面而另一个元素是点，PC-DMIS 将提供点和平面之间的最短距离。

9）若两个元素均为平面，则 PC-DMIS 将给出第一个平面的质心与第二个平面之间的最短距离。

图 3-37　尺寸 DJ2 评价设置

6. 尺寸 DJ8、DJ9、DJ10 评价（表 3-7）

表 3-7　DJ8、DJ9、DJ10

序号	类型	描述	标称值	上公差	下公差
DJ8	L	尺寸 2D 距离	60mm	0.2mm	-0.2mm
DJ9	L	尺寸 2D 距离	43mm	0.2mm	-0.2mm
DJ10	L	尺寸 2D 距离	30mm	0.2mm	-0.2mm

被评价特征为“PLN_DJ8_1”“PLN_DJ8_2”“PLN_DJ9_1”“PLN_DJ9_2”“PLN_DJ10_1”“PLN_DJ10_2”，评价方法参考尺寸 DJ6. DJ7。

7. 尺寸 DJ5 评价（表 3-8）

表 3-8　DJ5

序号	类型	描述	标称值	上公差	下公差
DJ5	°	锥半角	31.5°	0.1°	-0.1°

被评价特征为“CONE_DJ5”，具体操作图下。

1）单击“位置”按钮插入位置评价。

2）在左侧特征栏选择被评价元素，按照图 3-38 设置，在“坐标轴”栏目中勾选“角度”，下方“位置选项”中勾选“半角”并输入公差值。

3）单击“创建”按钮完成锥半角评价命令的创建。

图 3-38　尺寸 DJ5 评价设置

【知识资讯】

1. 输出锥角

评价位置菜单不仅可以输出锥半角尺寸，同样也可以输出锥角尺寸。如图 3-38 所示，只勾选“角度”复选框，不勾选“位置选项”中的“半角”复选框，那么输出的结果就是锥角的角度。

2. 如何评价角度

对于 2D 角度类型，PC-DMIS 根据当前工作面投影矢量，计算从第一特征到第二特征的角度，如知识资讯图 3-23 所示，实线表示理论角度，虚线为角度公差。

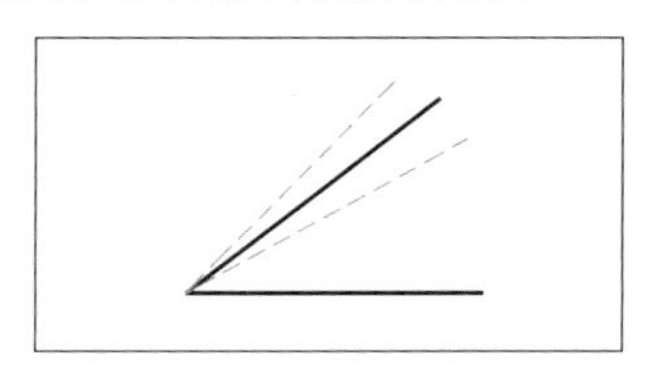

知识资讯图 3-23　角度评价

3. 位置度评价

位置度评价是常用评价项目，首先读懂图样，选择合适的基准，测量基准特征建立零件坐标系，这样就可以使用基准特征评价位置度。本任务用平面或轴线作为 A 基准，用投影于第一个坐标平面的线作为 B 基准，用坐标系原点作为 C 基准，如果这些元素不存在，可以用构造功能生成这些元素。

位置度公差带可以理解为打靶，靶心表示特征理论中心点，由于加工误差，实际圆心位置和理论圆心必然不重合，就用位置度公差带限制圆心的位置必须在某个公差圆范围内，公差数值则表明公差带范围的大小，如知识资讯图 3-24 所示。

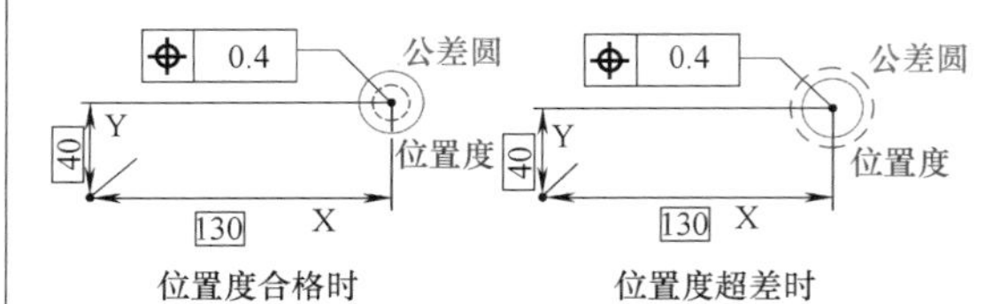

知识资讯图 3-24　位置度超差判断示意图

【思考题】

请查询资料，描述位置度公差。

8. 尺寸 DJ11 评价（表 3-9）

表 3-9　DJ11

序号	类型	描述	标称值	上公差	下公差
DJ11	∠	平面夹角	47°	0.1°	-0.1°

被评价特征为“CYL_DJ11_1”、“CYL_DJ11_2”，具体操作如下。

1）将工作平面调整为 X 正。

2）单击“夹角”按钮，插入夹角评价对话框。

3）如图 3-39 所示，左侧选择被评价特征，角度类型选择“2 维”，关系选择“按特征”。

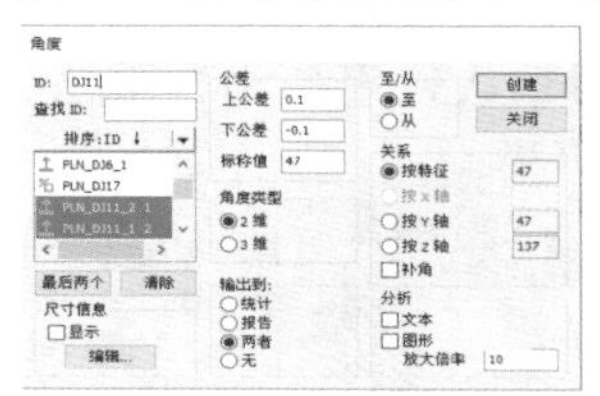

图 3-39　尺寸 DJ11 评价设置

4）单击“创建”按钮完成角度评价命令的创建。

9. 尺寸 DJ12 评价（表 3-10）

表 3-10　DJ12

序号	类型	描述	标称值	上公差	下公差
DJ12	v	位置度	0mm	0.2mm	0mm

被评价特征为“CYL_DJ12”，具体操作如下。

1）单击“位置度”按钮，插入位置度评价。

2）在位置度评价菜单中定义基准 A、B、C（图 3-40）。

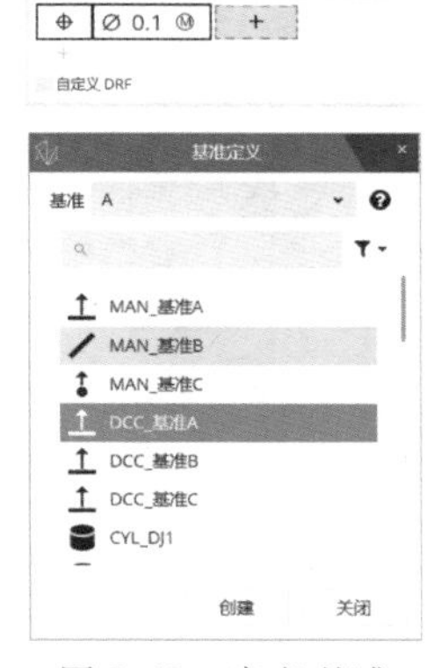

图 3-40　定义基准

素养提升

标准的意义——度量衡

我国古代将长度、容量、重量这三种量称为度量衡。“度”即审度，用来确定物体长度，其重要意义在于建立土地的分配标准，以此建立“井田制”；“量”即嘉量，用以确定物体的体积，这对于确定粮食的体积计量大有帮助；“衡”指代衡权（今词权衡），古时用标准器“权”来确定物体的重量。

春秋战国时期，我国度量衡的制作技术和制定标准已经达到了较高水平，但受制于邦国林立，制度不一，相互之间的交流困难重重。以量器的单位名称为例：齐国以升、豆、区、釜、钟为单位；赵国以溢、升、斗为单位，魏国以半斗、斗、钟为单位；秦国则以升、斗、桶（斛）为单位。就是各诸侯国国内，又有“公量”与“家量”的不同。即便单位名称相同，各国的量值进位制也相差很大，有二进制，也有十六进制等。生产力需要发展，则计量标准亟待统一。

为了保证国家的赋税收入，秦国率先发动变法，商鞅制造了标准的度量衡器，如今传世的“商鞅量”，可以得知商鞅规定的 1 标准尺约合今 0.23 公尺（1 公尺＝1m），1 标准升约合今 0.2 公升（1 公升＝1L）。由量器及其铭文可知，当时统一度量衡一事是十分严肃认真的。商鞅还统一了斗、桶、权、衡、丈、尺等度量衡，要求秦国人必须严格执行，不得违犯。统一度量衡后，秦国迅速成为当时最强大的国家，其意义主要有：

1）全国上下有了标准的度量准则，便利了经济交往和发展，为人们从事经济文化交流活动提供了便利的条件。

2）对赋税制和俸禄制的统一产生了积极作用。

3）有利于消除割据势力的影响。

4）有利于商品经济的发展和国家的统一。

3）在位置度评价菜单左侧特征列表中选择被评价特征，如图 3-41 所示，并按照图样标注选择基准，输入公差值。

图 3-41　尺寸 DJ12 评价

4）单击“创建”按钮完成位置度评价命令的创建。

10. 尺寸 DJ13、DJ15 评价（表 3-11）

表 3-11　DJ13、DJ15

序号	类型	描述	标称值	上公差	下公差
DJ13	v	位置度	0mm	0.1mm	0mm
DJ15	v	位置度	0mm	0.2mm	0mm

被评价特征为“CYL_DJ13”“CYL_DJ15”，具体评价方法参考尺寸 DJ12。

11. 尺寸 DJ14 评价（表 3-12）

表 3-12　DJ14

序号	类型	描述	标称值	上公差	下公差
DJ14	b	圆柱度	0mm	0.1mm	0mm

被评价特征为“CYL_4”，具体操作如下。

1）单击圆柱度按钮，进入圆柱度评价对话框。

2）如图 3-42 所示，左侧选择被评价特征，右侧输入公差值。

3）单击“创建”按钮完成圆柱度评价命令的创建。

图 3-42　尺寸 DJ14 评价

【知识资讯】

几何公差项目

几何误差包括形状误差、方向误差、位置误差和跳动误差。

(1) 形状误差　形状误差是被测要素的提取要素对其理想要素的变动量。理想要素的形状由理论正确尺寸或/和参数化方程定义，理想要素的位置由对被测要素的提取要素采用最小区域法（切比雪夫法）、最小二乘法、最小外接法和最大内接法进行拟合得到的拟合要素确定。最小区域法（切比雪夫）为 PC-DMIS 特征尺寸框（FCF）评价方法默认算法，如果使用传统评价方式评价形状误差，则默认使用最小二乘法，如知识资讯图 3-25 所示。

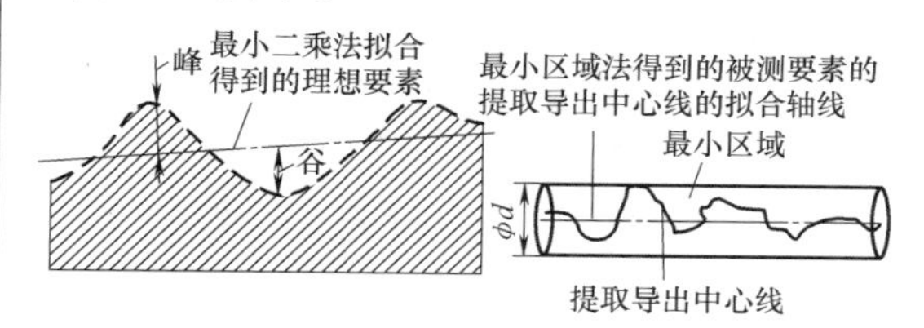

知识资讯图 3-25　最小二乘法/最小区域法

(2) 方向误差　方向误差是被测要素的提取要素对具有确定方向的理想要素的变动量。理想要素的方向由基准（和理论正确尺寸）确定。方向误差值用定向最小包容区域（简称定向最小区域）的宽度或直径表示。

(3) 位置误差　如知识资讯图 3-26 所示，位置误差是被测要素的提取要素对具有确定位置的理想要素的变动量。理想要素的位置由基准和理论正确尺寸确定。位置误差值用定位最小包容区域（简称定位最小区域）的宽度或直径表示。

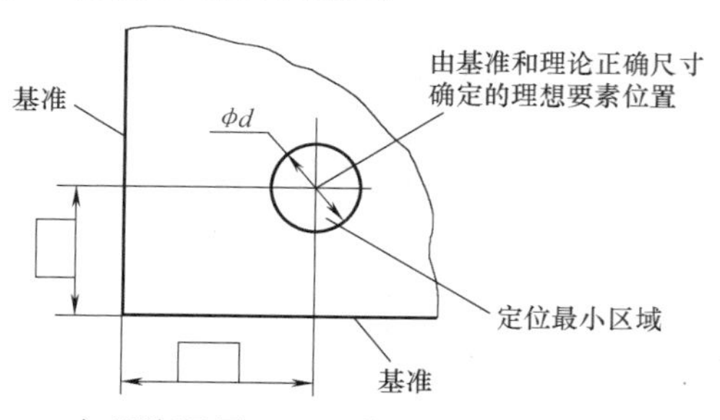

知识资讯图 3-26　位置度理论示意图

(4) 跳动误差　跳动公差是关联实际要素绕基准轴线旋转一周或若干次旋转时所允许的最大跳动量，包括圆跳动误差和全跳动误差。

12. 尺寸 DJ18 评价（表 3-13）

表 3-13　DJ18

序号	类型	描述	标称值	上公差	下公差
DJ18	c	圆度	0mm	0.1mm	0mm

被评价特征为“CYL_18”，具体操作如下。

1）单击圆度按钮，进入圆度评价的对话框。

2）按照 DJ14 的方法，完成对圆度的评价。

13. 尺寸 DJ16 评价（表 3-14）

表 3-14　DJ16

序号	类型	描述	标称值	上公差	下公差
DJ16	h	平行度	0mm	0.1mm	0mm

被评价特征为“PLN_DJ16”，具体操作如下。

1）单击“平行度”按钮插入平行度评价。

2）如图 3-43 所示，侧栏点选被评价元素，基准框中选择之前定义的基准 A。

3）单击“创建”按钮完成平行度评价命令的创建。

图 3-43　尺寸 DJ16 评价

14. 尺寸 DJ17 评价（表 3-15）

表 3-15　DJ17

序号	类型	描述	标称值	上公差	下公差
DJ17	n	对称度	0mm	0.1mm	0mm

被评价特征为“PLN_DJ17”、“PLN_DATUM_F”，具体操作如下。

1）单击“对称度 ”按钮，插入对称度评价。

2）将中分面 PLN_DATUM_F 定义为基准 F。

3）如图 3-44 所示，在左侧特征栏选择被评价元素，基准框中选择基准 D。

4）单击“创建”按钮完成对称度评价命令的创建。

【知识资讯】

1. 平行度评价概述

距离尺寸用于评价“几何特征与基准”或“几何特征与几何元素”之间，按照图样要求的方向得到的 2D/3D 距离，平行度介绍见知识资讯表 3-2。

知识资讯表 3-2　平行度介绍

误差项目	被评价特征	有或无基准	公差带
平行度	直线/圆柱/平面	有	两平行直线(t) 两平行平面(t) 圆柱面(ϕt)

平行度评价必须选择参考基准，基准元素可以是平面，也可以是圆柱，或者是中分面等需要间接测量的元素。

注意：对于平行度、垂直度评价，基准特征的理论矢量非常重要，必须按照理论值输入，否则会影响公差带方向，导致误差引入。

2. 对称度评价概述

对称度是表示零件上两对称中心要素保持在同一中心平面内的状态，如知识资讯图 3-27 所示。对称度公差是实际要素的对称中心面（或中心线、轴线）对理想对称平面所允许的变动量。

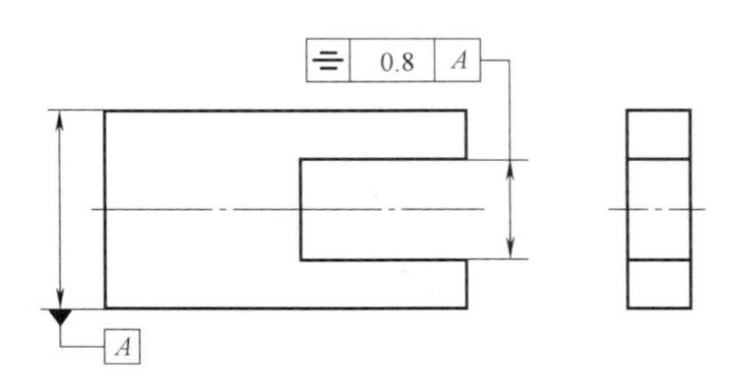

知识资讯图 3-27　对称度理论图示

【简答题】

请查询资料，描述平行度公差和对称度公差。

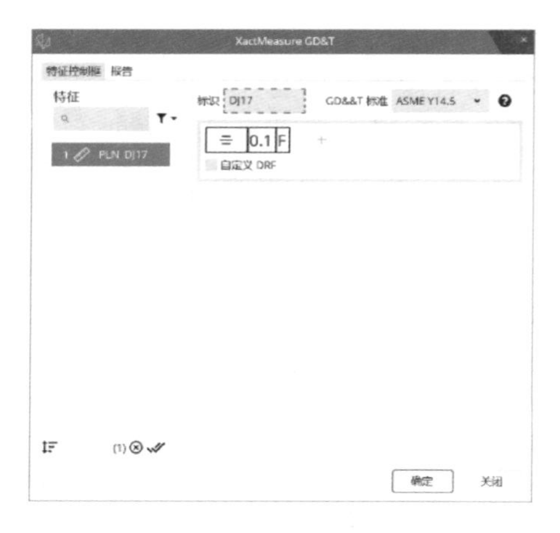

图 3-44 尺寸 DJ17 评价示意

3.3.7 报告输出为 PDF 文件

参考任务二报告输出方法，选用“提示”方式在“D：\PC-DMIS\MISSION3”中输出检测报告。

3.3.8 保存测量程序

测量程序编制完毕，单击菜单“文件”→“保存”将测量程序存储在路径“D：\PC-DMIS\MISSION3”中。

总结：通过完成本任务，应能够使用自动测量命令完成零件的自动检测，完成从测头配置及校验、零件装夹、坐标系建立、自动测量尺寸评价等一系列测量步骤。

【知识资讯】

1. 测量程序版本选择

另存程序时注意程序的保存版本选择，如果编制的程序需要传递给需求方使用，一定要确认对方使用的 PC-DMIS 版本。例如：需求方使用 2015.1 版本的软件，而程序是在高于这个版本的软件上编写，则必须使用“另存为”，并且选择对应的保存版本，如知识资讯图 3-28 所示。

知识资讯图 3-28

2. 报告窗口介绍

尺寸误差评价是三坐标测量技术最终的落脚点，尺寸评价功能用于评价尺寸误差和几何误差。

PC-DMIS 软件支持所有类型的尺寸、形状、位置误差评价，功能入口：“插入”→“尺寸”，所插入的评价在报告中体现，需要在“视图”菜单中勾选“报告窗口”（知识资讯图 3-29）。

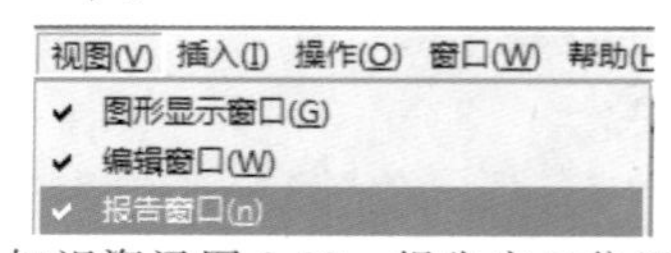

知识资讯图 3-29 报告窗口位置

学习任务 4
数控车零件的自动测量程序编写及检测

【学习目标】

通过学习本任务，学生应达到以下基本要求：

1）掌握三坐标测量机温度补偿设置方法。

2）掌握单轴坐标系的建立方法。

3）掌握回转体零件的公共轴线建立方法。

4）掌握平面圆测量、评价方法。

【考核要点】

根据数控车零件图样，按照预先规划的测量顺序，高效完成检测表中标注尺寸的检测，并输出测量报告。

【建议学时】

8 学时。

【内容结构】

测量策略制订	测针校验	零件检测	报告输出
1.工件摆放位置及姿态 2.工件装夹方案设计 3.测量顺序确认	1.测头选型 2.测头校验	1.粗、精建坐标系 2.自动测量特征 3.添加尺寸评价命令	1.设置报告保存方式 2.保存并打印报告

任务4 工 单

任务名称	数控车零件的自动测量程序编写及检测	学 时	8学时	班 级	
学生姓名		学 号		成 绩	
实训设备		实训场地		日 期	
学习任务	1)掌握三坐标测量机温度补偿设置方法。 2)掌握单轴坐标系的建立方法。 3)掌握回转体零件的公共轴线建立方法。 4)掌握平面圆测量、评价方法。				
任务目的	读懂图样,制订检测方案,进行数控车零件自动测量程序编写及机台验证,完成尺寸评价并输出测量报告,重点学会平面圆的测量以及公共轴线建立方法				
知识资讯 (若表格空间不够,可自行添加白纸)					

（续）

<table>
<tr><td>实施过程
（若表格空间不够，可自行添加白纸）</td><td colspan="3"></td></tr>
<tr><td rowspan="4">评估</td><td colspan="3">1. 请根据自己任务完成情况，对自己的工作进行评估

2. 成绩评定</td></tr>
<tr><td>小组对本人的评定</td><td>（甲、乙、丙、丁）</td><td></td></tr>
<tr><td>教师对小组的评定</td><td>（一、二、三、四）</td><td></td></tr>
<tr><td>学生本次任务成绩</td><td colspan="2"></td></tr>
</table>

4.1 检测任务描述

某测量室接到生产部门的数控车零件检测任务（图样见图 4-1，检测项目见表 4-1），检测工件是否合格，满足装配需求。具体要求如下：

1）给出检测报告，检测报告输出项目包括尺寸名称、实测值、公差值、超差值，格式为 PDF 文件。

2）检测人员打印报告并签字确认。

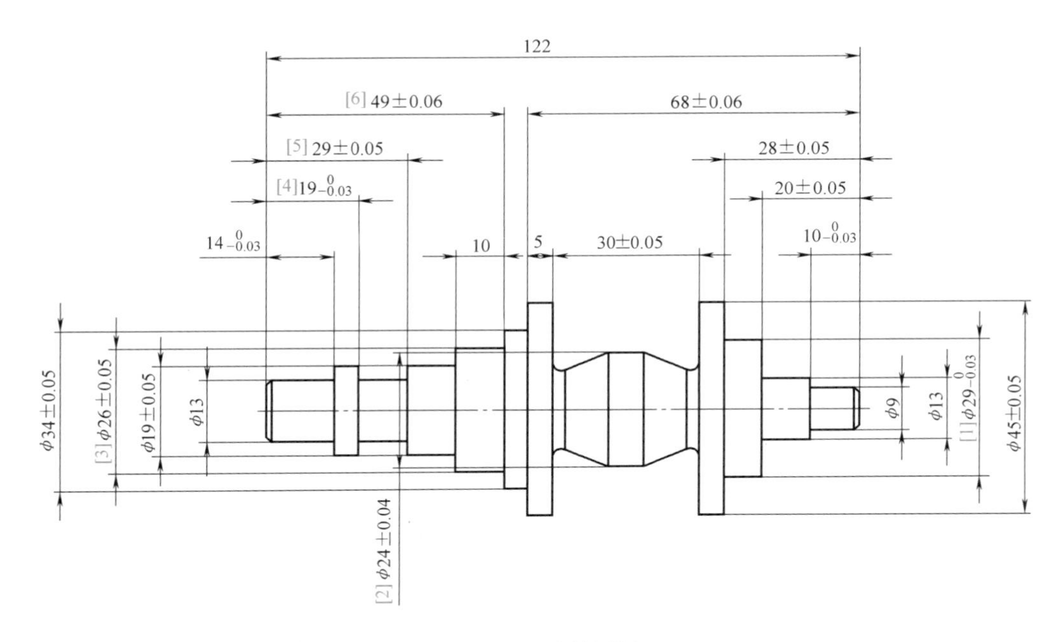

图 4-1　尺寸检测图

表 4-1　检测项目

序号	类型	公称尺寸	上极限偏差	下极限偏差	测量方法
PL1	ϕ	29	0	-0.03	CMM
PL2	ϕ	24	+0.04	-0.04	CMM
PL3	ϕ	26	+0.05	-0.05	CMM
PL4	L	19	0	-0.03	CMM
PL5	L	29	+0.05	-0.05	CMM
PL6	L	49	+0.06	-0.06	CMM

4.2　硬件配置准备

4.2.1　测头配置

本任务沿用任务二、任务三的测座、测头配置：

1）HH-A-T5 测座。

2）TESASTAR-P 测头（图 4-2）。

根据知识资讯图 4-1 所示零件长度数值，测头选用 3BY40MM 测针。

图 4-2　测头配置

4.2.2　零件装夹

1. 零件装夹姿态

因为零件工件本身尺寸相对于测量机量程较小，因此推荐横向装夹（图 4-3），便于采集特征时查看采点情况。

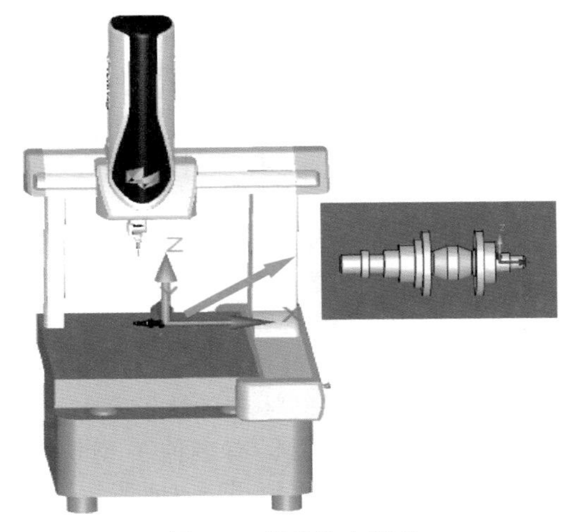

图 4-3　零件装夹姿态

2. 零件夹具选用

回转类零件最常用的夹具组合是 V 型架（或 V 型块）装夹，如图 4-4 所示。

图 4-4　夹具选用

【知识资讯】

测针选型分析

1. 零件边界尺寸

根据知识资讯图 4-1，采用 3BY40 规格测针可以满足零件上所有尺寸的检测。

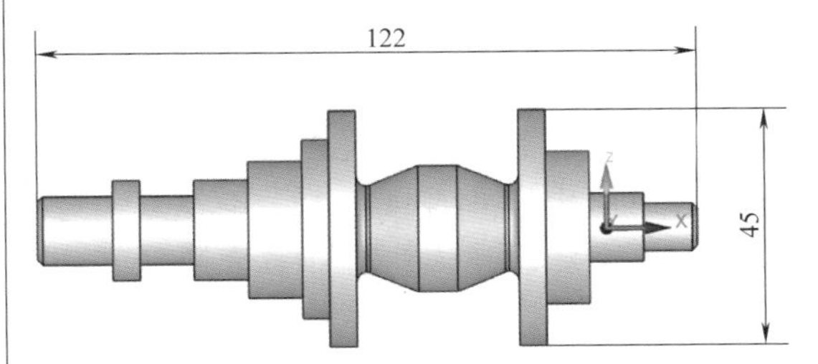

知识资讯图 4-1　零件长度

2. 三坐标测量常用测针类型

1）直测针。直测针是最简单、最常用的测针类型，有直形测杆和锥形测杆可供选择。当工件容易接近时，配锥形测杆的测针刚性更强。

2）星形测针。星形测针由安装牢固的测针组成的多测尖测针配置，测球材质为红宝石、氮化硅或氧化锆，也可使用测针中心座安装（最多 5 个）测针组件自行配置五方向测针，适合测量复杂内部轮廓，使用灵活。

3）盘形测针。盘形测针是高球度测球的“截面”，有多种直径和厚度可选，这类测针用于检测星形测针无法触及的孔内退刀槽和凹槽，但该测球表面只有一小部分能够与零件接触，因此为确保与待测目标有良好接触，需要采用相对较薄的盘形测针测量。

4）柱形测针。如知识资讯图 4-2 所示，柱形测针用于测量球形测针无法准确接触的金属片、模压组件和薄工件，还可测量各种螺纹特征、并可定位攻螺纹孔的中心，球端面柱形测针可进行全面标定及 X、Y 和 Z 向测量，因此可进行表面测量。

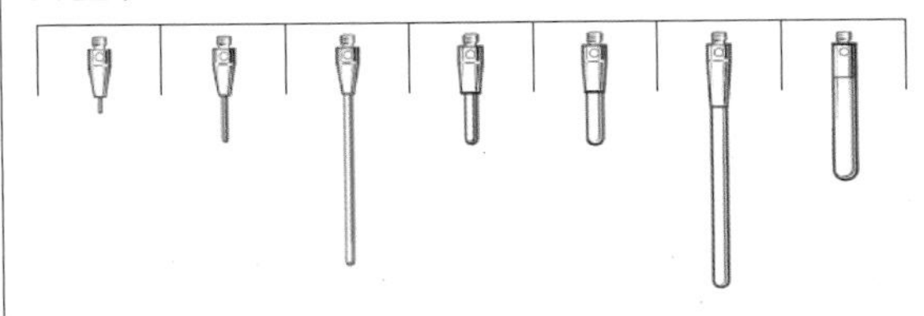

知识资讯图 4-2　柱形测针

素养提升

质量第一——海尔砸冰箱事件

1985年，海尔开始从德国引进电冰箱生产技术。不久后，就有用户向海尔反映，冰箱存在质量问题。海尔公司对全厂冰箱进行了检查，发现库存76台冰箱虽然没有制冷问题，但存在外观划痕等小问题，当时，担任厂长的张瑞敏做了一个令众人瞠目结舌的决定，将这些冰箱当众砸毁，相关领导负责人，包括他自己，扣除当月工资。他认为“有缺陷的产品就是废品”，这是一个企业不能允许的，自己抡起大锤亲手砸了一台冰箱，员工们看着砸碎的冰箱，内心十分震撼，要知道，当时一台冰箱的价格相当于普通工人两年的收入，砸烂76台冰箱意味着20多万元人民币付诸东流，很多职工都流下了眼泪。

张瑞敏充分利用这次砸冰箱事件，将管理理念渗透在每一个员工心里，再将理念外化成制度，在接下来的一个月里，张瑞敏发动和主持一个又一个的会议，讨论主题非常集中，“我这个岗位有质量隐患吗？我的工作对质量造成什么影响？我的工作会影响谁？谁的工作会影响我？从我做起，从现在做起，怎么提高质量？”在讨论中，大家相互启发，相互提醒，更多的则是深刻的内省与反思，于是“产品质量零缺陷”的理念得到了广泛的认同”。从此，海尔从上至下的面貌焕然一新，“员工爱厂以厂为家，众志成城全心全意建设海尔”精神蔚然成风。

“砸冰箱”事件，不仅使海尔成为当时注重质量的代名词，同时也警醒了所有海尔人。作为一种企业行为，海尔砸冰箱事件不仅改变了海尔员工的质量观念，对企业赢得了美誉，而且引发了中国企业质量竞争的局面，反映出中国企业质量意识的觉醒，对中国企业及全社会质量意识的提高产生了深远的影响。

【知识资讯】

V型块介绍

V型块（知识资讯图4-3）按JB/T 8047—2007标准制造，也称为V型架。斜面夹角有60°、90°、120°，以90°居多。其结构尺寸已经标准化（JB/T 8018—1999），非标V型块的设计可参考标准V型块进行。

知识资讯图4-3　V型块

V型块适用于精密轴类零部件的检测、划线、定位及机械加工中的装夹，也是三坐标测量机的重要夹具，主要用来安放轴、套筒、圆盘等圆形工件，以便找中心线与划出中心线。一般V型块都是一副两块，两块的平面与V型槽都是在一次安装中磨出的。

机械制造技术中，在V型块定位时，有多种突出优点：

1）方便简单，成本低廉，是机械加工常用的附件，对于检测部门来说也是必备附件。

2）一般与压板和螺栓结合起来使用，再辅以挡铁等夹具就可以很快地对零件进行定位和固定，对于回转体零件效果最好。

对于不同类型产品，有多种V型块结构形式可供选择。如知识资讯图4-4所示，图a适用于精基准的短V块，限制2个自由度；图b适用于精基准的长V块，限制4个自由度；图c适用于粗基准的长V块，也可用于相距较远的两阶梯轴外圆的精基准定位，限制4个自由度；图d适用于大质量工件的定位，限制4个自由度。其上镶的淬硬垫块（或硬质合金）耐磨，且更换方便。

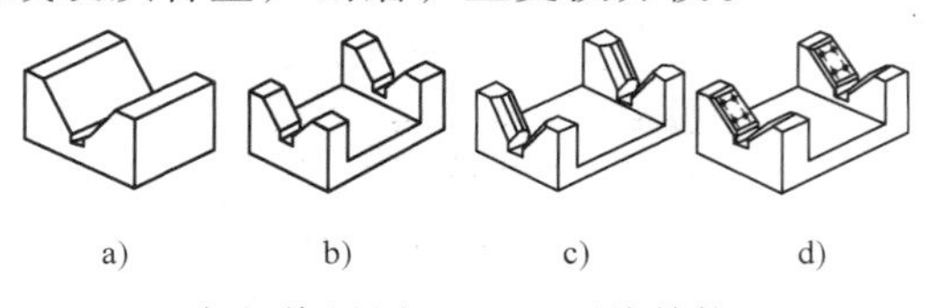

知识资讯图4-4　V型块结构

4.3　编程过程

4.3.1　新建测量程序

新建测量程序（图 4-5），单击“确定”后进入程序编辑界面，随后将程序另存在路径“D:\PC-DMIS\ MISSION4”中。

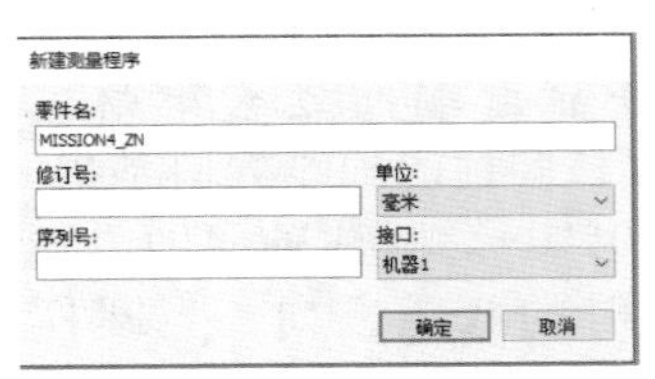

图 4-5　新建测量程序

4.3.2　运行参数设置

根据任务三的运行参数进行设置。

4.3.3　测头校验

调用任务三的测头文件，再次校验“T1A0B0”角度，校验方法参考任务一。

4.3.4　测量机温度补偿设置

三坐标测量机为保证测量精度，绝大部分设备配置有温度补偿技术，启用温度补偿设置的一般步骤如下：

1）“编辑”→“参数设置”→“温度补偿设置”，如图 4-6 所示，温度补偿命令需要在程序开始处添加。

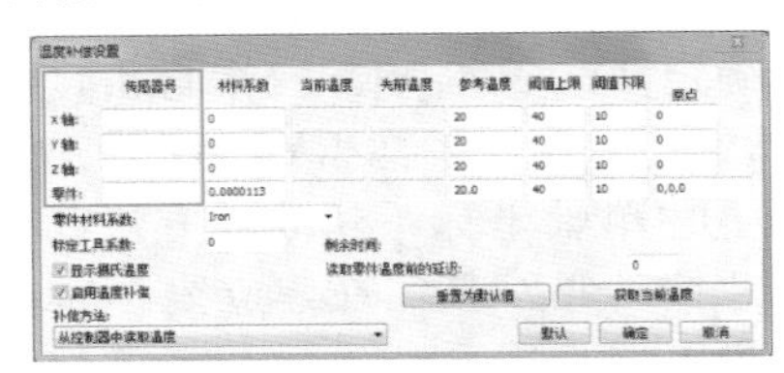

图 4-6　温度补偿设置

2）在“材料（热膨胀 CTE）系数”栏输入各轴向及零件的系数值。

3）勾选“显示设置温度”和“启用温度补偿”。

4）补偿方法选择“从控制柜中读取温度”。

5）“参考温度”设置为 20℃，“阈值上限”与“阈值下限”按照测量机补偿能力设置。

6）通过“读取零件温度前的延迟”设置延迟时间为 10s，用于在该时间内查阅当前温度显示。

7）单击“确定”完成温度补偿命令创建。

【知识资讯】

温度是三坐标测量机精度保障的重要因素，测量室必须保证恒定的温度。三坐标测量机的校准、使用温度要求为 20℃，被测零件的温度也要尽量保持在以 20℃为中心的一个温度区间内。因此被测零件放置在测量机机台上测量之前，必须以恒温状态预留一段时间以释放加工应力。为了节省测量时间，可以使用温度补偿技术，通过零件温度传感器检测温度达标后，则可进行接下来的测量。

1. 温度传感器通道编号

三坐标测量机每个轴有两个温度传感器，温度传感器通道编号格式为 A-B，不同机型温度传感器通道编号不同，以 GlobalB 机型为例，通道编号为：

X 轴：4-5

Y 轴：14-15

Z 轴：7-8

零件：9

2. 材料系数

X 轴：0.0000105（以实际测量机为准）

Y 轴：0.0000105（以实际测量机为准）

Z 轴：0.0000105（以实际测量机为准）

零件：0.0000113（以实际零件为准）

其他材料的热膨胀系数请参考知识资讯图 4-5，材料系数的数值按照 $N\times10^{-6}$ 输入，N 为材料热膨胀系数值。

Material Coefficients Editor

Material	Coefficient
Iron	11.3
Cast Iron	10.4
Stainless steel	17.3
Inconel	12.6
Aluminium	23.0
Brass	19.0
Copper	17.0
Invar	12.0
Zerodur; Nexcera	0.0
Alumina	5.0
Zirconia	10.5
Silicon Carbide	5.0
PVC	52.0
ABS	74.0

PC-DMIS Version: 2012 MR1

Edit　Add　Delete　Close

知识资讯图 4-5　材料热膨胀系数对照表

4.3.5 单轴坐标系建立

数控车零件是典型的回转体零件，最重要的轴向便是回转轴（车床主轴），一般由装配孔或两端的顶尖圆柱确定的公共轴线确定，因此工件坐标系建在回转轴线上。

1. 粗建坐标系

1）用测尖 T1A0B0 角度测量回转轴元素基准 A（外圆柱），该外圆柱测量 6 点，如图 4-7 所示，分两层测量，尽量保证圆柱测量长度，同时避免测针杆与孔内壁发生干涉。然后如图 4-8 所示，确定主找正方向 X 正，并将 Y 轴、Z 轴坐标置零。

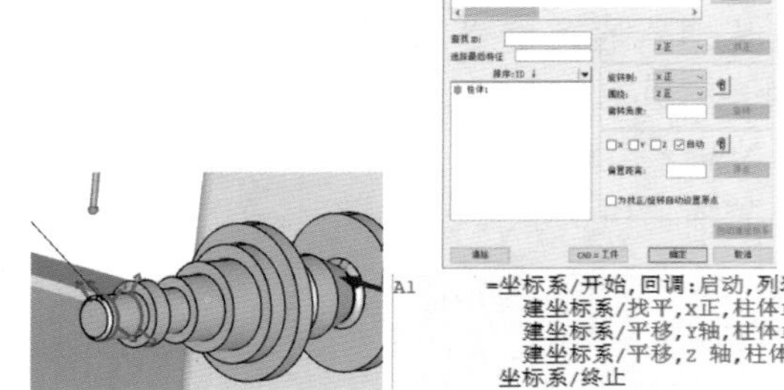

图 4-7　圆柱测点　图 4-8　基准 A 建系过程

2）测量端面元素基准 B（平面），在外端面测量 3 点，如图 4-9 所示，注意不要在端面边缘处采集点。然后如图 4-10 所示，确定主找正方向 X 正轴向的零点。

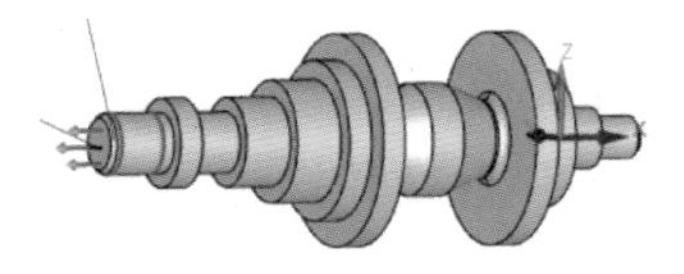

图 4-9　基准 B 采点

图 4-10　基准 B 建系过程

【知识资讯】

1. 手动测量基准 A 圆柱的注意事项

圆柱的轴向是由第一层指向第二层，先在靠近端面处采第一层（3 个点），此时该圆柱的轴线方向是指向 X 正的，即（1，0，0）。若先在远离端面处采集第一层（3 个点），再在靠近端面处采集第二层（3 个点），那么该圆柱的轴线方向是指向 X 负的，即（-1，0，0）。圆柱轴向的方向决定了建立坐标系时的找正方向，当圆柱轴线方向（1，0，0）时，应当使用圆柱找正的方向为 X 正；当圆柱轴线方向为（-1，0，0）时，应当使用圆柱找正的方向为 X 负。手动采集圆柱后，应当观察圆柱的矢量方向，再进行后续的建立坐标系。

2. 回转轴类零件建立单轴坐标系方法

类似本例零件，所有加工元素都是基于回转轴中心对称的，因此只要第一轴向确定后，第二轴向只要垂直于回转轴即可。但如果零件有加工键槽或其他具有明确角向位置，则必须使用图样标注的第二基准元素建立第二轴向。

3. 单轴坐标系三个轴向确定过程

如知识资讯图 4-6 所示，笛卡儿直角坐标系共有 6 个空间自由度：TX、TY、TZ、RX、RY、RZ。本任务粗建坐标系过程中回转轴线确定 TY、TZ、RX 三个自由度，端面确定 TX，还有两个轴向 RY、RZ 没确定，那么使用上述单轴坐标系建立的方法就任由第二轴随意摆动吗？其实在建立坐标系前默认坐标系为机器坐标系，坐标系零点处于设备置零位置，因此如果没有特别指定轴向 RY、RZ，则使用机器坐标系轴向按照主找正轴向的偏转矩阵转化后得到的方向。

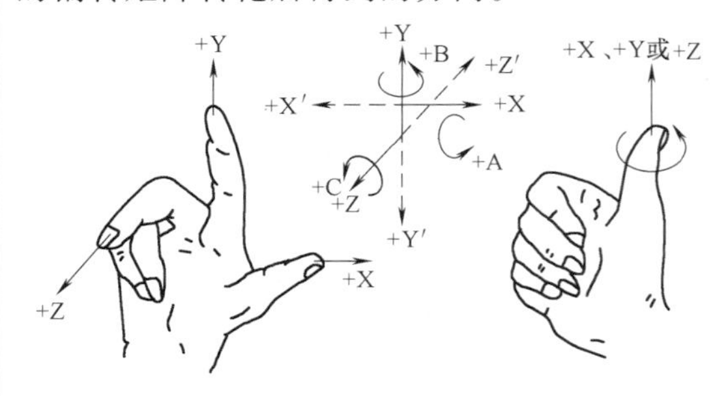

知识资讯图 4-6　笛卡儿坐标系

2. 精建坐标系

1）插入自动运行命令（Alt+Z），自动测量特征前需要添加必要的移动点。

2）按照粗建坐标系第一步顺序，插入自动测量圆柱命令，注意这里尽量使用3层，每层6~8个测点，这样可以保证圆柱轴线矢量的准确性。坐标系找正方式与手动坐标系相同：确定主找正方向X正，并将Y轴、Z轴坐标置零。

3）测量基准B平面，可直接使用测头在环形端面上测量，按操纵盒“确认”键终止测量（注意此方法需要将测量命令中的理论值按照图样修改，确保Y轴坐标是0，理论矢量是-1，0，0）；或插入“自动平面”测量命令，同样需要修改坐标数据为图样理论值。

3. 添加安全平面

在本任务中，经过图样分析发现，只需要T1A0B0一个角度的测针即可完成所有尺寸的测量。此时使用安全平面这个功能完成特征之间的避让移动最为方便。

1）单击<F10>，进入PC-DMIS参数设置界面，在上方菜单栏中选择“安全平面”（图4-11）。

图4-11 添加安全平面

2）按照安全平面设置策略，选择轴：Z正；值：50，表示测针红宝石测球在测量完特征后，沿Z正方向移动到距离坐标轴XY平面50mm的位置。勾选“激活安全平面（开）”，单击“确定”，完成安全平面的开启，如图4-12所示。

图4-12 安全平面设置

安全平面激活后，PC-DMIS将自动在任何测量特征或自动特征插入编辑窗口之前插入移动/安全平面命令（图4-13）。

【知识资讯】

1. 安全平面

安全平面本质上是在零件周围创建一条包络线。当测头从一个特征移动到下一个特征时，测头停留在该包络线。PC-DMIS会相对于定义的坐标系从零件中将测头向外移出预定距离。特征最后一个测点测量完毕后，测头应保持测头深度，直至被下一个特征调用，这样由于不必定义多个中间移动点，可以减少程序创建时间。此外，使用正确定义的安全平面还可以保护测头，防止与零件发生意外碰撞。

2. 安全平面使用分析

如知识资讯图4-7所示，工件最大圆柱直径为45mm，当将安全平面值设置为22.5mm以上时，理论状况下，测针与工件不会产生干涉。但是在实际情况中，因为装夹等各种外界因素影响，会导致机器坐标系与零件坐标系并不完全平行，因此将该值设置得高于理论值就是合理的。但是过于高又会受到三坐标行程的限值，且导致测量时间变长。一般设置安全平面值高于理论尺寸20~30mm为佳。

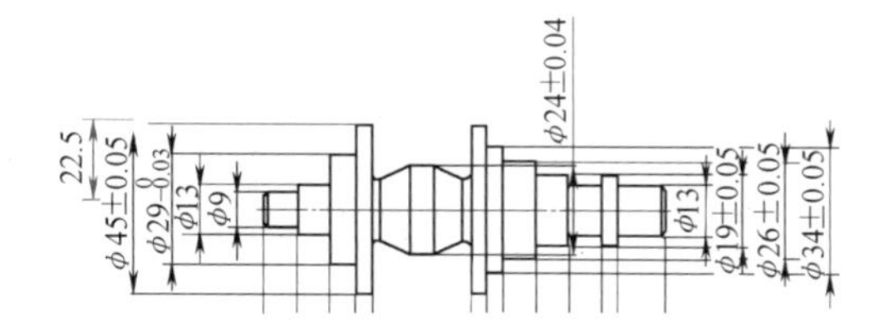

知识资讯图4-7 安全平面设置策略

3. 激活平面

激活平面定义在一个平放特征的平面（或者轴）。该值框定义了安全平面作为一个在当前从指定的平面测量的单元里的偏移距离。要定义安全平面，从轴列表中选择一个平面，然后在值框输入一个新的值。

4. 经过平面

经过平面定义了一个平面，测头会移动并穿过测头的TIP命令得到下一个活动安全平面。新的CLEARP定义命令必须直接跟随TIP命令去适当地定义穿刺平面。当PC-DMIS遇到下一个MOVE/CLEARPLANE命令时，它会移动到穿刺平面并且保留偏移距离直到它到达下一个活动的安全平面。

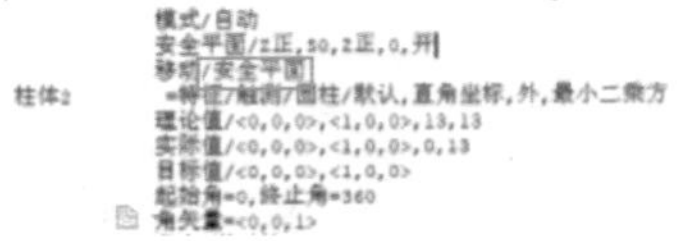

```
          模式/自动
          安全平面/Z正,50,Z正,0,开
          移动/安全平面
柱体2     =特征/触测/圆柱/默认,直角坐标,外,最小二乘方
          理论值/<0,0,0>,<1,0,0>,13,13
          实际值/<0,0,0>,<1,0,0>,0,13
          目标值/<0,0,0>,<1,0,0>
          起始角=0,终止角=360
          角矢量=<0,0,1>
```

图 4-13　安全平面程序

4.3.6　尺寸关联元素的自动测量

测量顺序一般遵循自左向右或自上向下的顺序测量，优先考虑加工逻辑和测量效率。根据特征分布图，按照自左向右顺序测量。

1. 自动测量平面 PLN_PL4_1

使用“TTP 平面圆策略”功能测量平面 PLN_PL4_1，具体操作步骤：

1）测针：T1A0B0。

2）插入“自动平面”命令，按照图 4-14 输入理论坐标值及矢量。

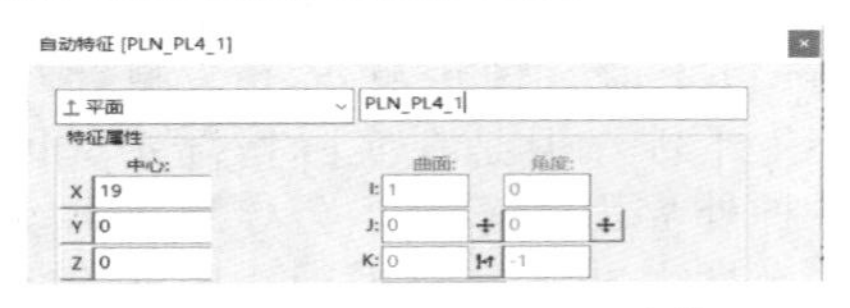

图 4-14　输入平面圆理论值

3）将测量策略切换为“TTP 平面圆”，如图 4-15 所示。

图 4-15　TTP 平面圆策略

4）如图 4-16 所示，在“定义路径”栏设置环数为 1，直径设置为 16mm，起始角 90°，终止角-90°（见右栏分析）。

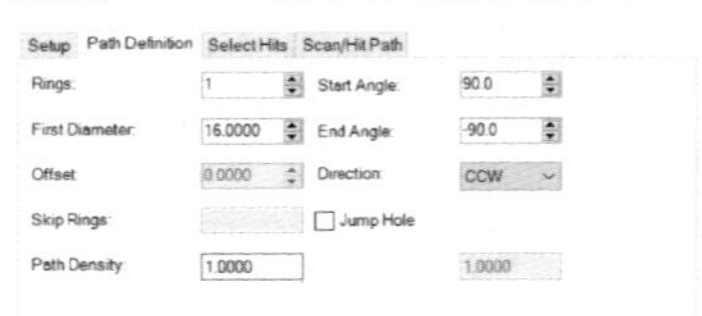

图 4-16　平面圆参数设置

5）如图 4-17 所示，“选择测点”栏切换为使用“测点总数”控制总测点数，设置为 4，单击“选择”按钮确认操作。

图 4-17　平面圆测点选择

【知识资讯】

1. 安全平面正负定义

当输入安全平面的距离值时应该知道安全平面的标识。其符号必须对应于定义安全平面的法线轴的正端或负端。例如，要定义顶部安全平面，应输入正值；要定义底部安全平面，应输入负值。

2. 自动平面触发测量策略

自 PC-DMIS2015.1 版本之后，加入了“TTP 平面圆策略”和“TTP 自由形状平面策略”功能，是 PC-DMIS 软件 2015 版之后推出的新功能，适用于具有复杂边界平面或环形平面的自动测量。

3.“TTP 平面圆策略”功能介绍

TTP 平面圆策略功能是 PC-DMIS 软件 2015 版之后推出的新功能，适用于环形平面，尤其适用于有多个有固定间距环形平面组的测量。

本例中需要根据图样输入环形面理论圆心坐标及平面矢量。

4. TTP 自由形状平面策略功能使用

当使用 CAD 数模编程时，可以通过单击数模平面获取平面的理论值；如果不具备产品数模，可以通过在零件上用测头按要求位置触发测点生成命令。当然在具备数模时，功能优势更加明显。

5. 定义路径栏参数设置分析

该平面为两直径不同圆柱中间的台阶面，小圆柱直径为 $\phi13$mm，大圆柱直径为 $\phi19$mm，为防止测针与边缘产生干涉，因此使用直径为 $(13+19)\text{mm}/2=16\text{mm}$，作为平面圆直径（知识资讯图 4-8）。因为使用 T1A0B0 测针，最大只能测量零件上半边部分，起始角/终止角范围的 180°。

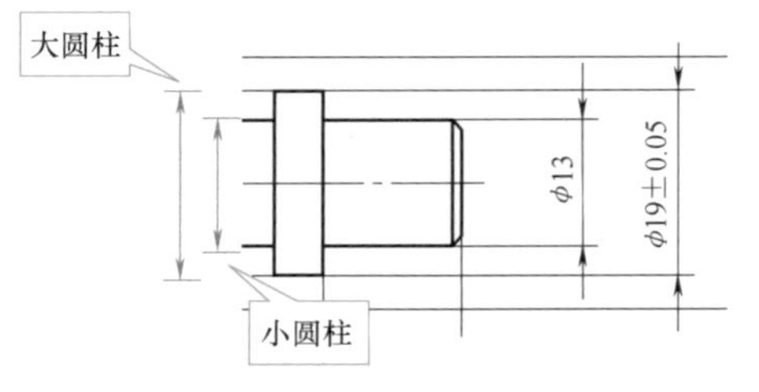

知识资讯图 4-8　平面圆直径选择策略

6）单击“确定”即可创建测量命令，如需要测试，可单击“测试按钮”（图 4-18），这时测量机会联机测量。

图 4-18 测试按钮

2. 自动测量平面 PLN_PL5_1

同 PLN_PL4_1 相同，使用“TTP 平面圆策略”功能测量平面 PLN_PL5_1，具体操作步骤：

1）测针：T1A0B0。

2）插入“自动平面”命令，按照图 4-19 输入理论坐标值及矢量。

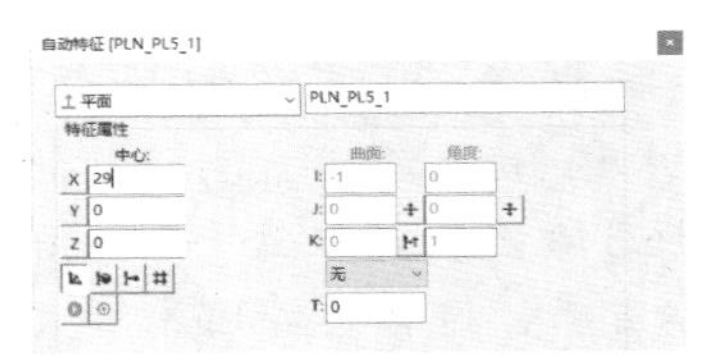
图 4-19 PLN_PL5_1 平面圆理论值

3）如图 4-20 所示，将测量策略切换为“TTP 平面圆”。

图 4-20 PLN_PL5_1 平面圆策略

4）如图 4-21 所示，在“定义路径”栏设置环数为 1，直径设置为 16mm，起始角-90°，终止角 90°。

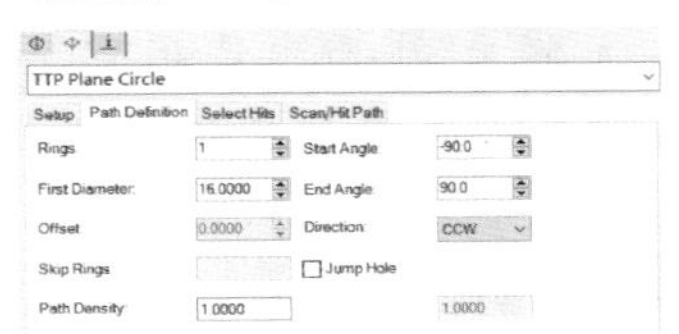

图 4-21 PLN_PL5_1 参数设置

5）如图 4-22 所示，“选择测点”栏切换为使用“测点总数”控制总测点数，设置为 4，单击“选择”按钮确认操作。

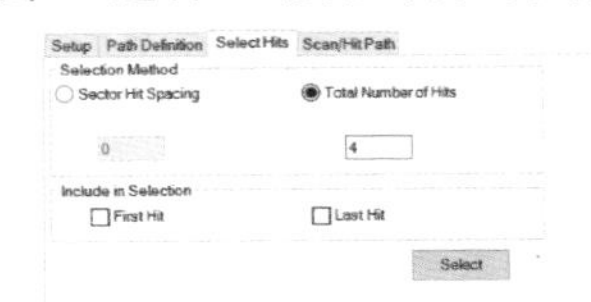

图 4-22 PLN_PL5_1 测点设置

6）单击“确定”即可创建测量命令，如需要测试可单击“测试按钮”（图 4-23），这时测量机会联机测量。

素养提升

爱国敬业——中国精密仪器专家张国雄

张国雄教授，天津大学精密仪器与光电子工程学院教授，主要研究精密测量、智能测量技术、三坐标测量系统、误差补偿，曲面与几何误差测量、大尺寸测量等领域。张国雄教授 16 岁考入北京大学数学系，后来因国家需要公派赴苏留学，就读于苏联莫斯科机床工具学院。那时候新中国刚成立，“一五”计划欲公派一万名留学生出国深造，张教授通过了选拔考试。当时国家急需人才搞建设，决心要在工科方面培育更多的人才，他被分配到精仪系。张老师接到消息后，虽然读的不是他最喜欢的数学，但他二话不说，就响应国家的号召出国留学了，决心学好精密仪器，报效祖国。在苏留学期间，他个人获得了全校 1959 年毕业生中唯一的全优成绩，此外，还获得了全苏学生科研成果一等奖。这不仅是他个人的荣耀，更是祖国的荣耀。

张教授在 1981 年 12 月被公派到美国国家标准局做访问学者。最初，外国人对中国人存在普遍的偏见与歧视。经过认真研究分析，他发现三坐标测量机的测头有四大问题，总结梳理之后向指导他的哈根教授进行了详细的汇报，这件事开始改变美国人对他的看法与态度。随后他又参加了平面度测量的课题，提出了一些新颖独到的见解，撰写的论文也被送到在北京召开的美中联合科学研讨会上发表。后来张国雄教授经过近一年的努力，在世界上首次实现了三坐标测量机误差的全补偿。这一成果获得了 1983 年美国最佳 100 项科研成果奖，部分研究成果先后纳入坐标测量机美国国家标准与国际标准。在他要回国的时候，美国的专家想要挽留，但他一心想报效祖国，所以都拒绝了。他从此意识到，要想被别人看得起，一定要脚踏实地，认真研究，干出成果来，这样才能赢得别人的尊重。只有不畏艰难、勤思苦干、勇于创新，我们国家才能得到发展。一个中国人通过自己的努力可以改变周围人对你的看法，但不能改变整个西方社会对中国人的看法。只有国家强大了，才能不受歧视。

图 4-23　PLN_PL5_1 测试按钮

3. 自动测量平面 PLN_PL6_1

同 PLN_PL4_1 相同，使用“TTP 平面圆策略”功能测量平面 PLN_PL6_1，具体操作步骤：

1）测针：T1A0B0。

2）插入“自动平面”命令，按照图 4-24 输入理论坐标值及矢量。

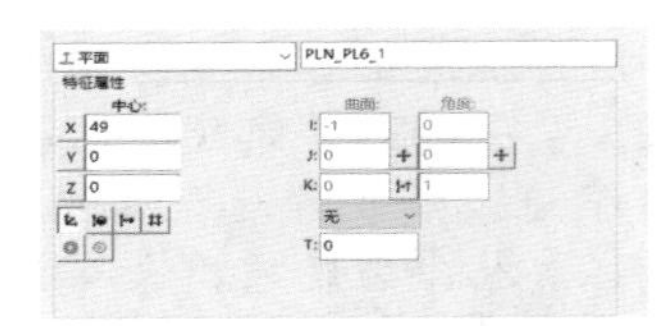
图 4-24　PLN_PL6_1 坐标理论值

3）如图 4-25 所示，将测量策略切换为“TTP 平面圆”。

图 4-25　PLN_PL6_1 平面圆策略

4）如图 4-26 所示，在“定义路径”栏设置环数为 1，直径设置为 30mm，起始角-90°，终止角 90°。

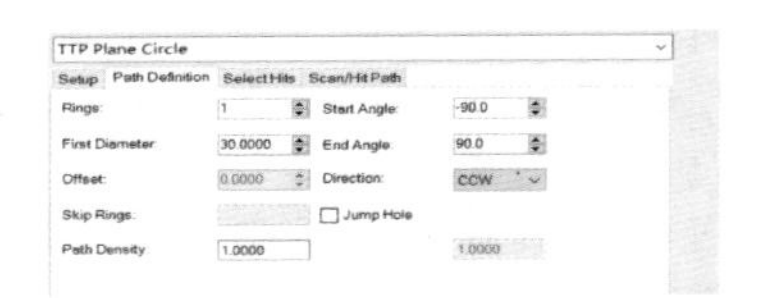

图 4-26　PLN_PL6_1 参数设置

5）如图 4-27 所示，“选择测点”栏切换为使用“测点总数”控制总测点数，设置为 4，单击“选择”按钮确认操作。

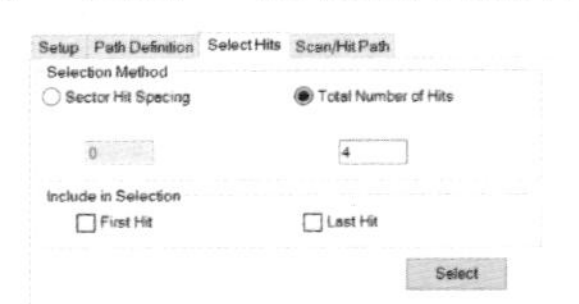

图 4-27　PLN_PL6_1 测点收集

6）单击“确定”即可创建测量命令，如需要测试可单击“测试按钮”（图 4-28），这时测量机会联机测量。

图 4-28　PLN_PL6_1 测试按钮

素养提升

自立更生、艰苦创业——大国重器，国之砝码

“上可九天揽月，下可五洋捉鳖”，古往今来，中国人对世界深入探索的想法从未改变。经过几十年的砥砺前行、艰苦奋斗，中国的装备制造业早已今非昔比，一步一个脚印，从无到有、自主创新、踏踏实实地走上了“制造强国”的征程。从百万吨乙烯工程到高端数控机床，再到工程机械的全面超越，国际垄断被一一冲破。

2009 年，沈鼓集团自主研制的我国首台百万吨乙烯装置的心脏——裂解气压缩机组试车成功，这标志着国家重大化工项目的核心主机从此实现自主独立制造，进口产品的价格被迫下降原来的一半。焊接工人杨建华用智慧的双手，丰富的经验，坚持不懈的摸索，制造出百万吨乙烯压缩机的外壳，他用一名普通工人的创新与汗水打破了外国产品多年的垄断，制造的大型压缩机超过 800 台，为国家节省 6 亿多美元的进口投入，这是一个非常了不起的创新。

大连光洋集团承担了国家的重大专项——高端精密数控机床研制任务，经过多年自主研制的艰难历程，打破了发达国家对精密机床出口中国的控制。

徐工集团实现了从 50 吨到 1200 吨全地面起重机再到 3600 吨履带式起重机的自主研制目标，把核心技术牢牢掌握在自己手中，国际竞争力的砝码将徐工高高托起。

曾是温州低压电器小作坊的正泰集团，将质量和求精作为企业发展的标签和目标。发展到今全球顶尖的太阳能设计专家纷纷加盟正泰，将中国的太阳能科技发展推向顶尖。正是基于科研实力和创新能力，正泰集团才能在与德国施耐德公司的品牌和技术诉讼中成功胜诉，发出了中国装备制造业自主创新的最强音。

4. 自动测量圆柱 CYL_PL3

1）测针：T1A0B0。

2）确定特征 CYL_PL3 中心坐标：（49，0，0）。

3）圆柱长度：-5mm（外圆柱深度为负数，内圆柱刚好相反）。

4）测点数设置为：每层 4 个测点，共 2 层（图 4-29）。

5）起始角：-90，终止角 90（使用 T1A0B0 测针，只测量零件上半部分）。

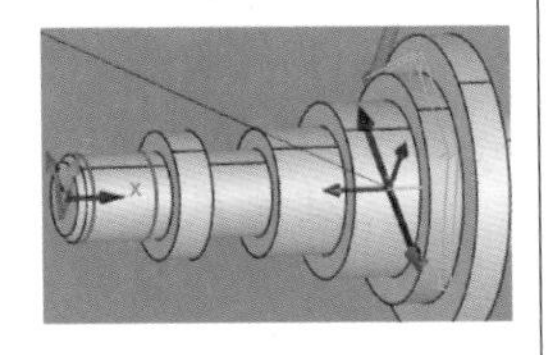

图 4-29　CYL_PL3 采点

6）避让移动：无。

7）对于外圆/圆柱测量，必须开启圆弧移动功能，避免测杆与被测圆柱发生干涉。

5. 自动测量圆柱 CYL_PL2

参考圆柱 CYL_PL3 的测量方法完成 CYL_PL2 特征的测量，关键参数如下：

1）中心坐标：（19，0，0）。

2）圆柱长度：-8mm。

3）起始角：-90，终止角：90。

4）测点数：每层 4 个测点，共 2 层（图 4-30）。注意：测量中注意观察其他测针有无干涉现象。

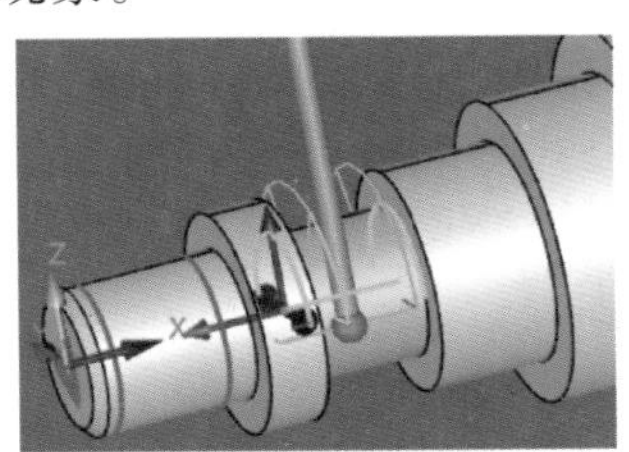

图 4-30　CYL_PL2 采点

6. 自动测量圆柱 CYL_PL1

使用相同的方法自动测量圆柱 CYL_PL1，注意测点角度的选择（图 4-31）。

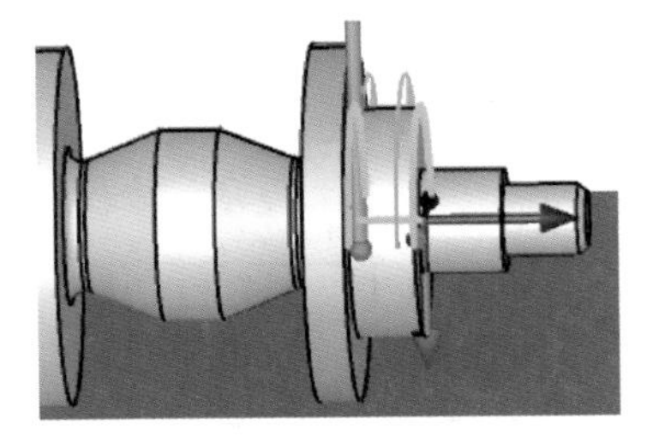

图 4-31　CYL_PL1 采点

【知识资讯】

1. 测量路径线显示功能

无论是脱机编程还是联机编程，都需要尽可能减少意外碰撞导致的不必要风险，PC-DMIS 软件中的路径线显示功能对于程序检查是非常有效的。

功能入口如知识资讯图 4-9 所示。

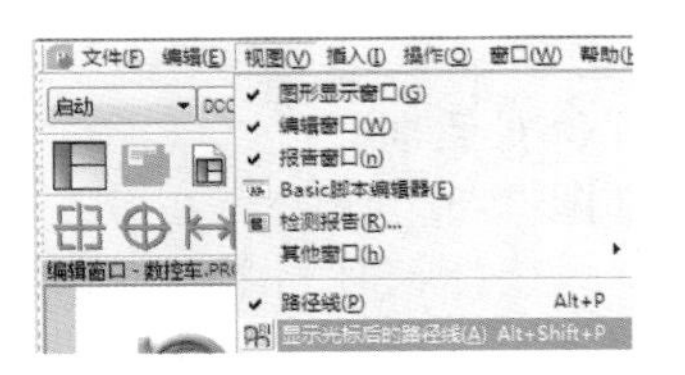

知识资讯图 4-9　显示光标处的路径线

1）路径线。选择该菜单选项，将在图形显示窗口中绘制测针的测量路径（程序中未标记部分不显示路径线）。

2）显示光标处的路径线。软件显示鼠标光标所在位置特征及其前后相邻特征的测针测量路径（如中间包含移动点或测座旋转命令，则也会在结果中有体现）。测量路径线显示效果修改。

路径线直径及箭头显示可通过“编辑”→“图形显示窗口”→“显示符号”进行修改，如知识资讯图 4-10 所示。

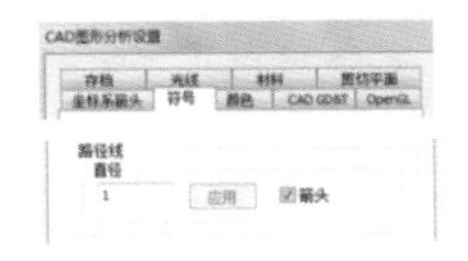

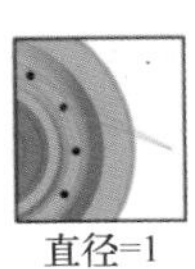

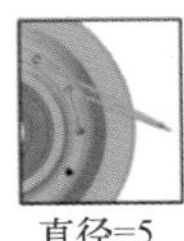

知识资讯图 4-10　修改路径线直径

勾选“箭头”复选框后，则可以显示测针移动的方向，推荐勾选。

2. 路径线颜色（默认色为绿色）

由<F5>打开“设置选项”对话框，单击“动画”选项卡，从路径线颜色框中选择颜色。

【思考题】

自动测量圆柱时，圆柱长度为什么有时出现负数？

4.3.7　尺寸评价

需按照检测表 4-1 尺寸顺序逐项添加，注意光标的插入位置。

1. 尺寸 PL1 评价（表 4-2）

表 4-2　PL1

序号	类型	描述	标称值	上公差	下公差
PL1	ϕ	直径	29mm	0mm	-0.03mm

被评价特征为 CYL_PL1，具体操作步骤：

1）单击“插入”→“尺寸”→“位置”，进入位置评价对话框。

2）如图 4-32 所示，在 ID 栏修改为“PL1”，左侧选择被评价特征“CYL_PL1”，坐标轴栏选择“直径”，然后根据图样输入对应的理论尺寸及上、下公差。

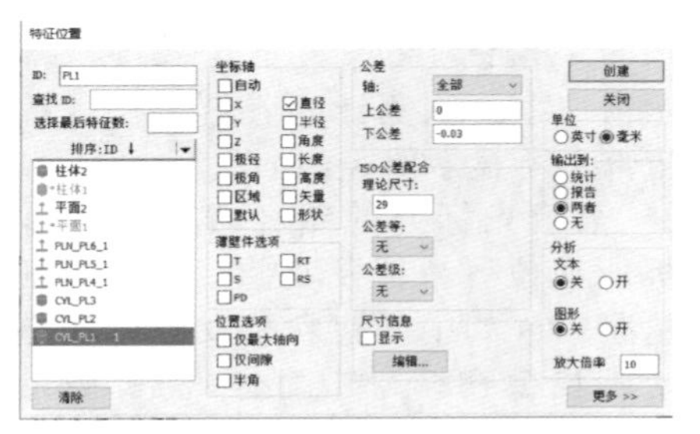

图 4-32　尺寸 PL1 评价设置

3）单击“创建”，完成对尺寸 PL1 的评价（图 4-33）。

```
DIM PL1= 柱体 的位置CYL_PL1  单位=毫米 ,$
图示=关  文本=关  倍率=10.00  输出=两者  半角=否
AX    NOMINAL     +TOL      -TOL       MEAS       DEV      OUTTOL
直径      29.0000     0.0000    -0.0300   29.0000    0.0000     0.0000 ----------------#
终止尺寸 PL1
```

图 4-33　尺寸 PL1 评价程序

2. 尺寸 PL2 评价

按照对尺寸 PL1 的评价，完成尺寸 PL2 的评价。

3. 尺寸 PL3 评价

按照对尺寸 PL1 的评价，完成尺寸 PL3 的评价。

4. 尺寸 PL4 评价（表 4-3）

表 4-3　PL4

序号	类型	描述	标称值	上公差	下公差
PL4	L	尺寸 2D 距离	19mm	0mm	-0.03mm

被评价特征为平面 2，PLN_PL4_1，具体操作步骤：

1）在评价尺寸 2D 距离之前，应当先选择好工作平面，本案例中使用 Z 正工作平面最佳（图 4-34）。

【知识资讯】

1. 公共基准的测量及应用

在轴类产品的测量中，经常会看到公共基准的标注方式，典型格式为 A-B。公共基准由于其特殊设计思路，其测量方法和应用方法对于是否遵从图样设计至关重要。

2. 公共基准概念

公共基准由两个或两个以上的基准要素建立，主要有公共基准轴线、公共基准平面、公共基准中心平面等。

1）公共基准轴线。由两个或两个以上的轴线组合形成公共基准轴线时，基准由一组满足同轴约束的圆柱面或圆锥面在实体外、同时对各基准要素或其提取组成要素（或提取圆柱面或提取圆锥面）进行拟合得到的拟合组成要素的方位要素（或拟合导出要素）建立，公共基准轴线为这些提取组成要素所共有的拟合导出要素（拟合组成要素的方位要素），如知识资讯图 4-11 所示。

2）公共基准平面。由两个或两个以上表面组合形成公共基准平面时，基准由一组满足方向或/和位置约束的平面在实体外、同时对各基准要素或其提取组成要素（或提取表面）进行拟合得到的两拟合平面的方位要素建立，公共基准平面为这些提取表面所共有的拟合组成要素的方位要素，如知识资讯图 4-12 所示。

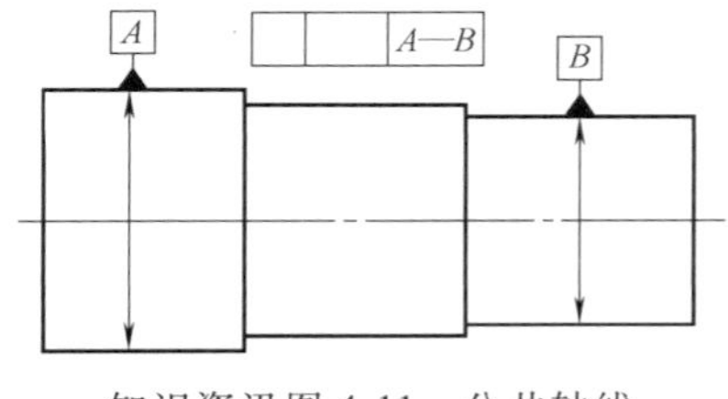

知识资讯图 4-11　公共轴线

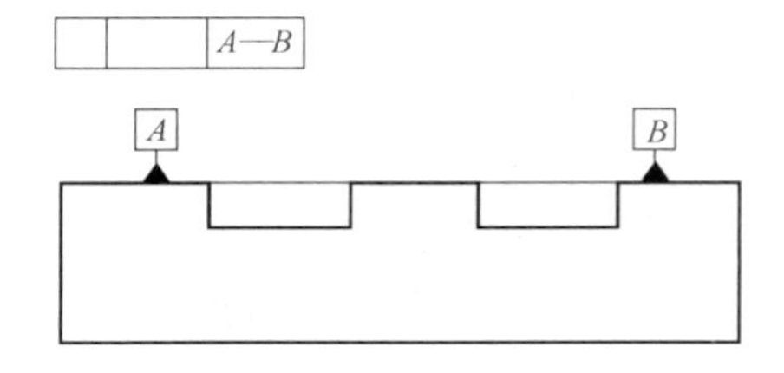

知识资讯图 4-12　公共基准平面

图 4-34　选择工作平面

2）单击“插入”→“尺寸”→“距离”，进入距离评价对话框。

3）如图 4-35 所示，在 ID 栏修改为“PL4”，左侧依次选择被评价特征“平面 2”“PLN_PN4_1”，然后根据图样输入对应的理论尺寸及上、下公差，距离类型选择“2 维”，关系选择“按 X 轴”，方向为“平行于”。

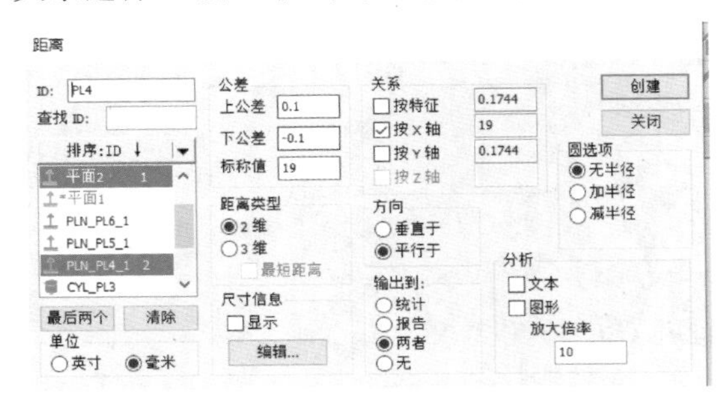

图 4-35　尺寸 PL4 评价设置

4）单击“创建”，完成对尺寸 PL4 的评价（图 4-36）。

```
工作平面/Z正
DIM PL4= 2D 距离平面 平面2 至 平面 PLN_PL4_1 平行 至  X 轴,无半径  单位=毫米,$
图示=关  文本=关  倍率=10.00  输出=两者
AX   NOMINAL    +TOL     -TOL      MEAS      DEV     OUTTOL
4    19.0000   0.1000  -0.1000   19.0000   0.0000   0.0000 --------#---------
```

图 4-36　尺寸 PL4 评价程序

5. 尺寸 PL5 评价

按照对尺寸 PL4 的评价，完成尺寸 PL5 的评价。

6. 尺寸 PL6 评价

按照对尺寸 PL4 的评价，完成尺寸 PL6 的评价。

总结：通过完成本任务，应能够自动测量命令完成数控车零件自动检测，重点掌握单轴坐标系建立方、平面元测量放方法以及理解回转体零件的公共轴线建立方法。

3）**公共基准中心平面**。由两组或两组以上平行平面的中心平面组合形成公共基准中心平面时，基准由两组或两组以上满足平行且对称中心平面共面约束的平行平面在实体外、同时对各组基准要素或其提取组成要素（两组提取表面）进行拟合得到的拟合组成要素的方位要素（或拟合导出要素）建立，公共基准中心平面为这些拟合组成要素所共有的拟合导出要素（拟合组成要素的方位要素），如知识资讯图 4-13 所示。

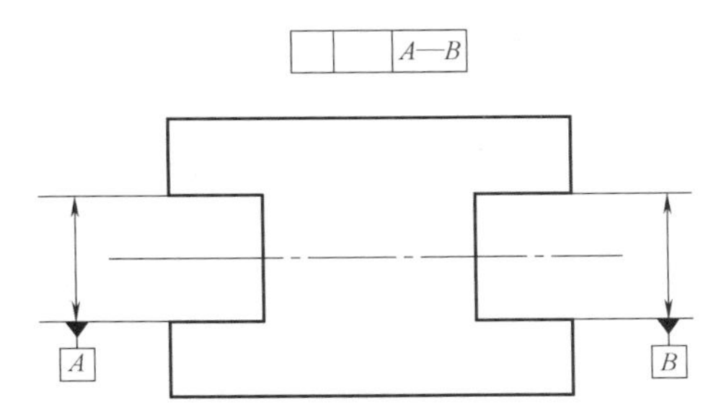

知识资讯图 4-13　公共基准中心平面

3. 公共基准测量思路

参与公共基准建立的元素原则来说定位和定向的作用是平等的，因此可以当作同一个元素来测量。以知识资讯图 4-14 为例，在 *A* 基准测量多层截圆，套用每层圆的中点；同样在 *B* 基准执行此操作，最终将所有套用（构造点功能）得到的中点拟合（构造直线功能）为一条 3D 空间轴线。

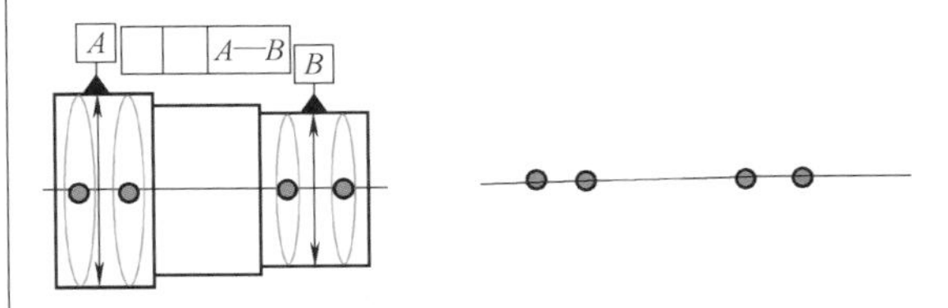

知识资讯图 4-14　公共基准测量思路

学习任务5
发动机缸体的自动测量程序编写及检测

【学习目标】

通过学习本任务，学生应达到以下基本要求：

1）掌握测量软件中导入三维数模的方法。

2）掌握一面两销类基准系建立的方法及技巧。

3）理解缸体类零件重点特征（缸孔、凸轮轴孔）的检测要求。

4）了解基本圆扫描功能。

5）掌握斜圆孔的测量技巧。

6）掌握面轮廓度的测量及评价方法。

7）掌握孔组位置度及复合位置度的评价方法。

【考核要点】

结合发动机缸体零件三维数模，完成所有要求检测表中要求尺寸的检测，并输出测量报告。

【建议学时】

12学时。

【内容结构】

测量策略制订	测头校验	零件校测	零件超差复检
1. 工件摆放位置及姿态 2. 工件装夹方案设计 3. 测量机行程分析 4. 测量顺序确认	1. 测头选型 2. 配置测头文件 3. 分析并添加特殊角度 4. 校验测头 5. 查看校验结果	1. 导入CAD数模 2. 粗、精建坐标系 3. 添加安全空间 4. 自动测量特征 5. 添加尺寸评价 6. 保存并打印报告	1. 确定零件需复检项 2. 新建迷你程序 3. 自动测量超差特征 4. 输出尺寸评价 5. 保存并打印报告

任务5　工　单

任务名称	发动机缸体的自动测量程序编写及检测	学 时	12学时	班 级	
学生姓名		学 号		成 绩	
实训设备		实训场地		日 期	
学习任务	1)掌握测量软件中导入三维数模的方法 2)掌握一面两销类基准系建立的方法及技巧 3)理解缸体类零件重点特征(缸孔、凸轮轴孔)的检测要求 4)了解基本圆扫描功能 5)掌握斜圆孔的测量技巧 6)掌握面轮廓度的测量及评价方法 7)掌握孔组位置度及复合位置度的评价方法				
任务目的	读懂图样,制订检测方案,有CAD数模情况下进行发动机缸体的自动测序编写及机台验证,完成尺寸评价并输出测量报告,重点学会轮廓度、位置度等公差评价				
知识资讯 (若表格空间不够,可自行添加白纸)					

（续）

<table>
<tr><td>实施过程
（若表格空间不够，可自行添加白纸）</td><td colspan="3"></td></tr>
<tr><td rowspan="4">评估</td><td colspan="3">1. 请根据自己任务完成情况，对自己的工作进行评估

2. 成绩评定</td></tr>
<tr><td>小组对本人的评定</td><td>（甲、乙、丙、丁）</td><td></td></tr>
<tr><td>教师对小组的评定</td><td>（一、二、三、四）</td><td></td></tr>
<tr><td>学生本次任务成绩</td><td colspan="2"></td></tr>
</table>

5.1　检测任务描述

某测量室接到生产部门的工件的检测任务（工件图样见图 5-1，测量特征布局见图 5-2，检测项目见表 5-1），检测工件是否合格。

1）给出检测报告，检测报告输出项目包括尺寸名称、实测值、公差值、超差值，格式为 PDF 文件。

2）所有超差尺寸进行复检，检测人员打印报告并签字确认。

表 5-1　检测项目

序号	尺寸	描述	关联元素类型	关联元素 ID	位置分布
1	FL001	FCF 平面度	平面	F1000	前端面
2	P002	FCF 位置度	ϕ4.5 光孔×8	H1001～H1004,H1005～H1008	前端面
3	P003	FCF 复合位置度	ϕ4.5 光孔×2	H1011、H1012	前端面
4	CY004	FCF 圆柱度	ϕ12 缸孔×4	H2001～H2004	后端面
5	P005	FCF 位置度	斜孔穿刺点	Point_1	左侧面
6	P006	FCF 复合位置度	ϕ5 光孔×3	H3001～H3003	左侧面
7	D007	尺寸 2D 距离	平面	F4001	右侧面
8	D008	尺寸 2D 距离	平面	F4001 和 F4002 构造的台阶面	右侧面
9	PS009	FCF 面轮廓度	平面	F5000	上顶面
10	PS010	FCF 线轮廓度	曲面	F5100	上顶面

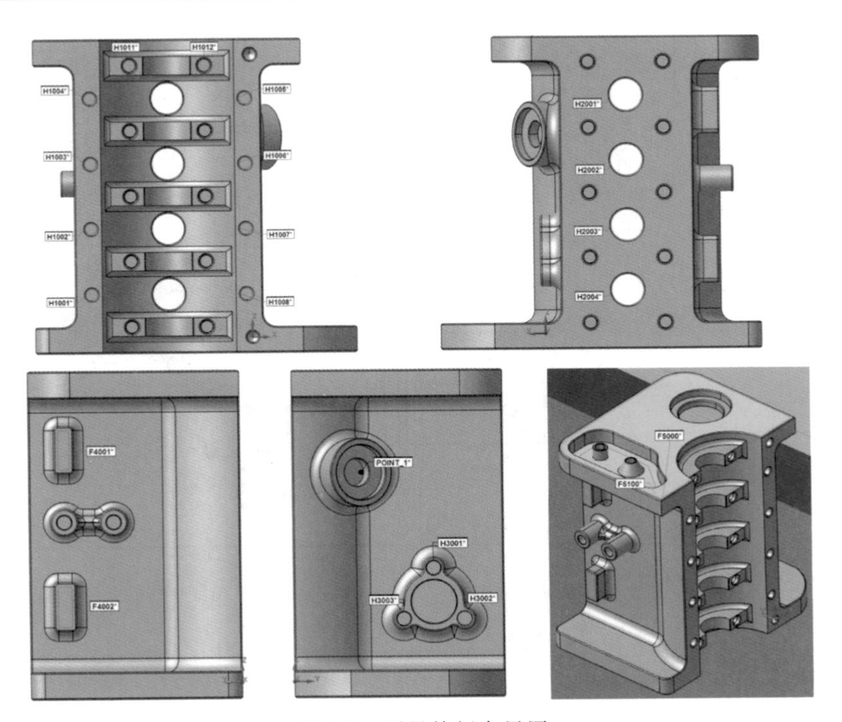

图 5-2　测量特征布局图

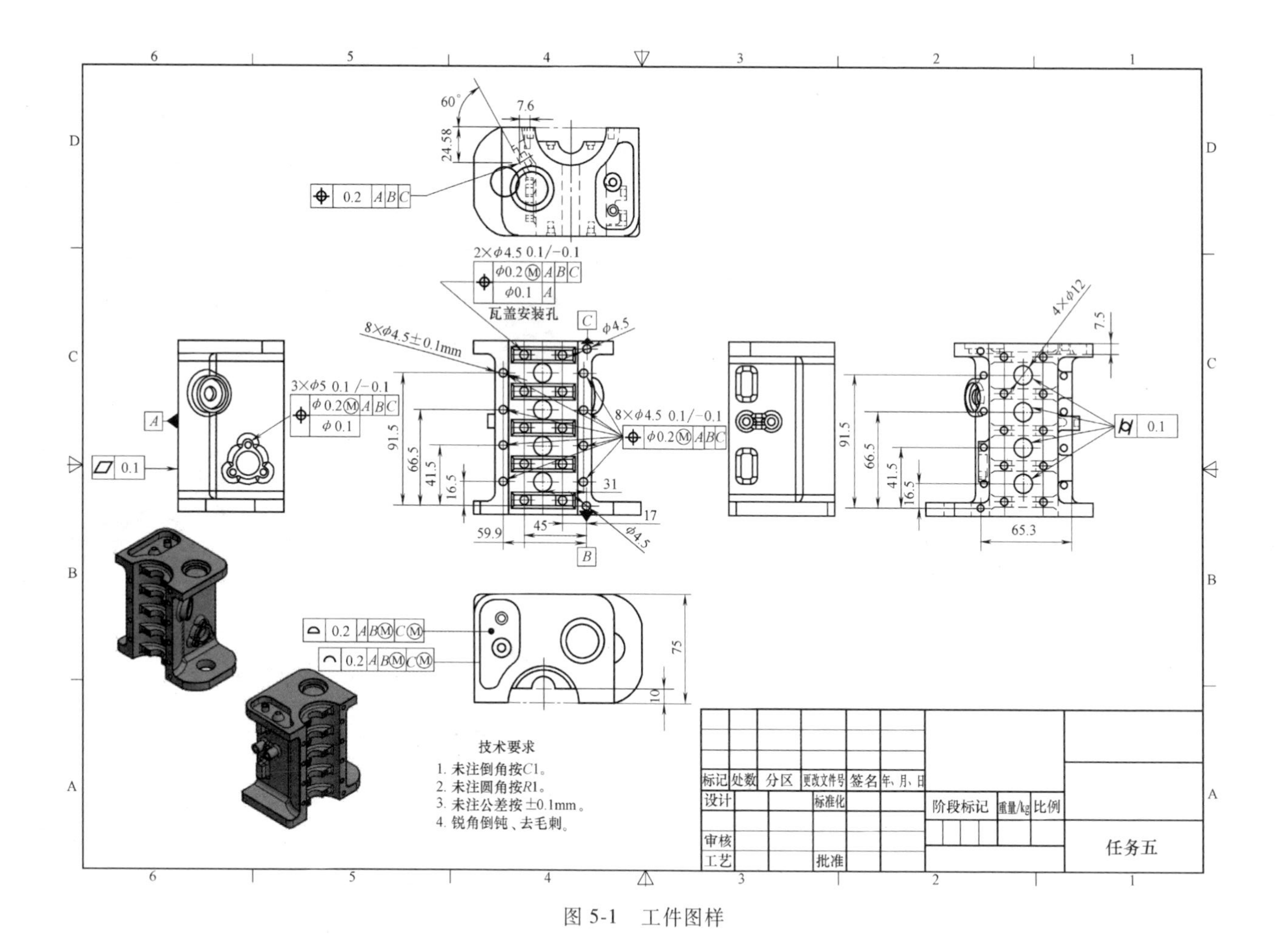
2×ϕ4.5 0.1/−0.1
ϕ0.2Ⓜ A B C
ϕ0.1 A
瓦盖安装孔
8×ϕ4.5±0.1mm
3×ϕ5 0.1/−0.1
ϕ0.2Ⓜ A B C
ϕ0.1
8×ϕ4.5 0.1/−0.1
ϕ0.2Ⓜ A B C
4×ϕ12
技术要求
1. 未注倒角按C1。
2. 未注圆角按R1。
3. 未注公差按±0.1mm。
4. 锐角倒钝、去毛刺。
标记
处数
分区
更改文件号
签名
年、月、日
设计
标准化
阶段标记
重量/kg
比例
审核
工艺
批准
任务五

图 5-1　工件图样

5.2　硬件配置准备

5.2.1　确认测量机行程

根据测量机 Global Advantage5.7.5 三个轴向的行程及零件外形尺寸的比对，该测量机可以满足测量需求，只要安放零件时保证在机台的中心位置就可以了（图 5-3）。

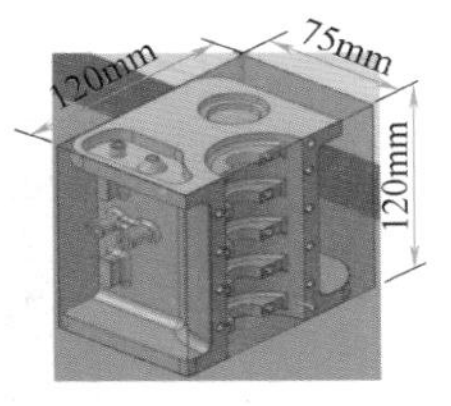

图 5-3　零件总体尺寸

5.2.2　配置测头传感器

1）HH-A-T5 测座。

2）HP-TM-SF 触发式测头（图 5-4）。

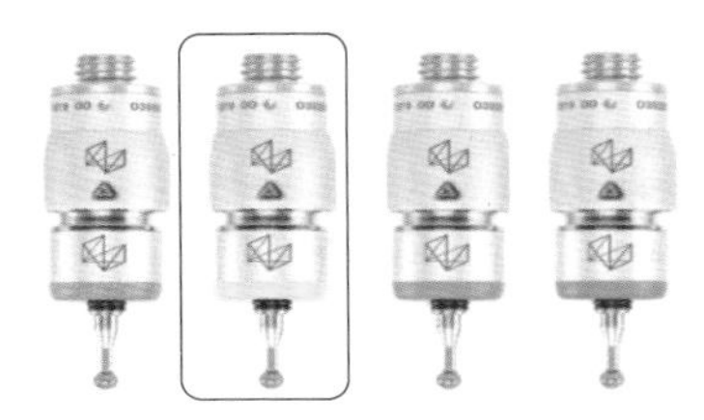
图 5-4　HP-TM-SF 触发式测头

5.2.3　零件装夹

1）零件装夹姿态参考图 5-5。

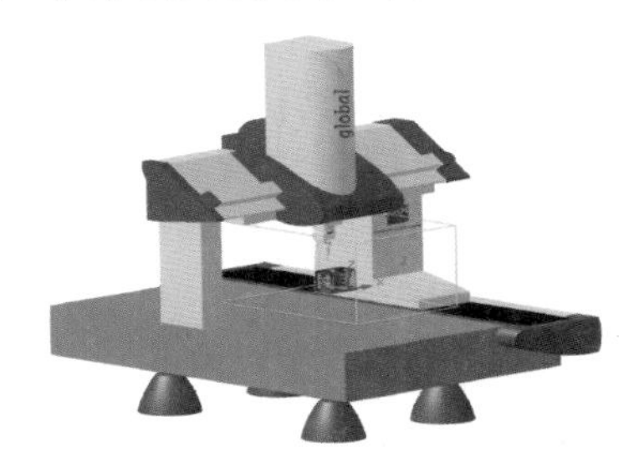
图 5-5　零件装夹姿态

2）零件装夹。使用 Swift 柔性夹具装夹零件。

① 使用三个支承柱支承底面。

② 左右侧面用压板压紧。

③ 完成零件找正过程。装夹效果如图 5-6 所示。

图 5-6　任务五零件装夹

【知识资讯】

测量机行程与零件尺寸对比如知识资讯图 5-1 所示。

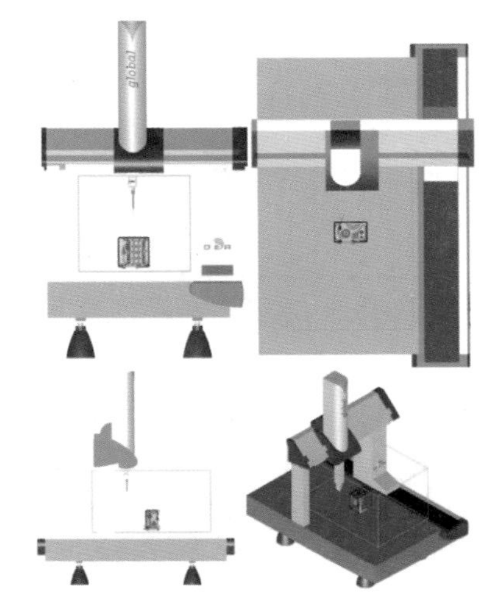
知识资讯图 5-1　尺寸对比

各传感器模块测头配置碳纤维测针，加长能力如知识资讯图 5-2 所示。

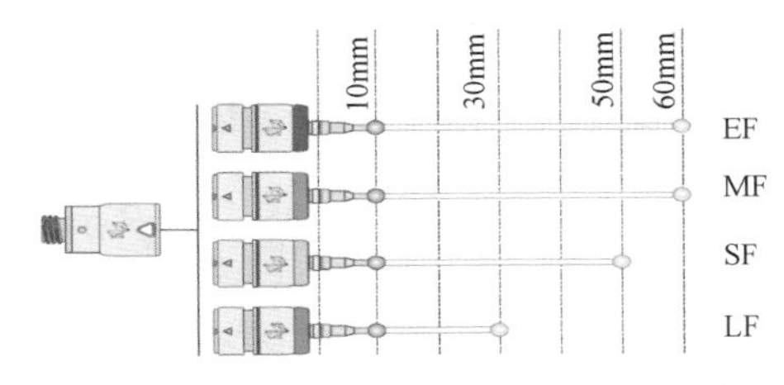

知识资讯图 5-2　传感器搭载测针能力

装夹时需要注意以下事项，如知识资讯图 5-3 所示。

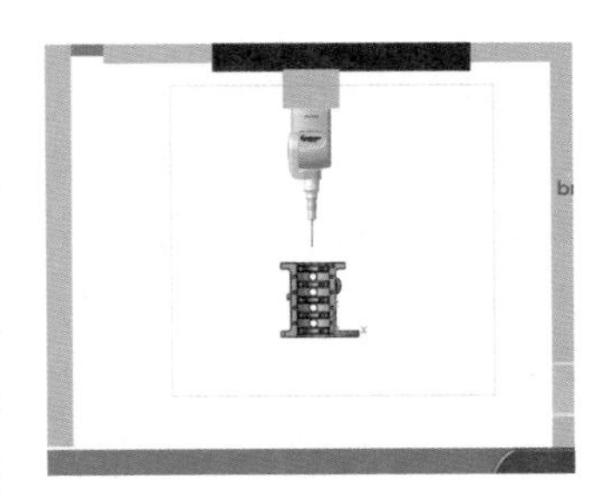
知识资讯图 5-3　装夹姿势

1）确认零件待检测特征具体分布位置，保证测量中无遮挡。

2）由于该零件底面没有需要检测的特征，因此推荐将底面朝下装夹。

3）零件装夹时需要适当抬高，这样测座旋转为水平后可以有效保证行程。

5.3 编程过程

5.3.1 新建测量程序

打开 PC-DMIS 联机软件，新建测量程序，单位选用“毫米”，接口选择“机器1”，如图 5-7 所示。

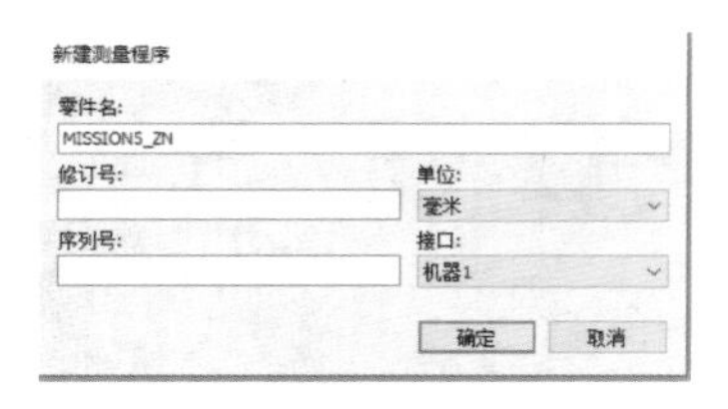

图 5-7 新建测量程序

单击“确定”进入程序编辑界面，将程序另存在路径“D:\PC-DMIS \ MISSION 5”中。

5.3.2 运行参数设置

根据任务三的运行参数进行设置。

5.3.3 测头校验

1）在“测头文件”下拉菜单中选择任务三配置的测头文件（图 5-8）。

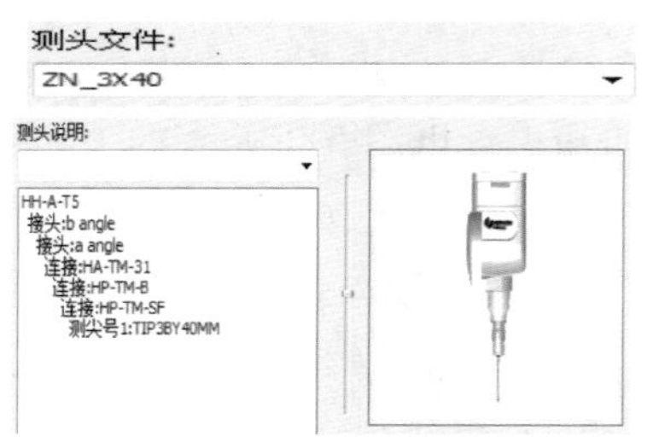

图 5-8 测头配置

2）添加测头角度：“A90B0”“A-90B0”“A90B90”“A90B-90”“A90B-60”。

3）按照前面任务的方法重新校验测头。

4）校验完毕后确认校验结果，如果不满足需求，则必须重新检查原因并校验。

5.3.4 导入 CAD 数模

1）“文件”→“导入”→“CAD”，如图 5-9 所示。

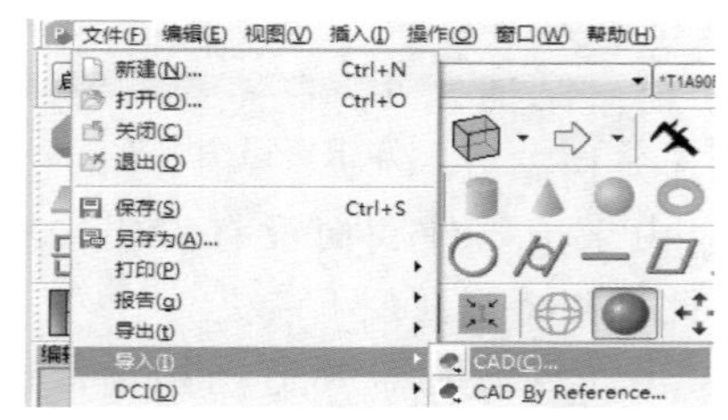

图 5-9 导入 CAD 模型菜单

【知识资讯】

1. 测头配置方案

根据图样检测要求，本任务需要用到的测针角度如知识资讯图 5-4 所示，测头检验时需要添加这些角度。

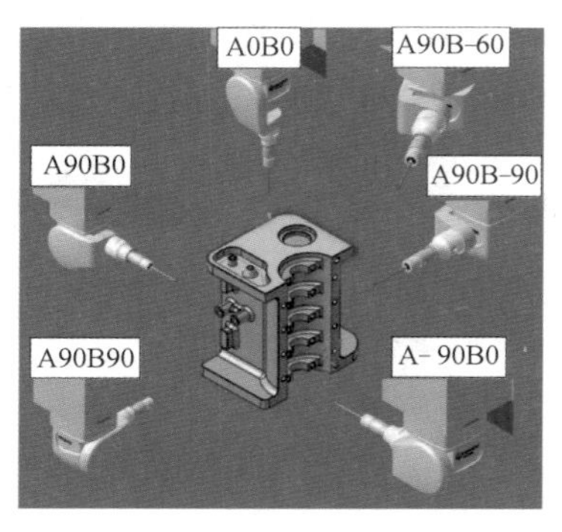

知识资讯图 5-4 总体测头配置方案

2. 脱机编程

PC-DMIS 具有很强的脱机编程功能，用户可将测量机、数模、夹具导入软件中，操作过程如下：

1）导入测量机，单击“插入”→“硬件定义”→“测量机”，图形显示窗口中出现虚拟测量机。

2）导入数模，按<F5>打开设置选项，在“零件/坐标测量机”选项卡中单击“自动定位”，软件会自动计算“X 偏置，Y 偏置，Z 偏置”将数模自动偏置到测量机平台上，接下来用户就可以进行脱机编程。

3. 碰撞测试

PC-DMIS 提供了碰撞测试的功能，方便用户在软件中自动模拟测量的实际过程，验证程序运行时是否会发生碰撞。进行碰撞测试时应确保“图形显示”窗口以“曲面模式”显示零件模型，具体操作如下：

1）单击“视图 ”→“路径线”，PC-DMIS 会在“图形显示”窗口内显示测头的路径线。

2）单击“操作”→“图形显示窗口”→“碰撞测试”。

PC-DMIS 会自动执行程序进行碰撞测试，当结束时图形显示窗口里将会用红色线绘出受影响的轨迹。此外，PC-DMIS 还显示碰撞列表对话框，帮助用户在其零件程序中快速找出碰撞问题的位置。

2）选择指定路径的数模文件 Block. CAD，并单击“导入”按钮，如图 5-10 所示。

图 5-10　导入 CAD 模型

3）通过鼠标操作将数模摆放到合适的角度，如图 5-11 所示。

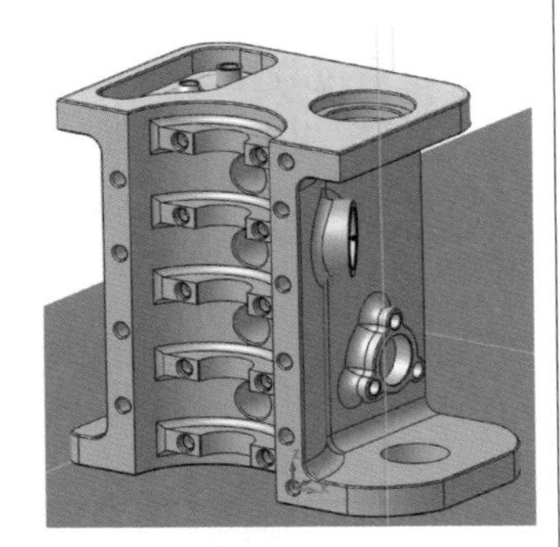

图 5-11　数模摆放

5.3.5　建立零件坐标系

1. 建立外部坐标系

1）新建程序 BLOCK_ALN，作为外部坐标系程序。

2）调用“T1A-90B0”，在主找正平面“MAN_基准 A”上测量 4 个点，测点分布位置可参考图 5-12。

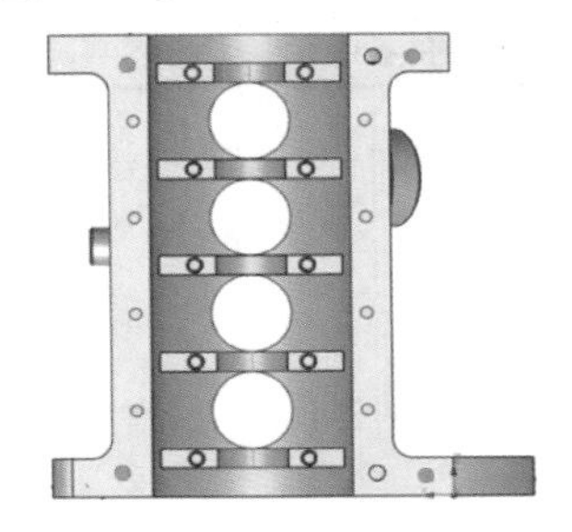

图 5-12　找正平面采点

3）如图 5-13 所示，插入新建坐标系 A1，“MAN_基准 A”找正 Y 负，并使用该平面将 Y 轴置零。

【知识资讯】

1. PC-DMIS 导入数模格式

PC-DMIS 可以导入多种格式的数模文件，具体包括：

1）CAD。

2）CATIA V4/V5/V6 DCT。

3）IGES。

4）Inventor。

5）Parasolid DCT。

6）Creo DCT。

7）SolidWorks DCT。

8）STEP。

9）Unigraphics DCT。

2. 导入数模文件在线测量的优势

1）测量过程更加直观，基于数模的在线编程，可以将测量特征测点位置在数模上实时显示，依托 PC-DMIS 的快速编程方式完成特征测量命令的创建，如知识资讯图 5-5 所示。

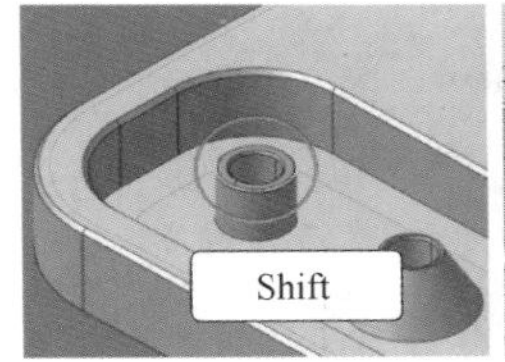

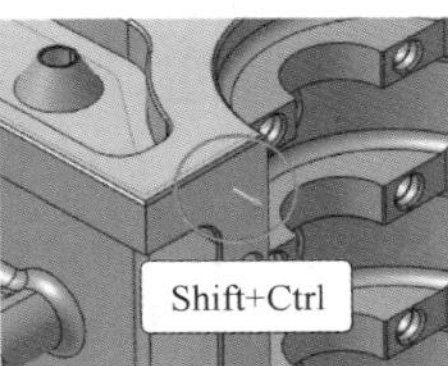

知识资讯图 5-5　快速编程方式

2）方便直接从三维数模上提取特征理论值，零件三维模型是产品设计、加工工艺制定、测量程序编辑等各个环节中非常重要的数据传递枢纽，测量程序所有的理论值都需要从三维模型或二维图样中获取（知识资讯图 5-6）。

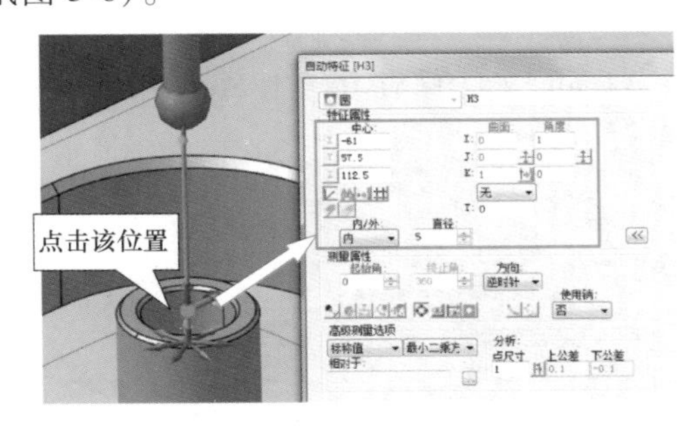

知识资讯图 5-6　自动获取理论值

3）使用数模是脱机编程的最佳选择，使用三维模型可以进行离线测量仿真，通过 PC-DMIS 的脱机编程功能完成产品预编程，大大减少在线编程的占用时间。

图 5-13　新建坐标系-找正平面并置零

4）测量第二基准 B、第三基准 C，类型为圆，测点数为 4。

5）如图 5-14 所示，插入新建坐标系 A2，依次点选“MAN_基准 B”和“MAN_基准 C”围绕 Y 负，旋转到 Z 正；使用“MAN_基准 B”将 X 轴、Z 轴置零。

图 5-14　新建坐标系-旋转并置零

6）检查坐标系零点及轴向。

7）将坐标系 A2 保存为外部坐标系文件：“插入”→“坐标系”→“保存”，如图 5-15 所示。

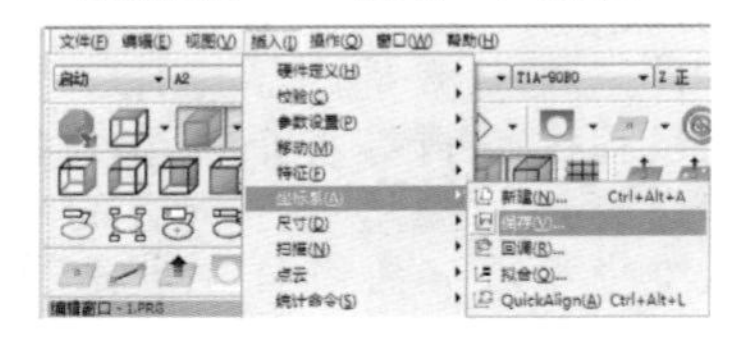

图 5-15　保存坐标系菜单

A2. aln 文件保存在坐标系调用路径下，如图 5-16 所示。

```
A2          =坐标系/开始,回调:A1,列表=是
               建坐标系/旋转圆,Z正,至,MAN_基准B,AND,MAN_基准C,关于,Y负
               建坐标系/平移,X轴,MAN_基准B
               建坐标系/平移,Z 轴,MAN_基准B
             坐标系/终止
             保存/坐标系,A2.aln,测量机到零件
```

图 5-16　坐标系调用

【知识资讯】

1. 单独创建外部坐标系程序的优势

“外部坐标系”方法主要适用于同一批零件大批量检测的场合。外部坐标系文件（. aln）记录了零件相对于测量机的方向和位置，实际使用中有两大优势：

1）测量程序调用外部坐标系后，可以直接切换为 DCC 模式自动运行。

2）当零件由于夹具调整等原因导致方位有变化后，可以重新运行“外部坐标系程序”找到当前的新方位，不影响零件的批量检测。

2. 定位销旋转第二轴向

建系过程中，依次点选“MAN_基准 B”和“MAN_基准 C”，可以看到特征名前面有序号显示，表示该直线矢量为元素 1 指向元素 2，旋转到 Z 正方向（知识资讯图 5-7）。

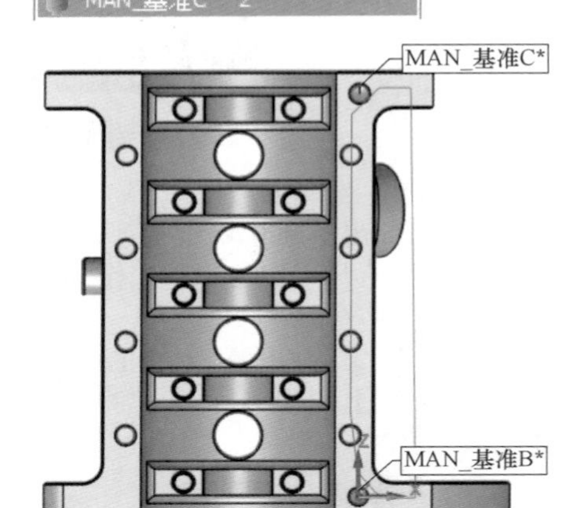

知识资讯图 5-7　一面两销建立坐标系

【多项选择题】

不能使用“3-2-1 法”建立坐标系的组合有（　　）。

A. 面/圆/圆　　B. 面/线/点

C. 圆/圆/圆　　D. 面/面/面

E. 球/面/面　　F. 面/球/球

G. 面/面/圆　　H. 面/面/点

8）最后将程序另存为：“外部坐标系.PRG”，便于零件批量检测使用，随后退出当前测量程序。

2. 建立自动零件坐标系（粗、精基准系）

1）新建测量程序（图 5-17）。

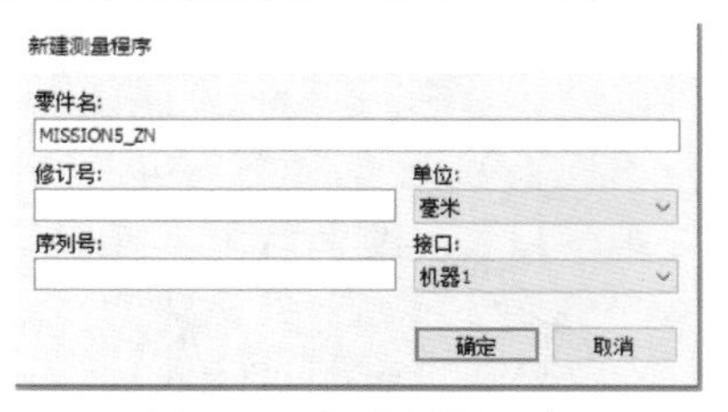

图 5-17　新建测量程序

单击“确定”后进入程序编辑界面，将程序另存在路径“D：\ PC-DMIS \ MISSION5”中。

2）运行参数设置（逼近/回退距离设置为 0.5）。

3）将模式切换为 DCC 模式，调用外部坐标系“A2. aln”，如图 5-18 所示。

图 5-18　调用外部坐标系

4）按照外部坐标系的建立顺序（面-圆-圆）在 DCC 模式下建立粗基准系。

基准平面的测量采用自动测量平面命令的“自由形状平面策略”，具体操作方法如下：

① 通过“插入”→“特征”→“自动”→“平面”，插入自动平面测量命令，单击图 5-19 中“测量策略”切换为“TTP 自由形状平面策略”。

② 将“定义路径”类型选择为“使用已定义路径”。

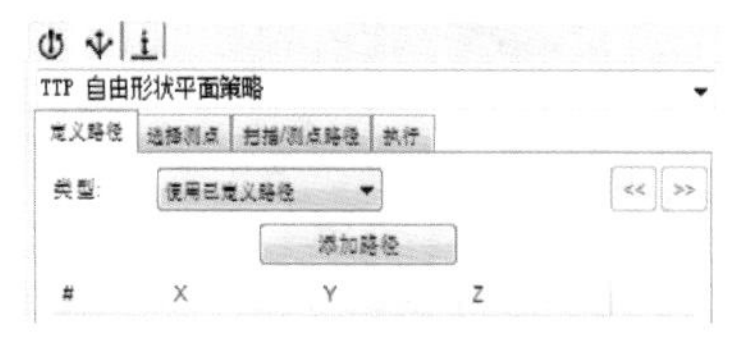

图 5-19　自动测量平面圆

【知识资讯】

1. “TTP 自由形状平面策略”功能

自动平面特征能够基于所选的策略创建其触测点，可以通过鼠标单击 CAD 曲面或者使用测针在零件实体上触发定义触测点。该功能主要面向触发测量方案定制，具有普遍适用性。

2. “TTP 自由形状平面策略”功能使用

如知识资讯图 5-8 所示，该策略下有 4 类定义路径方案：

1）边界路径。

2）自由形状路径。

3）自学习路径。

4）使用已定义路径。

在手动模式下，使用已定义路径是 TTP（触发测头）自由形状平面策略默认的路径生成方法；在 DCC 模式下，边界路径是 TTP（触发测头）自由形状平面策略的默认路径生成方法。在本任务使用“已定义路径”类型完成基准平面的测量，如知识资讯图 5-9 所示。

知识资讯图 5-8　“已定义路径”

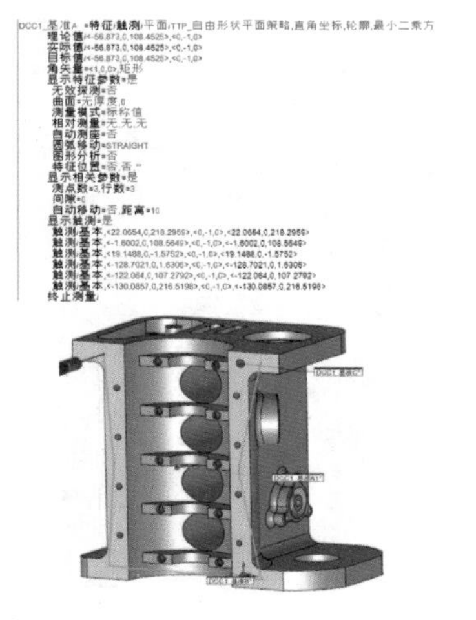

知识资讯图 5-9　基准 A 测量命令及测量点位置示意图

③ 在数模上测量的所有测点（或使用测针在零件实体上触测），会自动记录到的测点列表（图 5-20）中，单击“添加路径”按钮生成测量点路径。

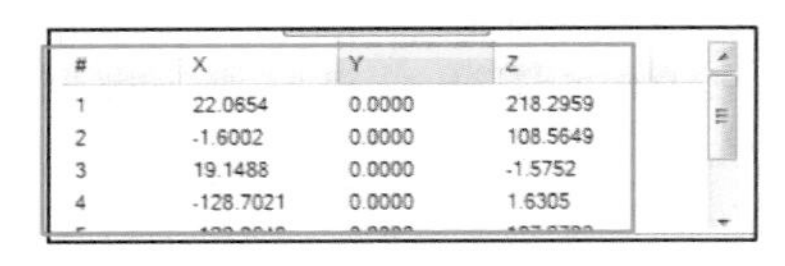

#	X	Y	Z
1	22.0654	0.0000	218.2959
2	-1.6002	0.0000	108.5649
3	19.1488	0.0000	-1.5752
4	-128.7021	0.0000	1.6305

图 5-20　平面圆各测点坐标

④ 确认该平面的理论值（位置坐标及矢量方向）是否需要修改，本例中 Y＝0，矢量为（0，−1，0）。

⑤ 开启两者移动，距离设为 10。

⑥ 单击“确定”完成测量命令创建。

5）如图 5-21 所示，在对话框中单击“CAD＝工件”，将坐标系与数模拟合。

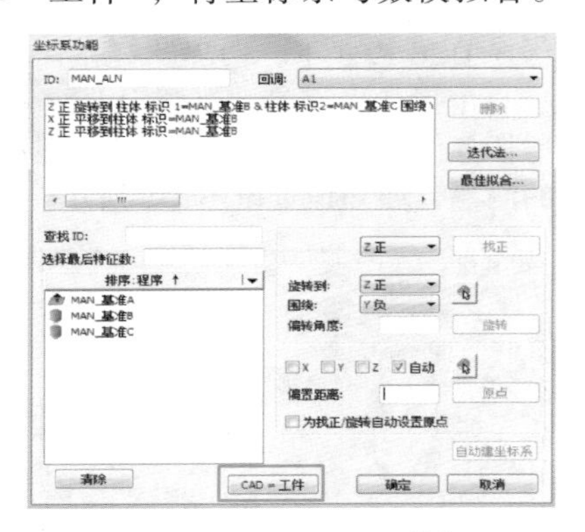

图 5-21　“CAD＝工件”

6）在粗基准坐标系的基础上精建坐标系（端面-销孔-销孔），具体要求如下：

① 采用同样的方法测量基准 A 平面，要求测量 8~10 点。

② 使用自动圆柱功能测量基准 B、C。

7）精建坐标系完成后，其零点及各轴指向如图 5-22 所示。

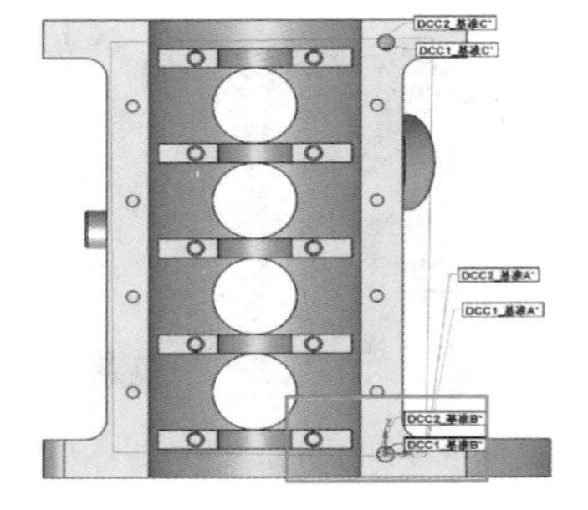

图 5-22　精建坐标系完成

【知识资讯】

一面两销建立零件坐标系

一面两销定位法，是壳体、端盖零件设计加工最常用的方法。通常采用圆柱销和菱形销组合使用，如知识资讯图 5-10 所示。

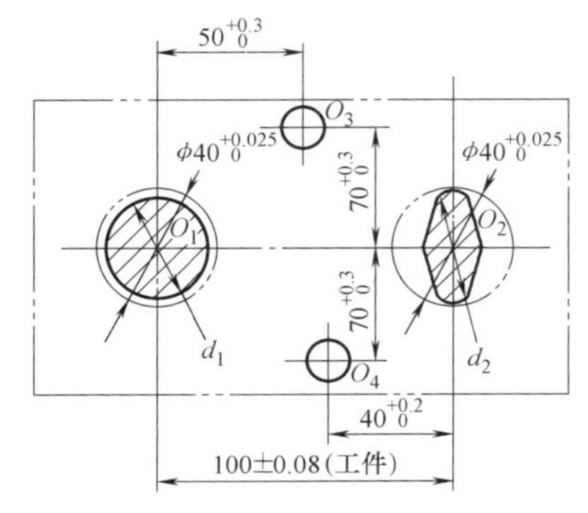

知识资讯图 5-10　一面两销定位法

一面两销建立零件坐标系的方法适用于绝大部分箱体类零件的检测。从坐标系自由度的角度分析定位原理：

1）一面。此端面是其他半精加工特征的首基准，同时也是半精加工基准系的主要找正方向，通常采用该面找正一个轴向，并且将该轴向的零点定于此处。从控制的自由度方向分析，该平面约束了 3 个自由度，分别为两个轴的自转及一个轴的平移。

2）圆柱销。与圆柱销配合的基准孔 B 用于确定坐标系另外两个轴向的零点。从控制的自由度方向分析，该基准孔约束了 2 个自由度，分别为两个轴的平移。

3）菱形销。与菱形销配合的基准孔 C 用于确定坐标系另外 1 个轴向。一销一面已经限制了 5 个自由度，只有一个绕销旋转的自由度未限制，如果第二个销仍然用圆销，那两销间距离一定，就多限制了一次两销连线方向的自由度，形成过定位。故改用菱形销后只限制了旋转的自由度，符合 6 点定位原则。注意，菱形长对角边应垂直于两销连线。

【思考题】

简要说明一面两销限制自由度的情况。

5.3.6　尺寸关联元素的自动测量

1）自动测量平面 F1000。F1000 经判断与基准 A 平面为同一个元素，因此不需要再次测量。

2）自动测量 H1001～H1004，H1005～H1008（ϕ4.5mm 光孔）。测头选用 T1A-90B0。测量点数为每层 4～6 点，2 层。操作方法参考任务三、任务四。

3）自动测量 H1011、H1012（ϕ4.5mm 光孔）。测头选用 T1A-90B0；测量点数为每层 4～6 点，2 层。操作方法参考任务三、任务四。

4）自动测量 H2001～H2004（ϕ12mm 缸孔）。测头选用 T1A90B0；测量点数为每层 36 点，3 层。

注意：由于缸体缸孔对于发动机性能及使用寿命等功能性因素影响很大，因此对于其形状及方位要求特别高。在实际测量中，多数采用模拟扫描测头通过连续扫描的方式得到特征的相关尺寸，在保证精度的前提下极大提高到了测量效率。

本例中每层圆设定测量 36 点，每 10°有一个测点分布，如图 5-23 所示，用于输出形状偏差分析图。

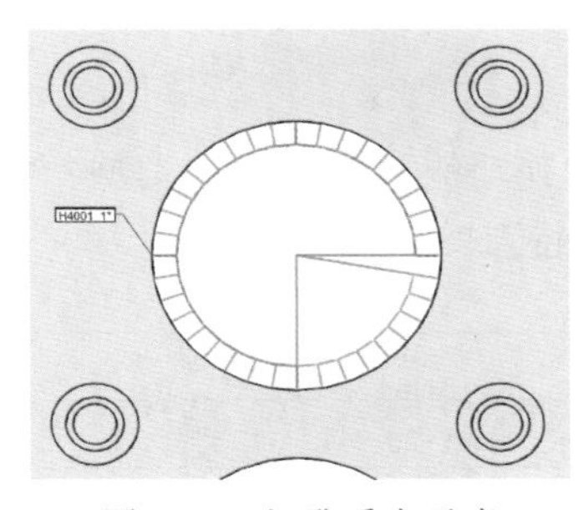

图 5-23　缸孔采点示意

完成缸孔 H2001 测量后，采用阵列的方式得到其他 3 个缸孔测量命令，操作步骤如下：

1）如图 5-24 所示，选中 H2001 特征并复制<Ctrl+C>。

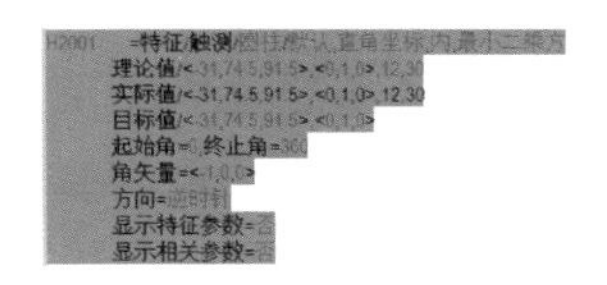

图 5-24　选中并复制特征

【知识资讯】

1. 缸孔的连续扫描测量方法

在汽车发动机项目测量方案中，连续扫描功能是必不可少的测量要求。而对于缸孔垂直度、位置度、圆柱度等尺寸的测量，通常使用“基本圆扫描”的功能来实现，如知识资讯图 5-11 所示。

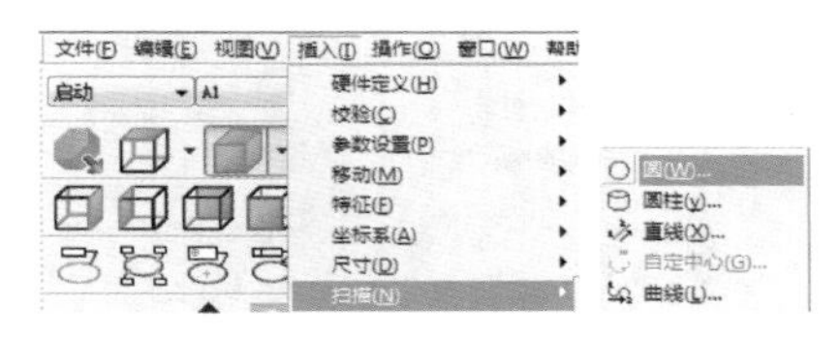

知识资讯图 5-11　“基本圆扫描”菜单

“基本圆扫描”功能如知识资讯图 5-12 所示，通常搭配扫描测头使用，适用于规则圆孔（圆柱）或局部圆孔（圆柱）的连续扫描测量，拥有设置简单、扫描命令简洁等优点，可以保证坐标测量机连续高效地获得精确扫描数据，用于下一步特征构造。

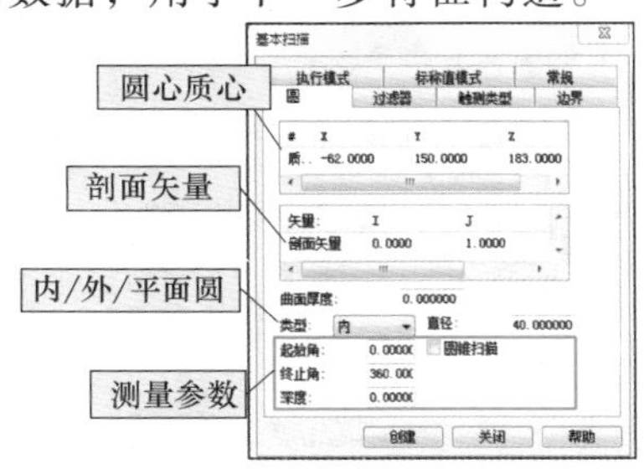

知识资讯图 5-12　“基本圆扫描”界面介绍

2. 阵列功能

阵列功能可以快速得到具有相同间距或相同夹角的特征的测量命令，有以下几种常见阵列类型（圆 1 均为初始特征）：

1）坐标偏置，如知识资讯图 5-13 所示。

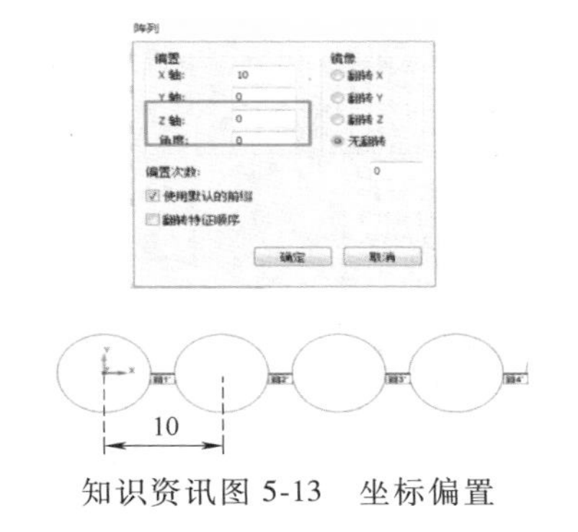

知识资讯图 5-13　坐标偏置

2）打开“阵列”设置菜单（“编辑”→“阵列”）。如图 5-25 所示，在 Z 轴填入“-25”，偏置次数设为 3。

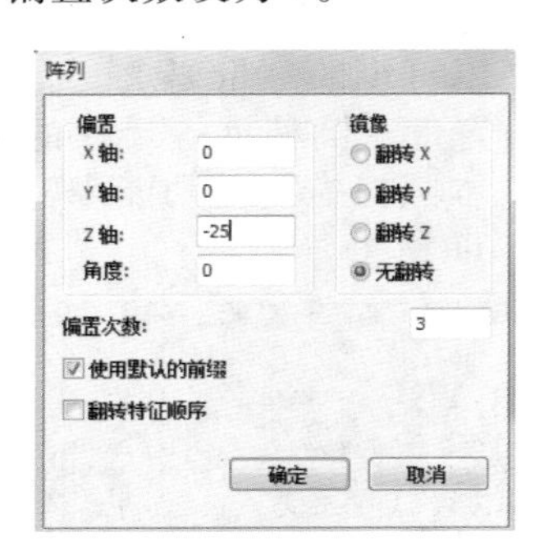

图 5-25 阵列

3）将鼠标光标放在 H2001 命令最后，单击“编辑”→“阵列粘贴”，得到 H2002、H2003、H2004 测量命令，如图 5-26 所示。

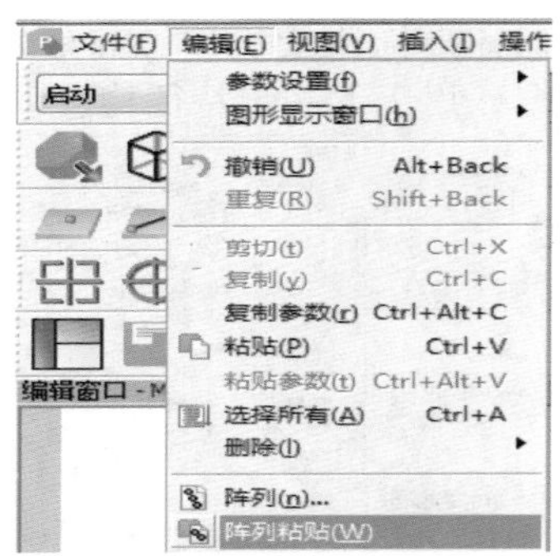

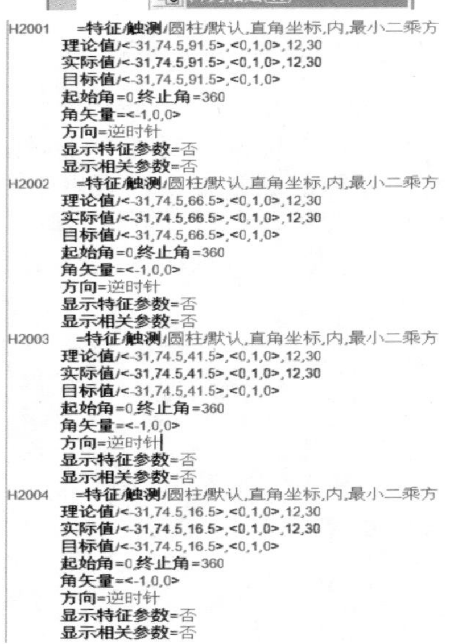

```
H2001   =特征/触测/圆柱/默认,直角坐标,内,最小二乘方
        理论值/<-31,74.5,91.5>,<0,1,0>,12,30
        实际值/<-31,74.5,91.5>,<0,1,0>,12,30
        目标值/<-31,74.5,91.5>,<0,1,0>
        起始角=0,终止角=360
        角矢量=<-1,0,0>
        方向=逆时针
        显示特征参数=否
        显示相关参数=否
H2002   =特征/触测/圆柱/默认,直角坐标,内,最小二乘方
        理论值/<-31,74.5,66.5>,<0,1,0>,12,30
        实际值/<-31,74.5,66.5>,<0,1,0>,12,30
        目标值/<-31,74.5,66.5>,<0,1,0>
        起始角=0,终止角=360
        角矢量=<-1,0,0>
        方向=逆时针
        显示特征参数=否
        显示相关参数=否
H2003   =特征/触测/圆柱/默认,直角坐标,内,最小二乘方
        理论值/<-31,74.5,41.5>,<0,1,0>,12,30
        实际值/<-31,74.5,41.5>,<0,1,0>,12,30
        目标值/<-31,74.5,41.5>,<0,1,0>
        起始角=0,终止角=360
        角矢量=<-1,0,0>
        方向=逆时针
        显示特征参数=否
        显示相关参数=否
H2004   =特征/触测/圆柱/默认,直角坐标,内,最小二乘方
        理论值/<-31,74.5,16.5>,<0,1,0>,12,30
        实际值/<-31,74.5,16.5>,<0,1,0>,12,30
        目标值/<-31,74.5,16.5>,<0,1,0>
        起始角=0,终止角=360
        角矢量=<-1,0,0>
        方向=逆时针
        显示特征参数=否
        显示相关参数=否
```

图 5-26 阵列粘贴

2）角度偏置，如知识资讯图 5-14 所示。

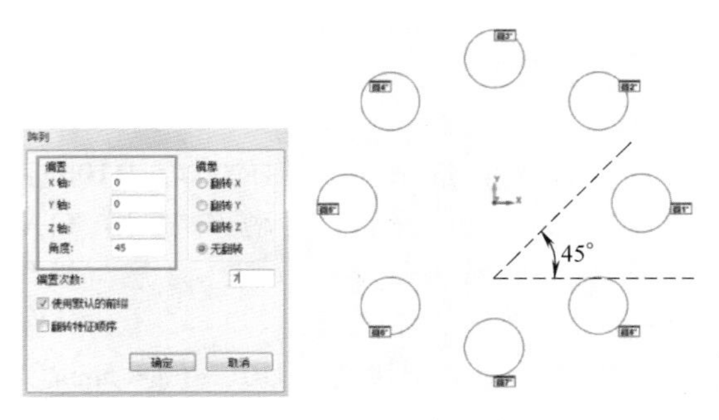

知识资讯图 5-14 角度偏置

3）镜像偏置，如知识资讯图 5-15 所示。

知识资讯图 5-15 镜像偏置

【思考题】

1. 阵列功能主要有哪些类型？它们分别具备什么特点？

____

____

____

____

____

2. 简述阵列的操作过程。

____

____

____

____

____

____

4）间接测量斜孔穿刺点 Point_1，如图 5-27 所示。

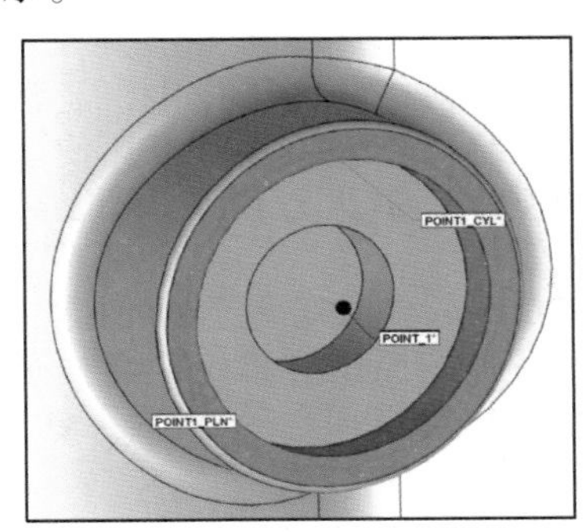

图 5-27　穿刺点测量

操作步骤：

① 调用“T1A90B-60”。

② 插入自动圆柱命令测量圆柱 POINT1_CYL。

③ 插入自动平面命令测量端面 POINT1_PLN。

④ 插入构造点命令，依次勾选 POINT1_CYL 和 POINT1_PLN，方法选择“刺穿”，创建得到穿刺点 Point_1，如图 5-28 所示。

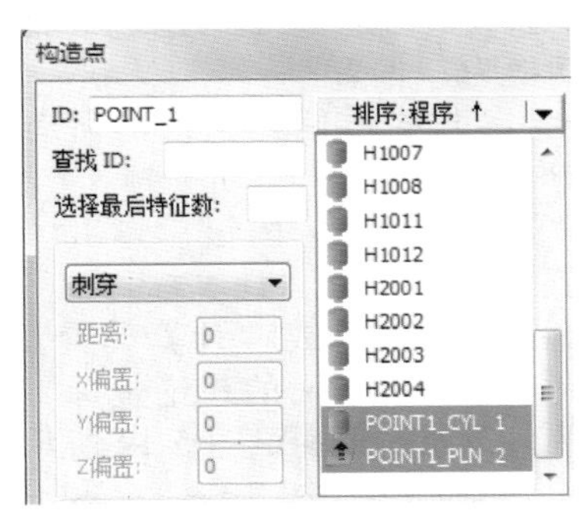

图 5-28　构造穿刺点

5）自动测量 F4001、F4002 台阶面，如图 5-29 所示。测头选用 T1A90B90；测量点数为 4~6 点。

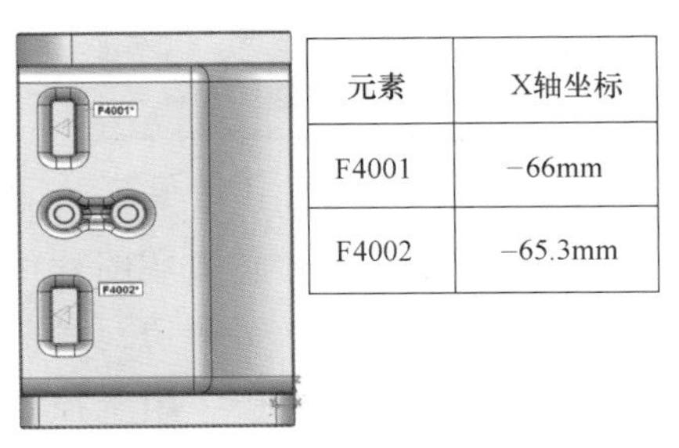

元素	X轴坐标
F4001	-66mm
F4002	-65.3mm

图 5-29　台阶面测量位置

【知识资讯】

1. 已知角度斜面（圆、圆柱）的测量方法

从图样可以确认穿刺点是由圆柱轴线与端面相交得到，而端面与基准 A 平面夹角为 30°。为保证触测方向符合设计要求，一般有两种方法测量该特征。

1）在原有坐标系下直接测量特定角度特征，刺穿点所关联元素的中心坐标及矢量有可能需要通过计算得到，如知识资讯图 5-16 所示。

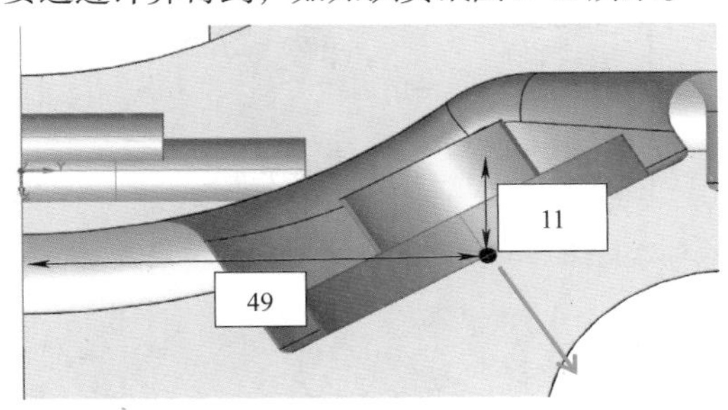

知识资讯图 5-16　斜面测量方法 1

由图样可知 POINT1_CYL 和 POINT1_PLN 元素的中心坐标为（11，49，153），矢量计算方法如下：

$I=\cos30°=0.866$

$J=\cos60°=0.5$

$K=\cos90°=0$

2）通过坐标系平移旋转到指定位置，便于快速得到刺穿点所关联元素的中心坐标及矢量，如知识资讯图 5-17 所示。

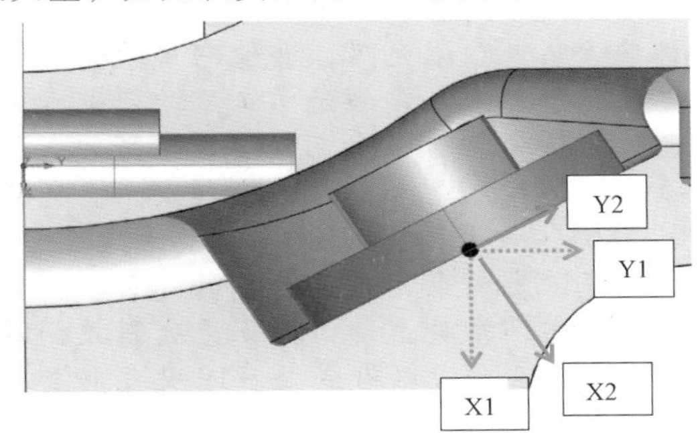

知识资讯图 5-17　斜面测量方法 2

① 将原坐标系平移到图示位置（X1，Y1）。

② 坐标系围绕 Z+轴逆时针方向旋转 30°至图示位置（X2，Y2）。

③ 此时 POINT1_CYL 和 POINT1_PLN 元素的中心坐标为（0，0，0），矢量方法为（1，0，0）。

自动平面参数设置界面如图 5-30 所示。

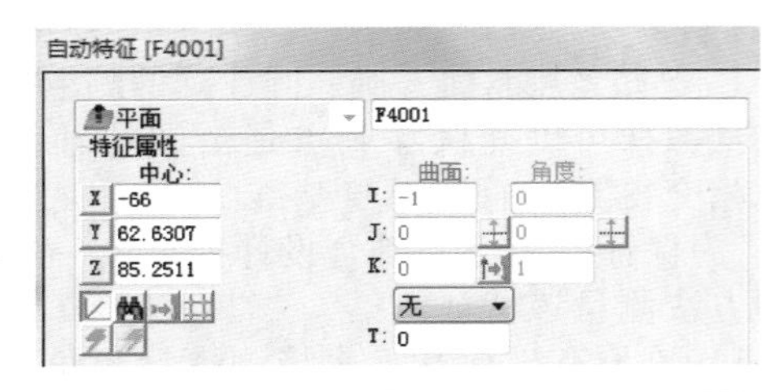
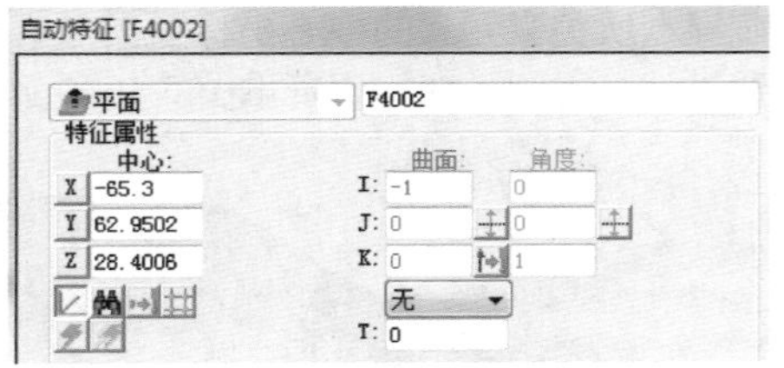

图 5-30 F4001、F4002 参数设置

素养提升

以祖国强大民族振兴为己任——仪器仪表和计量科教事业奠基人王大珩

王大珩院士，“两弹一星”元勋，作为中国光学事业奠基人之一，为国防现代化研制各种大型光学观测设备有突出贡献，为中国的光学事业及计量科学的发展起了重要作用。20 世纪 50 年代，他创办了中国科学院仪器馆，后发展成为中科院长春光学精密机械与物理研究所，领导该所研制了中国第一埚光学玻璃、第一台电子显微镜、第一台激光器，并使它成为国际知名的从事应用光学和光学工程的研究开发基地。1986 年，他和王淦昌、陈芳允、杨嘉墀联名，提出发展高技术的建议（“863”计划）。他还与王淦昌联名倡议，促成了激光核聚变重大装备的建设，提倡并组织学部委员主动为国家重大科技问题进行专题咨询，颇有成效。1992 年与其他五位学部委员倡议并促成中国工程院的成立。

王院士特别关注计量研究工作，曾担任国际计量委员会委员；建议成立中国光学学会和中国仪器仪表学会；建议科学院和工程院做国家的咨询工作；重视中国的人才培养工作；对中国的仪器仪表发展提出了一系列重要建议等。

【知识资讯】

1. 台阶面（阶梯面）的创建及应用

在汽车发动机缸体图样中，经常可以看到以多个台阶面作为毛坯基准。使用台阶面做毛坯的基准，最大程度节省了工艺成本，提高加工效率。

PC-DMIS 软件具备台阶面创建功能，可以对输入特征按照图样指定距离构造偏置平面，通过“构造平面”→“偏置”功能实现，如知识资讯图 5-18 所示。

知识资讯图 5-18 构造平面-偏置

1）打开“构造平面”创建界面，将构造方法切换为“偏置”。

2）将参与构造偏置平面的所有平面选中（不分先后顺序）。

3）单击“偏置”按钮，弹出“平面偏置”设置菜单，通过“计算标称值”（需要输入理论偏置距离）或“计算偏置”（需要输入最终理想台阶平面的理论坐标）构造得到偏置平面，如知识资讯图 5-19 所示。

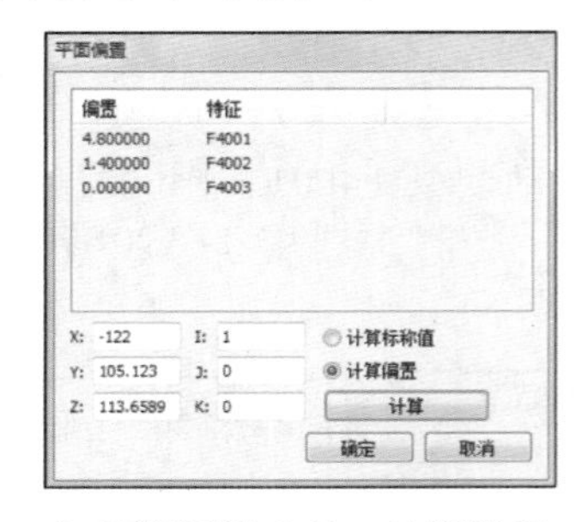

知识资讯图 5-19 计算偏置

注意，“偏置”值都必须从图样中直接或间接得到，不允许输入实测值。台阶面常作为基准要素出现在图样中，用于控制方向和位置。

6）自动测量 F5000。测针选用 T1A0B0，如图 5-31 所示，F5000 平面具有整体面积较大，平面边缘不规则的明显特点，使用平面扫描策略中的“TTP 自由形状平面策略”功能完成测量。

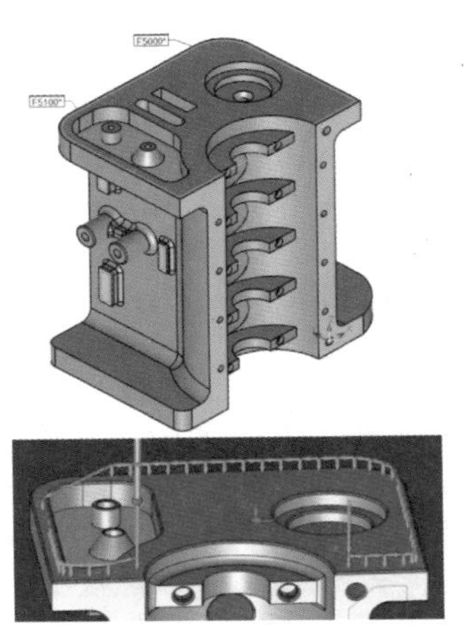

图 5-31　扫描采点

7）自动测量 F5100。如图 5-32 所示，F5100 曲面为一段封闭曲面，这里使用开线扫描方式完成测量。

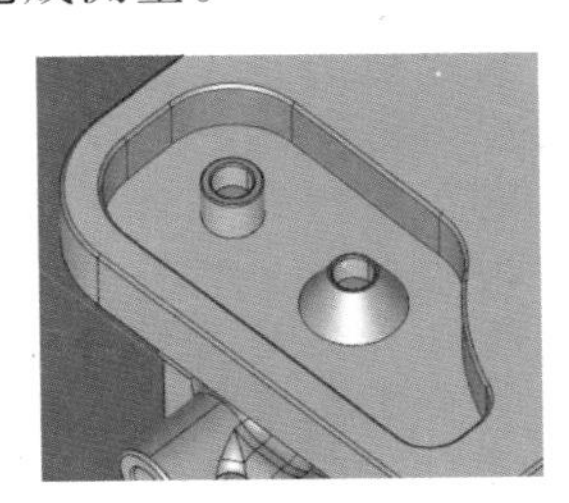

图 5-32　F5100 曲面位置

操作步骤：

① 切换工作平面为 Z 正。

② 打开“开线扫描”设置界面（图 5-33）。

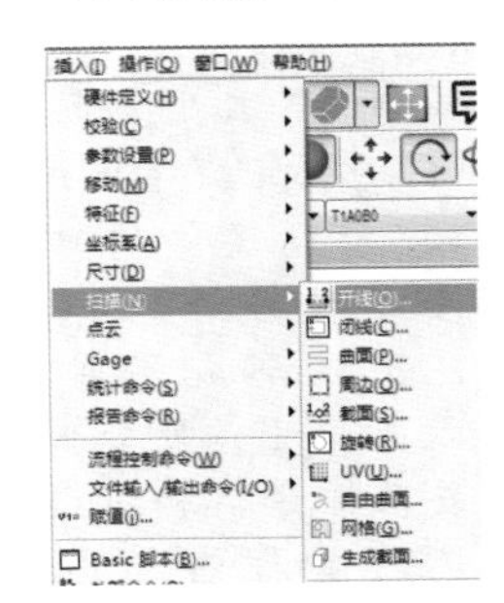

图 5-33　开线扫描菜单

2. F5000 参数设置

F5000 参数设置如知识资讯图 5-20 所示。对于触发测量来说，“测量点密度”和“测量效率”两个要素需要统筹兼顾。推荐设置如下。

1）偏置：2~3mm。

2）增量：1~5mm。

3）不勾选“跳过孔”。

4）CAD 公差保持默认。

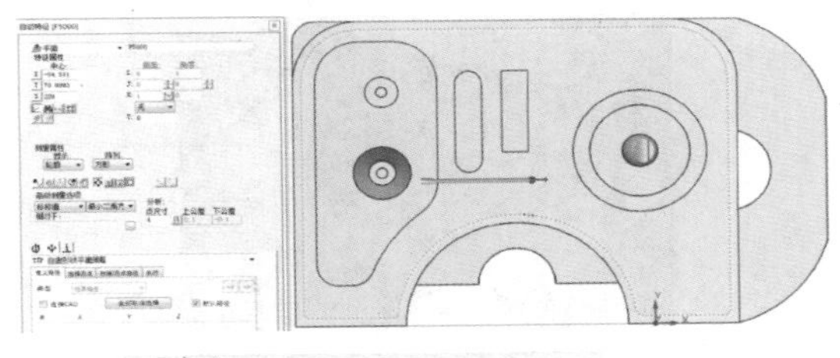

知识资讯图 5-20　F5000 参数设置

3. 高级扫描类型

PC-DMIS 高级扫描提供了多种控制方法得到扫描路径及测点分布，如图 5-33 所示，包括开线、闭线、曲面、周边、截面、旋转、UV、自由曲面、网格、生成截面。

【多项选择题】

以下（　　）不需要 CAD 数模的支持。

A. 开线扫描

B. UV 扫描

C. 周边扫描

D. 截面扫描

E. 闭线扫描

F. 曲面扫描

G. 自由曲面扫描

③ 切换至“图形”栏，勾选“选择”前复选框，如图 5-34 所示。

图 5-34 “CAD 控制”

④ 使用鼠标在数模对应曲面依次点选，如图 5-35 所示。注意最终选择的面片是连续的，选择完毕后取消勾选。

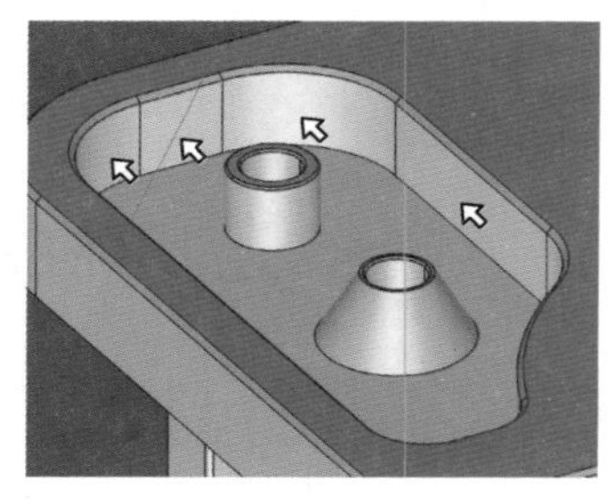

图 5-35 扫描采点位置

⑤ 单击图 5-36 中“1”位置（起点），激活后在数模扫描起始位置单击，选取位置的坐标会自动抓取到软件中。

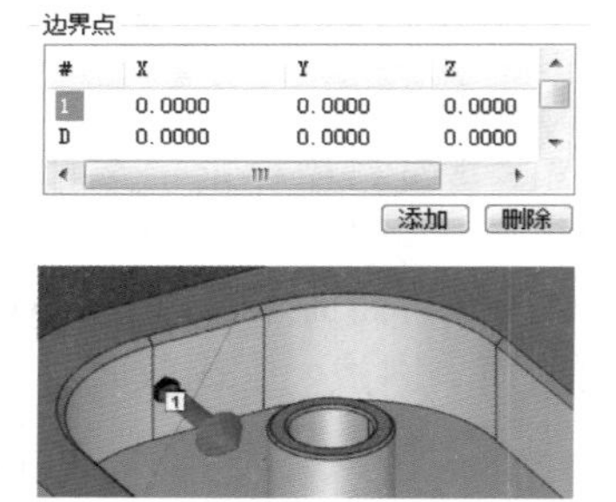

图 5-36 确定起始点

⑥ 单击图 5-37 中“D”位置（方向点），激活后在扫描方向延伸位置单击。

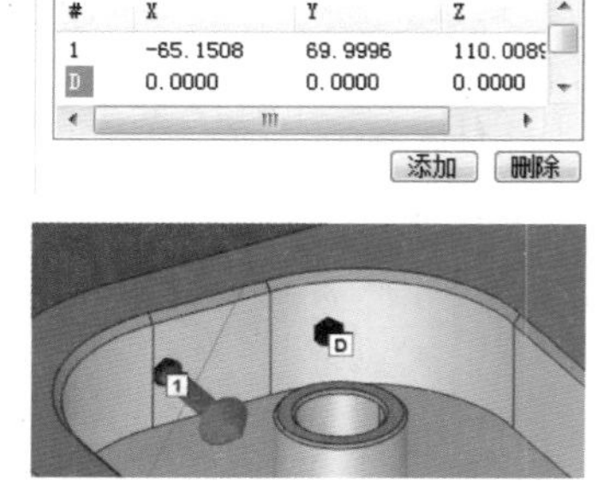

图 5-37 确定方向点

素养提升

没有精密的测量，就没有精密的产品

中国有世界上数量最多、种类最全的工业母机，经过多年运行，积累了大量与制造质量相关的宝贵数据。利用好这个巨大的制造质量数据库就会产生一个重要优势，即有利于全面精准地发现各种误差产生的根源和误差作用规律。目前中国制造业正发生几个重要变革。

第一，不断提升的全民质量意识与精度意识。深刻认识到“没有精密的测量，就没有精密的产品”。高端装备是工业母机制造出来的，根据精度分配原则，为保证高端装备制造精度，工业母机的精度要比高端装备的精度高一个数量级，至少要高三倍；那么工业母机的精度靠谁来保证呢？靠超精密测量仪器，超精密测量仪器的精度要比工业母机高出一个数量级，至少要高三倍，这样才能保证工业母机的精度。从精度的角度看，超精密测量仪器是高端中的高端；从基础支承的角度看，超精密测量仪器是基础中的基础。没有测量精度和整体测量能力这个基础，所有制造精度和制造质量之谈都是空话。

第二，建立起新一代计量体系与工业测量体系。2018 年底，世界计量大会做出了一个具有深远历史意义的决议，即国际单位制中的 7 个基本单位均采用基于物理常数重新定义，从理论上讲，这个标准计量量值传递体系的中间环节都可以不需要了。只要满足定义条件，任何部门，在任何地点、在任何时间，都可以把基本量复现出来，不用再按照原来逐级传递的体系去传递了，它带来的最有价值的东西就是量值传递体系扁平化。

第三，加快工厂工业互联网建设以及测量体系数字化进程。数字化是智能制造的基础，又是“完整精度”的重要支承。工业互联网的普及，使得测量的数据，可以更加全面覆盖，而且形成实时反馈，实现“无处不测，无时不测，处处精准，时时精准”，对于误差来源分析和对误差作用规律的认识具有不可替代的作用。这可以使“完整精度”通过更广泛的维度来实现。

⑦ 单击图 5-38 中“2”位置（终点），激活后在扫描终止位置单击（为使扫描曲线尽量覆盖整个曲面，需要保证起点和终点的距离）。

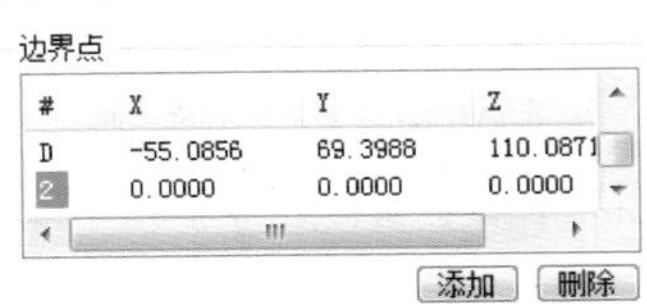

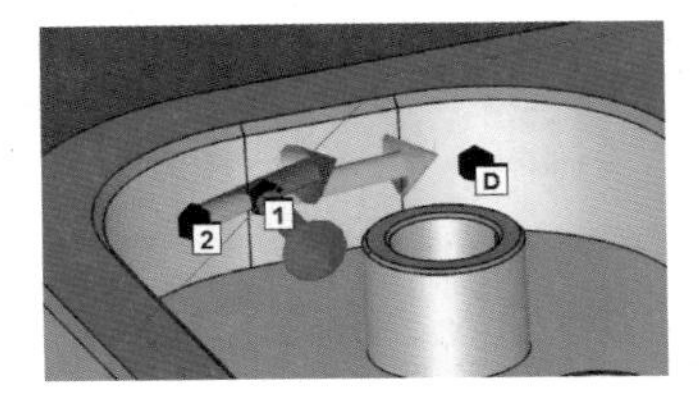

图 5-38　确定终止点

⑧ 双击“剖面矢量”后，在弹出的菜单中单击“工作平面”（将剖面矢量修正为 0，0，1），如图 5-39 所示。

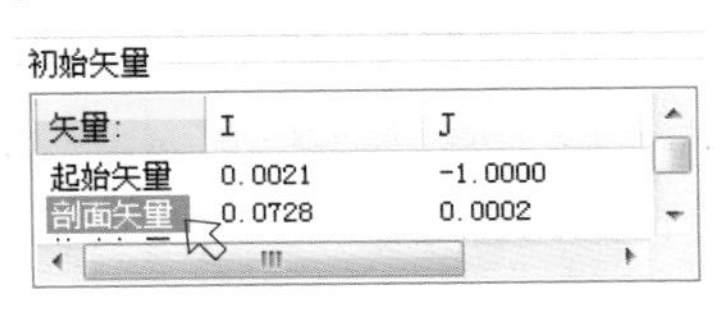

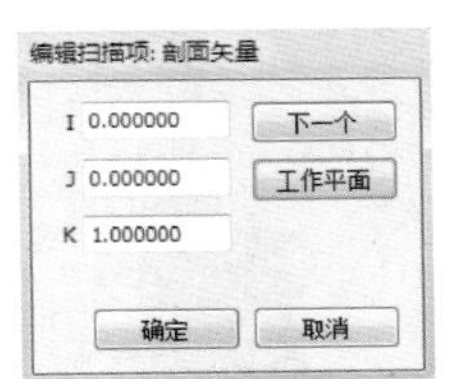

图 5-39　修改剖面矢量

⑨ 如图 5-40 所示，测点间距控制方法选用“方向 1”，最大增量可按需要灵活设置，这里设置为 4。

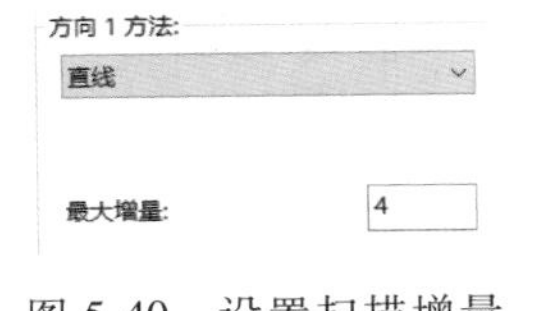

图 5-40　设置扫描增量

⑩ 按照图 5-41 设置“执行栏”菜单。

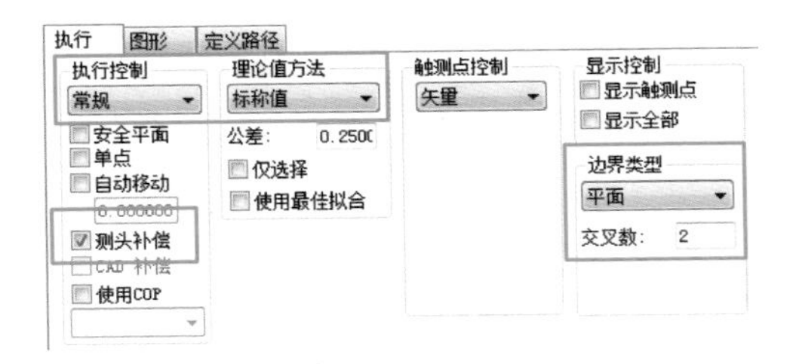

图 5-41　设置执行栏

【知识资讯】

如何设置边界类型

PC-DMIS 高级扫描提供了多种边界（扫描终点）的控制方法，可以灵活应用在不同使用情境（知识资讯图 5-21）。

知识资讯图 5-21　高级扫描边界类型

本例选用平面类型，进一步说明设置原理：边界类型参考终止点位置，选用“平面”类型后会在终止点位置虚拟一个边界平面。

交叉点 1 表示扫描路径第一次与平面相交时终止扫描，如知识资讯图 5-22a 所示；交叉点 2 表示扫描路径第二次与平面相交时终止扫描，如知识资讯图 5-22b 所示。扫描点位置如知识资讯图 5-23 所示。

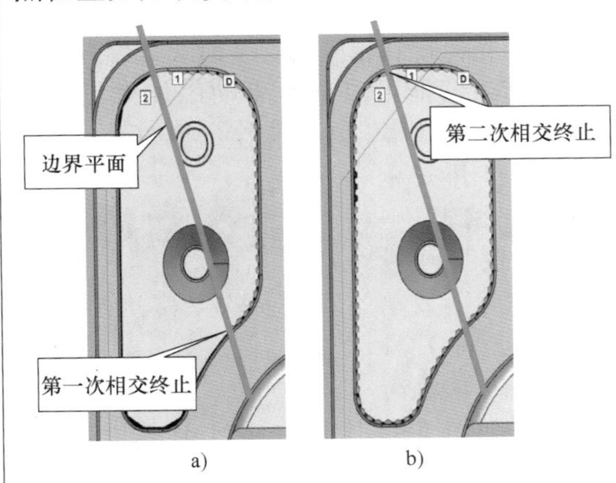

a)　　b)

知识资讯图 5-22　交叉点 2 含义

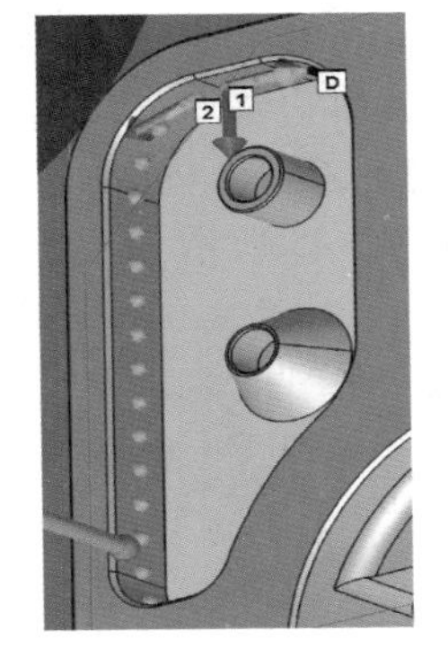
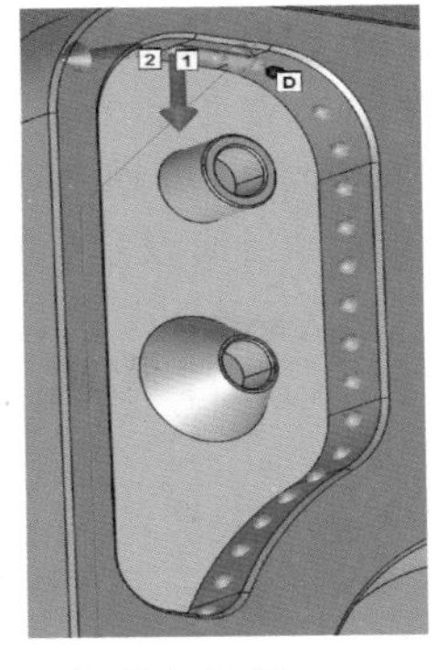

知识资讯图 5-23　扫描点位置

⑪ 如图 5-42 所示，切换为“定义路径”栏，单击“生成”按钮得到扫描路径。

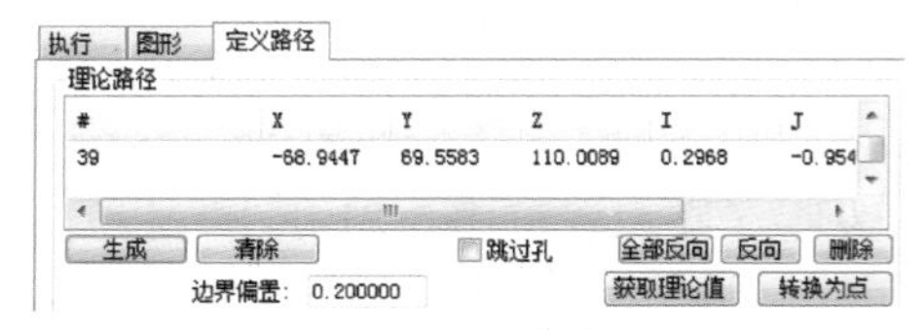

图 5-42　生成扫描路径

⑫ 单击“创建”完成扫描命令的创建，如图 5-43 所示。

F5100　=特征/扫描,开放路径,触测点数=39,显示触测=否,显示所有参数=否
测定/扫描
基本扫描/直线,触测点数=39,显示触测=否,显示所有参数=否
终止扫描
终止测量/

图 5-43　完成扫描命令创建

5.3.7　启用安全空间（ClearanceCube）合理避让

PC-DMIS 可以提供安全空间功能，主要为工件提供一个 3D 的保护区域，类似一个盒子包裹着整个检测零件，程序在执行测量任一元素时会先运行到相应的安全面上，再进行测量，使用该功能可以避免手动添加大量移动点，节约编程效率。具体操作步骤如下：

1）打开安全空间（“编辑”→“参数设置”→“设置安全空间”或单击安全空间工具栏），默认显示简约界面，如图 5-44 所示，通过单击“高级”按钮可打开高级设置界面。

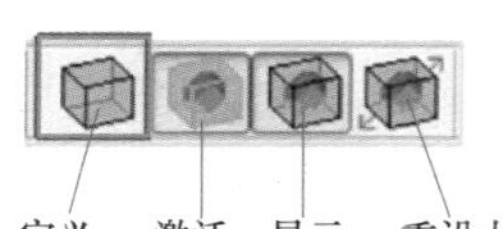

定义　激活　显示　重设大小

图 5-44　安全空间工具栏

2）如知识资讯图 5-24 所示，在“大小”栏中根据产品模型及现场装夹方案确定安全空间各个面到工件数模边缘的距离，默认是 10mm，可通过“显示安全空间”按钮实时显示当前设置，如图 5-45 所示。

CAD模型

	最小值	最大值
X:	10	10
Y:	10	10
Z:	10	10

图 5-45　设置安全控件距离

【知识资讯】

安全控件激活如知识资讯图 5-24 所示。

a)

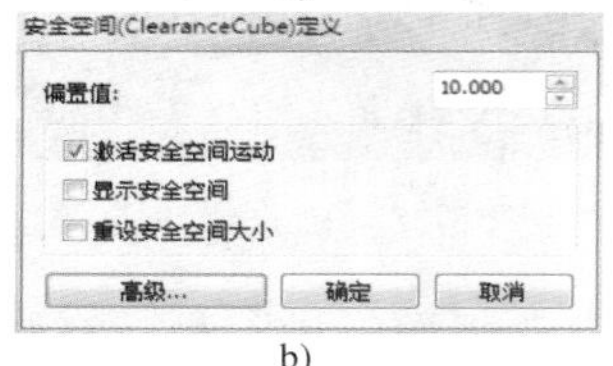

b)

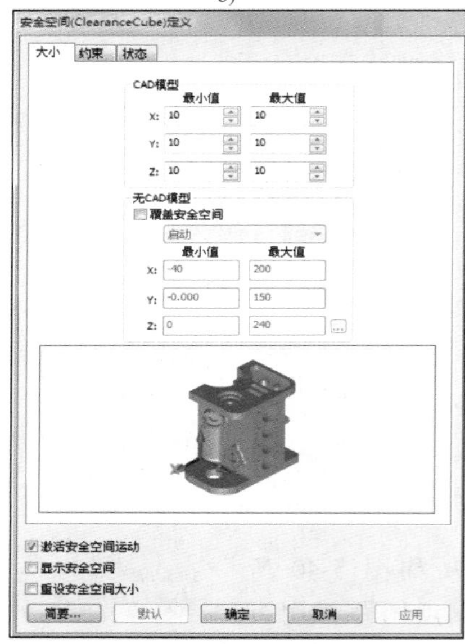

c)

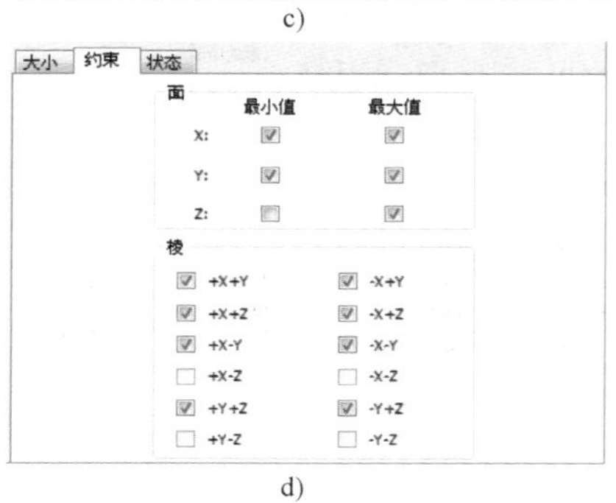

d)

知识资讯图 5-24　安全控件激活

3）如知识资讯图 5-24 所示，在“约束”栏中设置测头可通过平面，不勾选表明测头不可以通过该棱边。

4）如知识资讯图 5-25 所示，在“状态”窗口将所有特征的“活动”状态设置为“开”，如图 5-46 所示。

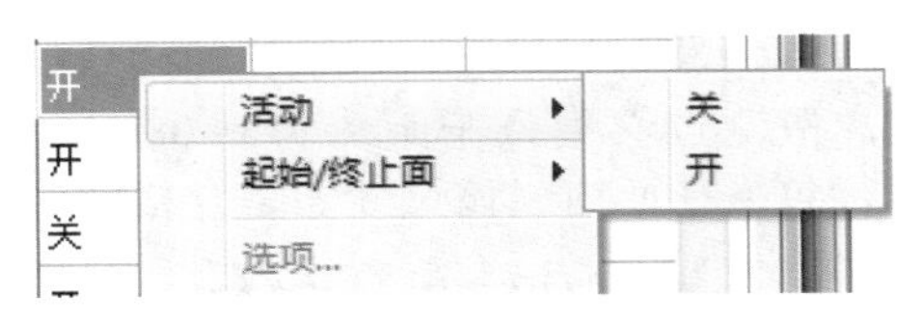

图 5-46　安全空间激活设置

5）“开始”“结束”设置。如知识资讯图 5-25 所示，“开始”：测量时测头从哪个方向的安全平面开始移动；“结束”：测量结束后测头退回到哪个方向的安全平面。本例中推荐使用“使用测尖矢量”选项。

6）如知识资讯图 5-24 所示，勾选“激活安全空间运动”，“显示安全空间”选项不建议在使用中勾选，单击“确定”完成创建。

7）测量路径线预览通过“视图”→“路径线”\“光标处的路径线”或<Alt+P>快捷键查看测量路径线。

注意：开启路径线查看功能，只能显示编辑窗口被标记程序的所有路径线，而未被标记的程序则不会显示路径线。对于手动测量命令可以使用快捷键<F3>将鼠标选取部分的程序设为未标记状态。缸体样例程序路径线展示如图 5-47 所示。

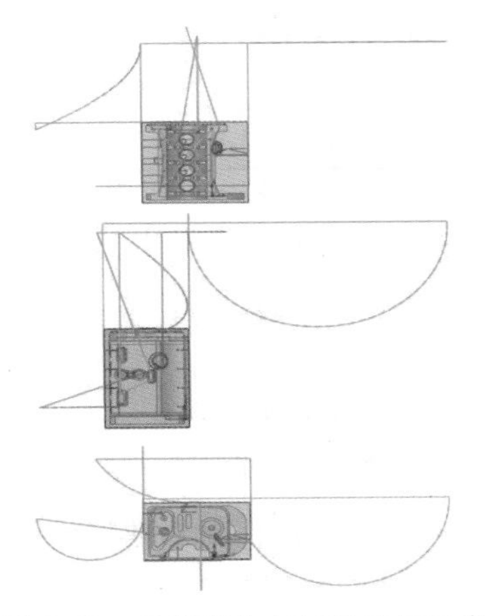

图 5-47　开启安全空间后路径示意

【知识资讯】

1. 安全空间测针出入矢量定义

如知识资讯图 5-25 所示。

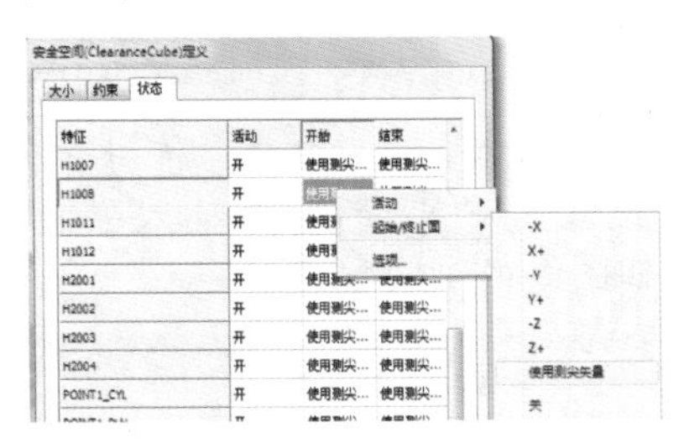

知识资讯图 5-25　定义测针出入矢量

2. F3 标记功能应用

在软件编辑窗口中显示的程序，在未做标记设置的前提下，所有程序默认都是标记状态，即<Ctrl+Q>会全部运行。标记状态和未标记状态有明显的颜色区分，如知识资讯图 5-26 所示。

1）蓝色背景区域为“未标记状态”，程序在使用全部执行命令<Ctrl+Q>后该部分不执行。

2）白色背景区域为“标记状态”，程序在使用全部执行命令<Ctrl+Q>后该部分执行。

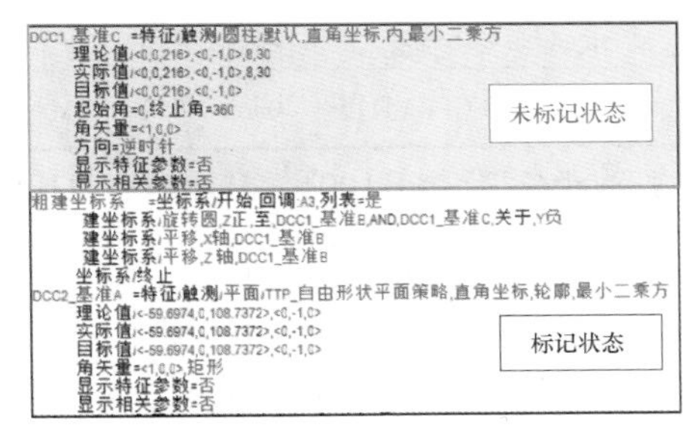

知识资讯图 5-26　标记状态

3. 标记功能用法

标记功能主要用在程序调试阶段和程序正式运行阶段。

1）调试阶段：对于未调试程序，可以先将全部程序设为未标记状态，然后逐项开启标记并运行。

2）正式运行：可以将一个完整程序通过不同的标记方法保存为具有特定用途的程序，如车身检测中可以分为“带天窗”检测程序及“无天窗”检测程序，而两个程序的唯一区别就是天窗部分的检测程序是否被标记。

5.3.8 尺寸评价

1. 尺寸 FL001 评价（表 5-2）

表 5-2 FL001

符号	尺寸	描述	标称值	上公差	下公差
▱	FL001	FCF 平面度	0mm	0.1mm	0mm

关联元素为“F1000”，通过菜单“插入”→“尺寸”→“平面度”，插入平面度评价命令，如图 5-48 所示。

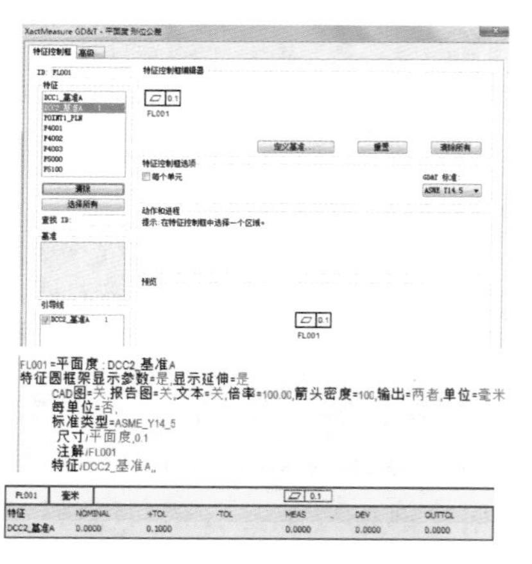

图 5-48 FL001 评价

2. 尺寸 P002 评价（表 5-3）

表 5-3 P002

符号	尺寸	描述	标称值	上公差	下公差
⊕	P002	FCF 位置度	0mm	0.2mm[M]	0mm

关联元素为“H1001～H1004，H1005～H1008”；通过菜单“插入”→“尺寸”→“位置度”，插入位置度评价命令。首先定义 A、B、C 基准，如图 5-49 所示。

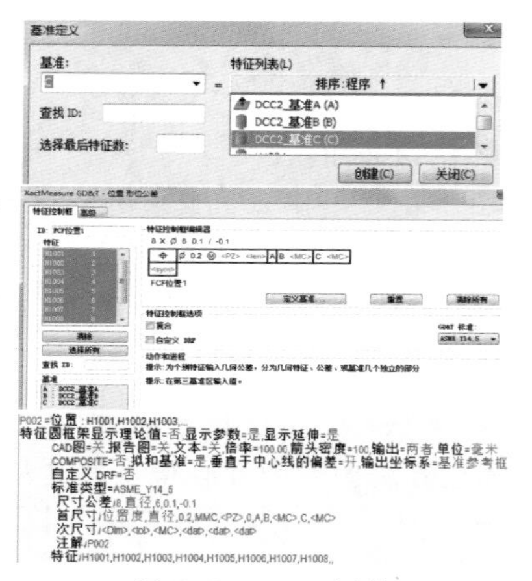

图 5-49 P002 评价

【知识资讯】

1. 平面度概述

平面度表示零件的平面要素实际形状保持理想平面的状况，即平整程度。平面度公差是实际表面所允许的最大变动量，用以限制实际表面加工误差所允许的变动范围。以知识资讯图 5-27 为例，平面度要求被测平面所有离散测点必须位于距离为 0.08mm 的两个平行包络平面内，该尺寸才是合格的。

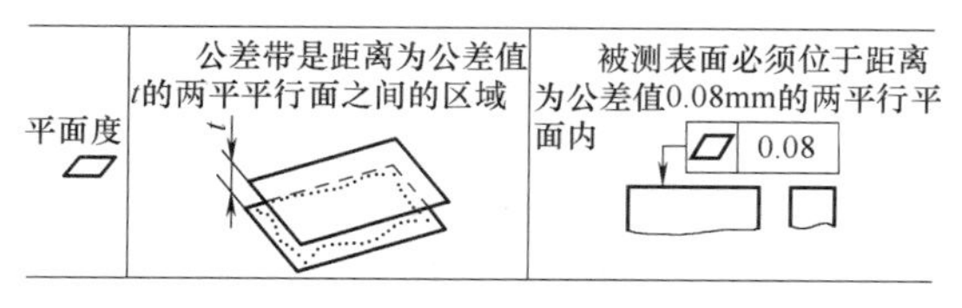

知识资讯图 5-27 平面度公差

为了严格控制产品表面加工质量，在图样中经常会增加区域平面度的评价要求，如知识资讯图 5-28 所示。

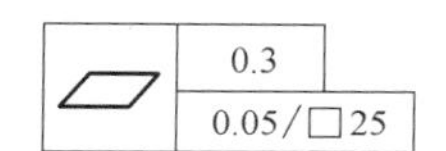

知识资讯图 5-28 平面度

（1）上格 0.3mm 公差 0.3mm 公差所限定的平面检测区域范围为整个平面，因此测量范围要尽可能的覆盖整个平面。

（2）下格 0.05mm 公差 0.05mm 公差限定区域为整个测量区域中任意 25mm×25mm 面积，要求任意区域的最大平面度误差都要小于 0.05mm。

2. 区域平面度添加方法

1）打开平面度设置界面，勾选“每个单元”后第二格则可以显示出来，如知识资讯图 5-29 所示。

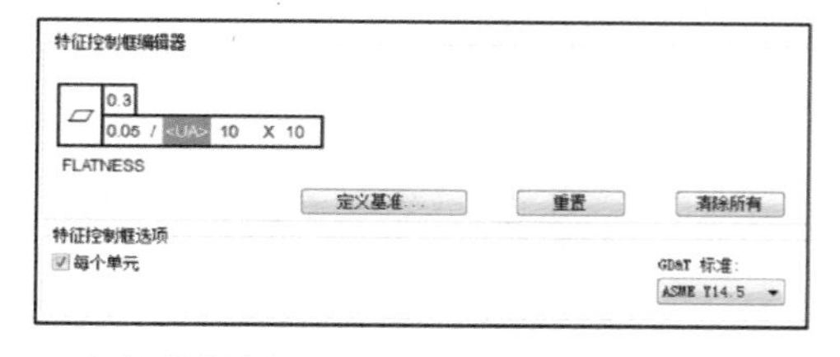

知识资讯图 5-29 区域平面度添加方法

PC-DMIS 软件仅在新版本评价方式（推荐默认设置）下才支持区域平面度评价，传统评价方式不支持该功能。

图样要求的位置度评价为孔组位置度评价，虽然不涉及基准匹配，但是由于同时选择了8个孔特征，因此与任务三位置度评价报告显示有差异，分为以下3部分显示：

1）被评价特征孔直径尺寸，公差值根据位置度孔组直径公差值（图5-50）继承得到。

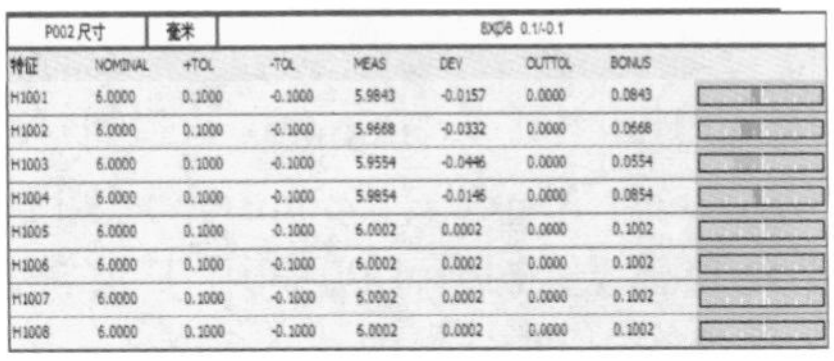

P002 尺寸	毫米	8XØ6 0.1/-0.1						
特征	NOMINAL	+TOL	-TOL	MEAS	DEV	OUTTOL	BONUS	
H1001	6.0000	0.1000	-0.1000	5.9843	-0.0157	0.0000	0.0843	
H1002	6.0000	0.1000	-0.1000	5.9668	-0.0332	0.0000	0.0668	
H1003	6.0000	0.1000	-0.1000	5.9554	-0.0446	0.0000	0.0554	
H1004	6.0000	0.1000	-0.1000	5.9854	-0.0146	0.0000	0.0854	
H1005	6.0000	0.1000	-0.1000	6.0002	0.0002	0.0000	0.1002	
H1006	6.0000	0.1000	-0.1000	6.0002	0.0002	0.0000	0.1002	
H1007	6.0000	0.1000	-0.1000	6.0002	0.0002	0.0000	0.1002	
H1008	6.0000	0.1000	-0.1000	6.0002	0.0002	0.0000	0.1002	

图5-50 孔组位置度直径公差值

2）被评价特征孔位置度结果如图5-51所示。

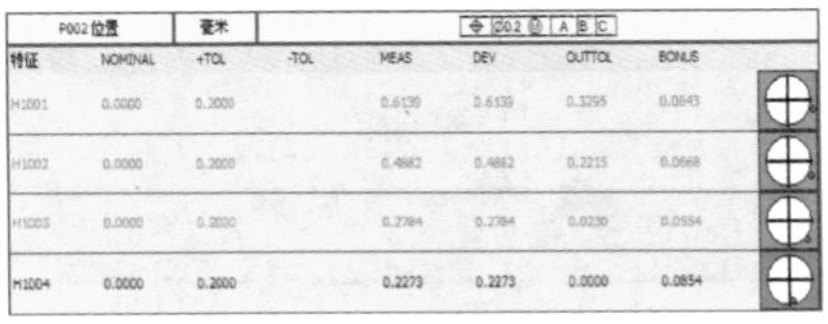

P002 位置	毫米	⌖ Ø0.2 Ⓜ A B C						
特征	NOMINAL	+TOL	-TOL	MEAS	DEV	OUTTOL	BONUS	
H1001	0.0000	0.2000		0.6139	0.6139	0.3295	0.0843	
H1002	0.0000	0.2000		0.4882	0.4882	0.2215	0.0668	
H1003	0.0000	0.2000		0.2784	0.2784	0.0230	0.0554	
H1004	0.0000	0.2000		0.2273	0.2273	0.0000	0.0854	

图5-51 孔组位置度评价结果

3）被评价特征孔的理论坐标和实测坐标如图5-52所示。

P002 概要 拟和基准=开，垂直于中心线的偏差=开，使用轴=最差				
特征	AX	NOMINAL	MEAS	DEV
H1001（起点）	X	-119.8000	-119.5095	0.2905
	Z	33.0000	32.9010	-0.0990
H1002（终点）	X	-119.8000	-119.5870	0.2130
	Z	83.0000	82.8807	-0.1193

图5-52 被评价孔理论/实测坐标

3. 尺寸P003评价（表5-4）

表5-4 P003

符号	尺寸	描述	标称值	上公差	下公差
⌖	P003	FCF复合位置度	0mm	0.2mm[M] 0.1mm	0mm

关联元素为“H1011～H1012”，通过菜单“插入”→“尺寸”→“位置度”，插入位置度评价命令。图样要求的复合位置度评价为孔组位置度评价，涉及基准匹配，在位置度界面设置中有几点需要注意，如图5-53所示。

1）关于评价标准的选用，选用ASME Y14.5标准。

2）复合位置度设置，勾选“复合”复选框。

3）位置度公差上格带最大实体要求，下格不带最大实体要求。

2）按照图样要求输入指定公差值。

PC-DMIS软件支持两类单位区域：方形区域、矩形区域。可通过单击知识资讯图5-30中<UA>切换。

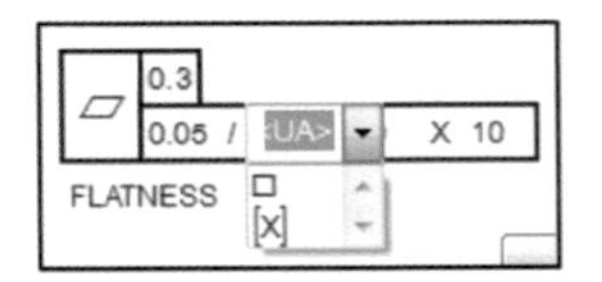

知识资讯图5-30 区域平面度输入

3. 组合位置度与复合位置度介绍

单格位置度是最为常见的位置度标注方式，但是在部分图样中也会看到组合位置度和复合位置度两种标注方式。由于标注方法的不同，在PC-DMIS中设置也不相同，而且对特征公差带的限制方式也有不同。

（1）组合位置度 组合位置度的上、下格是两个相互独立的位置约束尺寸，如知识资讯图5-31所示，组合位置度的上、下格具备各自的位置度符号，而且公差值及使用基准也不尽相同。

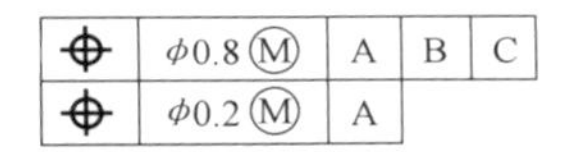

知识资讯图5-31 组合位置度

PC-DMIS软件添加组合位置度如知识资讯图5-32所示。

1）单击下格“sym”，选择位置度符号。

2）下格按照图样要求输入公差值，选择对应的基准。

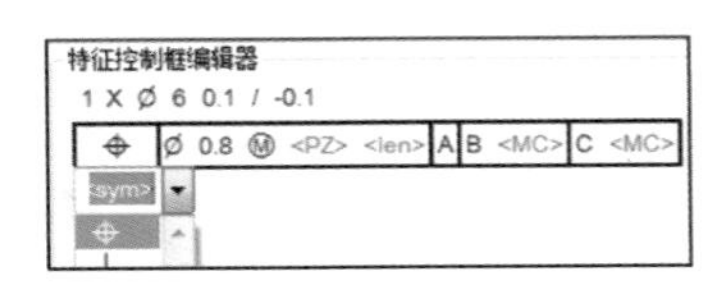

知识资讯图5-32 添加组合位置度

（2）复合位置度 复合位置度的上、下格是有相连的位置约束尺寸，如知识资讯图5-33所示，复合位置度的上、下格使用共同的位置度符号，下格的公差值及使用基准与上格不同。

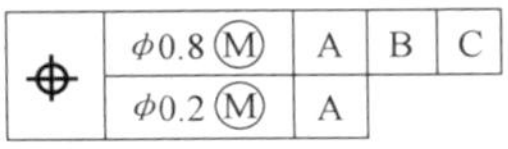

<table>
<tr><td rowspan="2">⌖</td><td>ϕ0.8 Ⓜ</td><td>A</td><td>B</td><td>C</td></tr>
<tr><td>ϕ0.2 Ⓜ</td><td>A</td><td></td><td></td></tr>
</table>

知识资讯图5-33 复合位置度

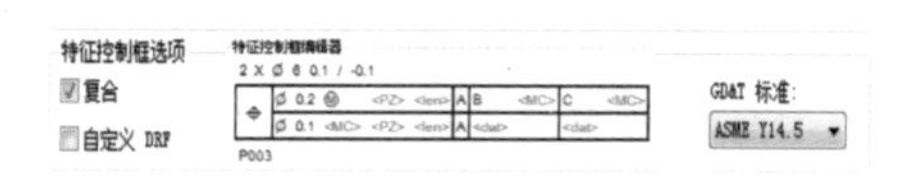

图 5-53　添加最大实体

4）由于复合位置度下格仅由基准 A 限定方向，因此在报告中有基准转化后得到的位置度结果，实测值是在基准坐标系下显示的结果，如图 5-54 所示。

P003 位置	毫米	⌖ ⌀0.2 Ⓜ A B C					
特征	NOMINAL	+TOL	-TOL	MEAS	DEV	OUTTOL	BONUS
H1011	0.0000	0.2000		0.0251	0.0251	0.0000	0.1000
H1012	0.0000	0.2000		0.0251	0.0251	0.0000	0.1000

P003 位置	毫米	⌖ ⌀0.1 A					
特征	NOMINAL	+TOL	-TOL	MEAS	DEV	OUTTOL	BONUS
H1011	0.0000	0.1000		0.0000	0.0000	0.0000	0.0000
H1012	0.0000	0.1000		0.0000	0.0000	0.0000	0.0000

P003 基准转化

段	Shift X	Shift Y	Shift Z	旋转X	旋转Y	旋转Z
段 1	固定	固定	固定	固定	固定	固定
段 2	-0.0126	0.0000	0.0000	固定	0.0000	固定

P003 数据 拟和基准=开，垂直于中心线的偏差=开，使用轴=最佳

特征	AX	NOMINAL	MEAS	DEV
段 1:特征组	X	-62.0000	-62.0126	-0.0126
	Z	208.0000	208.0000	0.0000
段 1:H1011 (终点)	X	-90.0000	-90.0126	-0.0126
	Z	208.0000	208.0000	0.0000
段 1:H1012 (起点)	X	-34.0000	-34.0126	-0.0126
	Z	208.0000	208.0000	0.0000
段 2:特征组	X	-62.0000	-62.0000	0.0000
	Z	208.0000	208.0000	0.0000
段 2:H1011 (终点)	X	-90.0000	-90.0000	0.0000
	Z	208.0000	208.0000	0.0000
段 2:H1012 (起点)	X	-34.0000	-34.0000	0.0000
	Z	208.0000	208.0000	0.0000

图 5-54　复合位置度评价

4. 尺寸 CY004 评价（表 5-5）

表 5-5　CY004

符号	尺寸	描述	标称值	上公差	下公差
⌭	CY004	FCF 圆柱度	0mm	0.1mm	0mm

关联元素为“H2001～H2004”，通过菜单“插入”→“尺寸”→“圆柱度”，插入圆柱度评价命令，如图 5-55 所示。

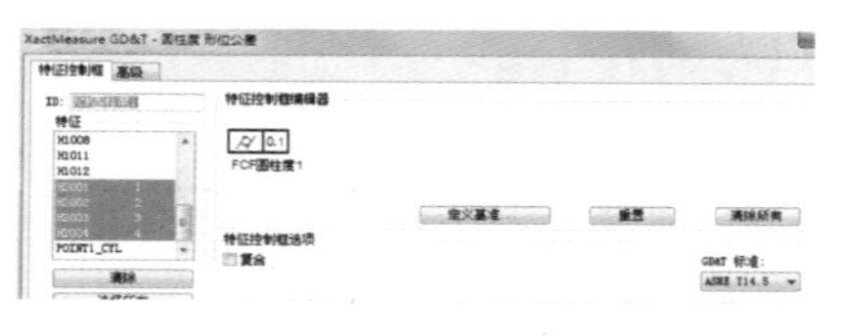

图 5-55　尺寸 CY004 评价

圆柱度评价为形状误差评价项目，GD&T 标准选择 ISO1101 或 ASME Y14.5 都可以，不影响最终评价结果，如图 5-56 所示。

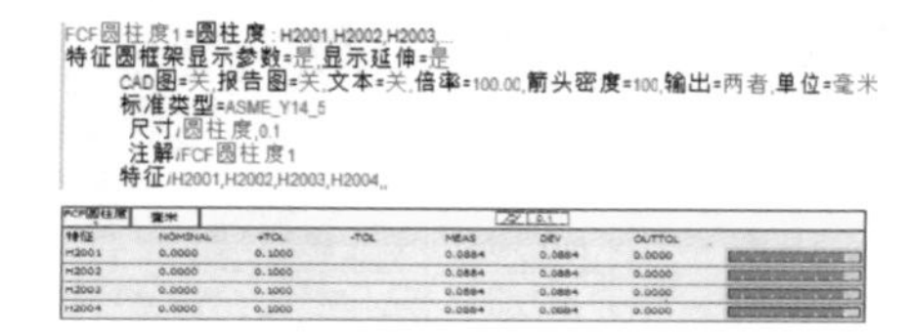
FCF圆柱度1=圆柱度 : H2001,H2002,H2003,...
特征圆框架显示参数=是,显示延伸=是
CAD图=关,报告图=关,文本=关,倍率=100.00,箭头密度=100,输出=两者,单位=毫米
标准类型=ASME_Y14_5
尺寸/圆柱度,0.1
注解/FCF圆柱度1
特征/H2001,H2002,H2003,H2004,,

FCF圆柱度1	毫米	⌭ 0.1				
特征	NOMINAL	+TOL	-TOL	MEAS	DEV	OUTTOL
H2001	0.0000	0.1000		0.0884	0.0884	0.0000
H2002	0.0000	0.1000		0.0884	0.0884	0.0000
H2003	0.0000	0.1000		0.0884	0.0884	0.0000
H2004	0.0000	0.1000		0.0884	0.0884	0.0000

图 5-56　尺寸 CY004 评价结果

【知识资讯】

1. 最大实体条件

根据零件功能的要求，尺寸公差与几何公差可以相对独立无关（独立原则 RFS），也可以互相影响，互相补偿（相关要求），而相关要求又可分为最大实体要求 MMC（Maximum Material Condition）、最小实体要求 LMC（Least Material Condition）和包容要求。最大实体要求既可以应用于被测要素，也可以应用于基准中心要素。

1）当考虑两个轴和两个孔能否装配时，通常考虑间距（或者坐标）是否合格，当实际间距和理论间距之差超差时，零件不一定不合格，如知识资讯图 5-34 所示。

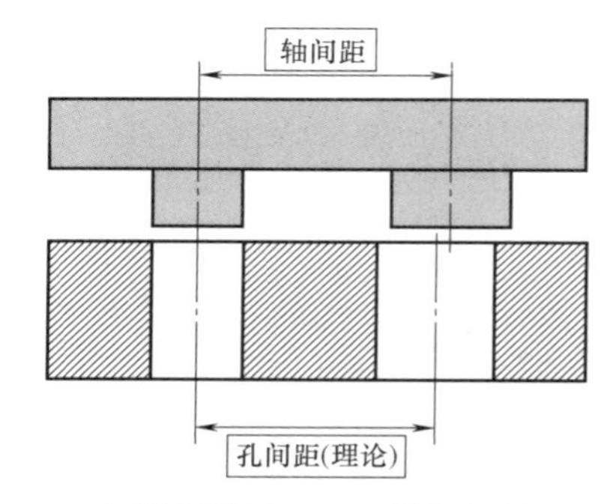

知识资讯图 5-34　轴孔间距

因为影响装配的因素除了间距（坐标）外，还有直径的影响，这就引入了最大实体条件。如知识资讯图 5-35 所示，如果特征标注最大实体，则表示特征可以在某个范围内调整。孔特征的实际直径大于其最大实体尺寸，即使其加工位置稍有偏差，也可以满足装配需求的，从而实现节省加工成本实现精益生产的目的。

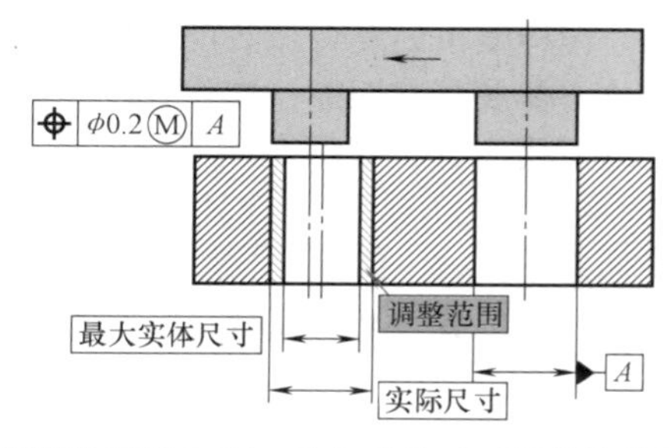

知识资讯图 5-35　最大实体时可调整的位置

5. 尺寸 P005 评价（表 5-6）

表 5-6 P005

符号	尺寸	描述	标称值	上公差	下公差
⊕	P005	FCF 位置度	0mm	0.2mm	0mm

关联元素为构造点“POINT_1”，图样中虽然没有标注公差带类型，但根据点空间位置要求，应该为球公差带，选择“Sϕ”（图 5-57）。

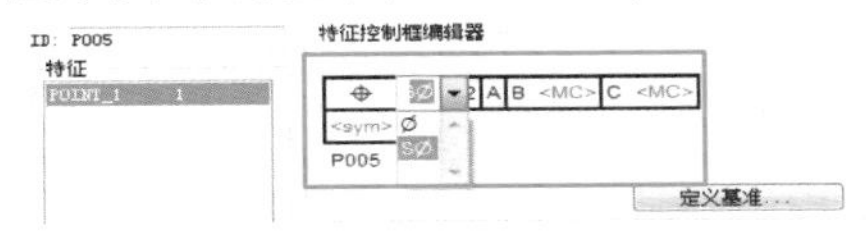

图 5-57 球公差带

6. 尺寸 P006 评价（表 5-7）

表 5-7 P006

符号	尺寸	描述	标称值	上公差	下公差
⊕	P006	FCF 复合位置度	0mm	0.2mm[M] 0.1mm	0mm

关联元素为“H3001”“H3002”“H3003”，复合位置度设置方法参考 P003，注意第二格无需选择基准。

7. 尺寸 D007 评价（表 5-8）

表 5-8 D007

符号	尺寸	描述	标称值	上公差	下公差
↔	D007	距离	66mm	0.1mm	-0.1mm

关联元素为“F4001”，有两种方式创建该评价。

（1）通过“距离”命令来评价

1）如图 5-58 所示，插入构造点命令，选择构造“原点”。

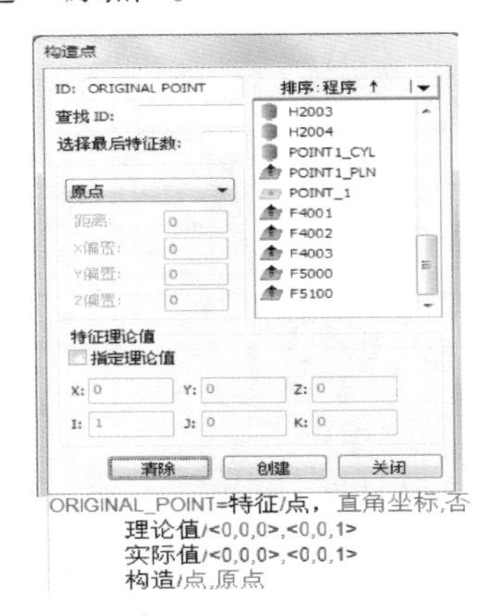

图 5-58 构造原点

2）如果基准标注最大实体，则表示基准可以在某个范围内调整，如知识资讯图 5-36 所示。

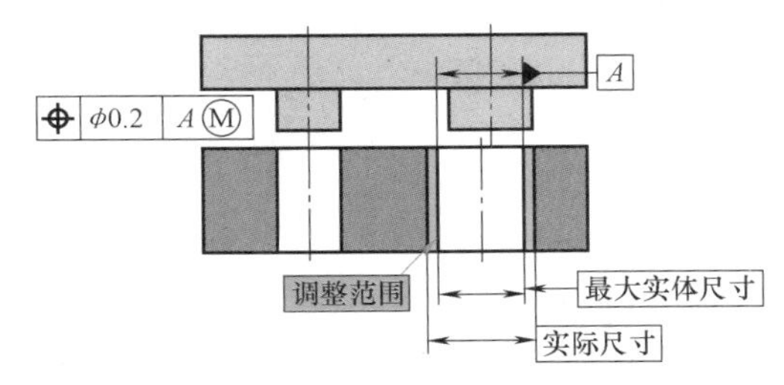

知识资讯图 5-36 最大实体时调整范围

综上所述：评价对象的最大实体条件是将特征的公差放大，而基准的最大实体条件是提供最佳装配路径（即最佳拟合）以缩小位置度要求。

2. 查看影响圆柱度各个测点的偏差并将点偏差图作为报告输出

PC-DMIS 软件的报告分析功能可以输出评价项目的图形分析，通过“插入”→“报告命令”→“分析”，进入设置界面，选择需要显示的评价项目（这里选择 FL001 尺寸）勾选“图形”复选框，放大倍率可以先按照 100 输入，单击“查看窗口”后即可看到图形分析窗口跳出，如知识资讯图 5-37 所示。

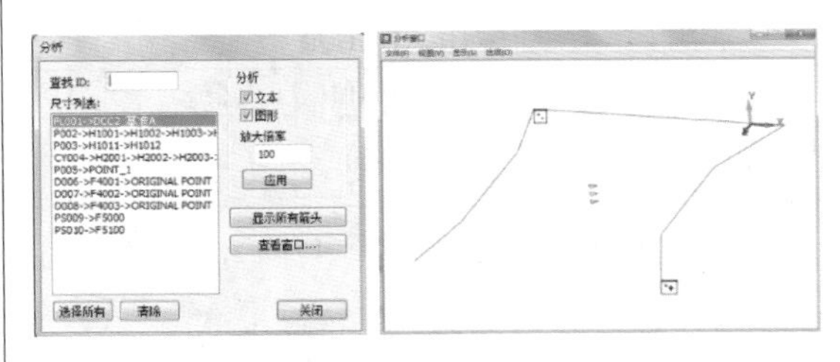

知识资讯图 5-37 报告分析功能

分析图形有两种输出方式：

1）直接联打印机打印。

2）通过“选项”→“将图形报告保存到报告”，将分析图形插入到 PDF 报告中，自动添加报告命令。

2）如图 5-59 所示，插入“距离”评价，选择“2D 距离”，方向平行于“X 轴”。

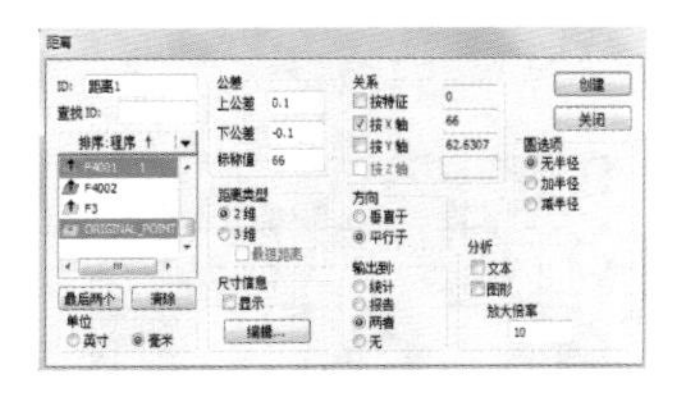

图 5-59　尺寸 D007 通过距离评价

（2）通过“位置”命令来评价　图样要求评价台阶面各个面沿着基准系轴向到基准系中心的距离，这里也可以直接评价这三个面 X 轴的位置，如图 5-60 所示。

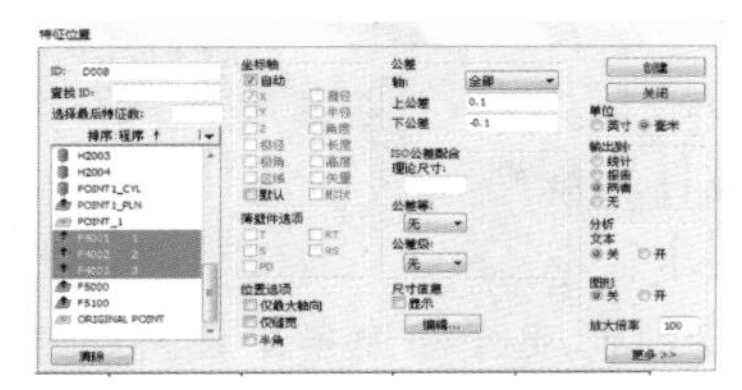

图 5-60　尺寸 D007 通过位置评价

8. 尺寸 D008 评价（表 5-9）

表 5-9　D008

符号	尺寸	描述	标称值	上公差	下公差
	D008	距离	65.3mm	0.1mm	-0.1mm

关联元素为“F4002”，创建方法可参考尺寸 D007 评价方法。

9. 尺寸 PS009 评价（表 5-10）

表 5-10　PS009

符号	尺寸	描述	标称值	上公差	下公差
	PS009	FCF 面轮廓度	0mm	0.2mm	0mm

关联元素为台阶面“F5000”，具体操作步骤如下：

1）按<F10>打开参数设置界面，切换到“尺寸”栏，勾选“最大最小值”，如图 5-61 所示。

图 5-61　勾选“最大最小值”

2）打开轮廓度对话框，按照要求选择被评价元素和评价基准，并输入图样公差，标准选用 ASME Y14.5（图 5-62）。

【知识资讯】

1. 形状公差

单一实际要素的形状所允许的变动全量。

2. 位置公差

关联实际要素的位置对基准所允许的变动全量。GB/T1182 标准中将位置公差分为定向、定位、跳动 3 种，分别是关联实际要素对基准在方向、位置和回转时所允许的变动范围。

3. 几何公差带的主要形状

几何公差带是用来限制被测实际要素变动的区域，只要被测实际要素完全落在给定的公差带区域内，就表示其实际测得要素符合设计要求，如知识资讯图 5-38 所示。

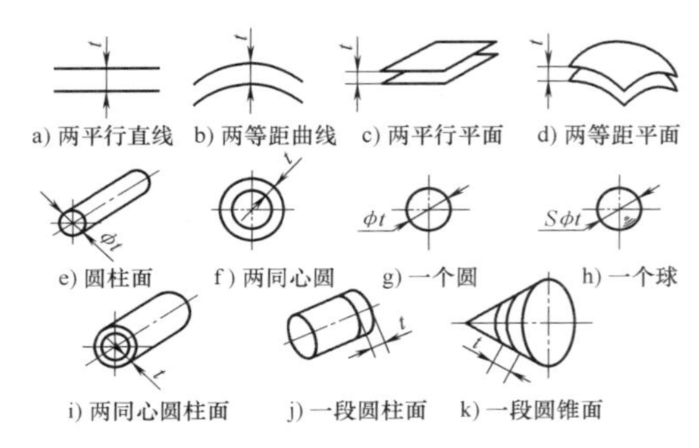

知识资讯图 5-38　几何公差带形状

【思考题】

几何公差有哪些？每一项公差的含义是什么？

图 5-62　轮廓度评价

3）单击“创建”按钮得到该轮廓度评价。

10. 尺寸 PS010 评价（表 5-11）

表 5-11　PS010

符号	尺寸	描述	标称值	上公差	下公差
⌒	PS010	FCF 线轮廓度	0mm	0. 2mm	0mm

关联元素为开线扫描特征“F5100”，该评价创建方法可参考尺寸 PS009，注意要选用“线轮廓度”命令评价。

5. 3. 9　产品复检及超差尺寸抽检

在实际检测中，由于不确定因素，如测量系统稳定性和精度在长期使用后有所下降或者零件在测量过程中没有装夹牢固等原因，导致测量结果不可靠。产品复检及超差尺寸抽检是常见的测量要求。

1）产品复检。产品复检环节可以通过再次运行测量程序得到第二次测量的结果。通过与第一次测量结果做对比，有助于查找造成测量尺寸超差的原因。

2）超差尺寸抽检，如果一次测量的总时长在可接受范围内，可以通过全部运行测量程序来得到超差尺寸的抽检结果。

PC-DMIS 软件提供了便捷的超差尺寸抽检的方式——“迷你程序”，通过“文件”→“部分执行”→“迷你程序”进入设置界面，如图 5-63 所示。

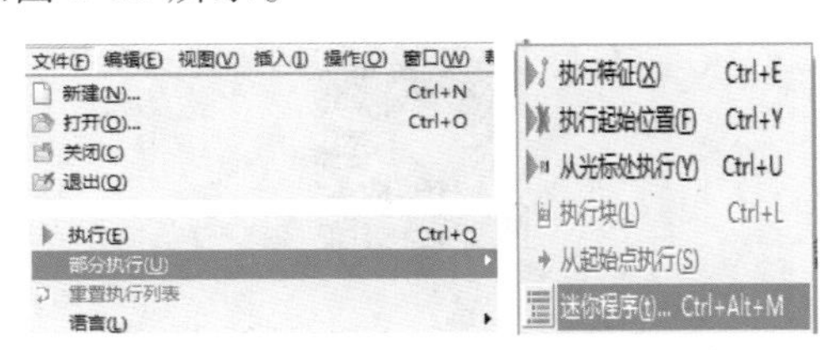

图 5-63　迷你程序菜单

具体设置步骤如下：

①“过滤参照”项选择“超差”；这样就在界面下方出现程序中所有超差尺寸。以下图 5-64 为例，位置度 P002 结果超差。

【知识资讯】

面轮廓度

面轮廓度表示零件上任意形状的曲面保持其理想形状的状况，面轮廓度公差是非圆曲面的轮廓线对理想轮廓面的允许变动量，用以限制实际曲面加工误差的变动范围，如知识资讯图 5-39 所示。

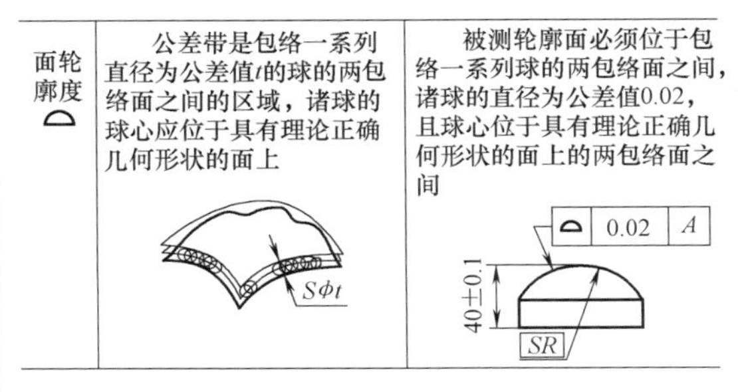

知识资讯图 5-39　面轮廓度

PC-DMIS 软件在轮廓度评价中提供了 ISO1101 和 ASME Y14. 5 两个标准，后者多适用于北美地区，如知识资讯图 5-40 所示。

采用这两个标准计算测量值的区别在于：

1）ISO1101（带基准和不带基准计算方式相同）：使用最大偏差的两倍来计算测量值。

2）ASME Y14. 5（带基准和不带基准计算方式相同）：

① 轮廓度的最大值和最小值位于理论轮廓两侧时，以最大值和最小值的差作为测量值。

② 轮廓度的最大值和最小值位于理论轮廓同侧时，以最大值和最小值的绝对值极值作为实测值。

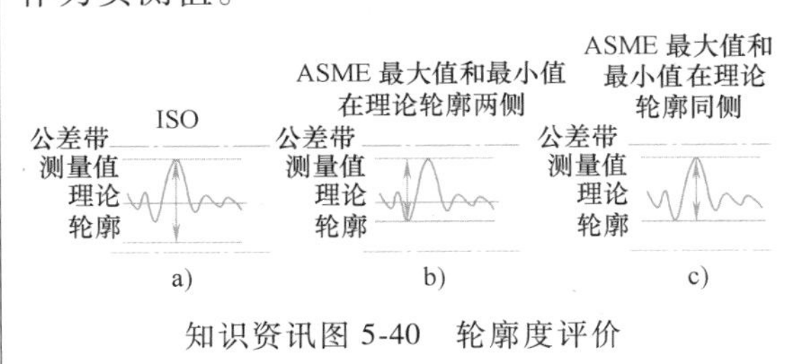

知识资讯图 5-40　轮廓度评价

【思考题】

请查询并简述线轮廓度的概念。

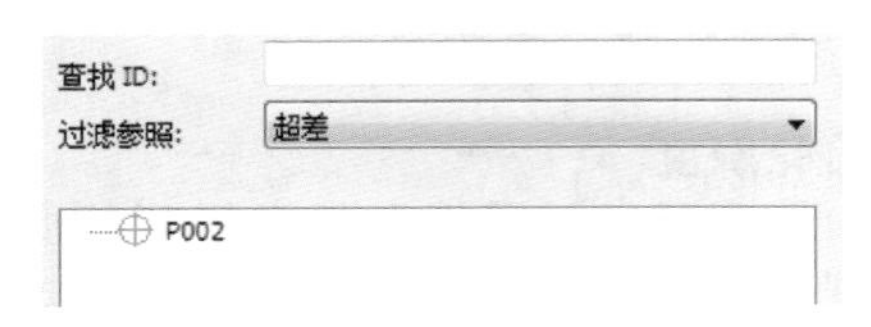

图 5-64　过滤参照

② 选中此超差尺寸，将尺寸导入到待检测区，如图 5-65 所示。

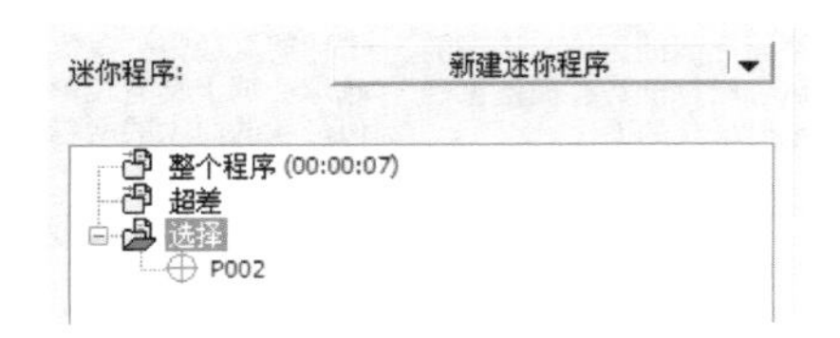

图 5-65　导入待检测区

③ 如图 5-66 所示，勾选“结合坐标系从属关系”，如果工件被移动过，勾选“标记手动坐标系特征”；模式默认是“安全空间”，单击测量后，测量机则会根据特征尺寸的关联关系自动完成标记并执行测量命令；测量结束后报告自动保存在指定路径。

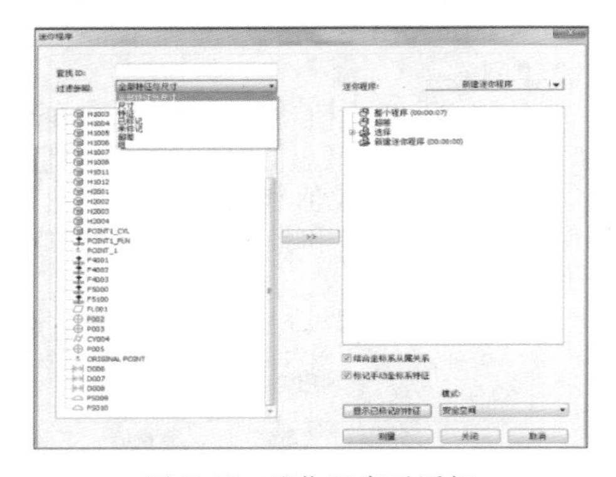

图 5-66　迷你程序对话框

总结：通过完成本任务的学习，应能够通过创建批量检测程序，在测量方法准确的基础上完成复杂缸体的检测。本任务对于孔组位置度评价和复合位置度评价的测量实践较多，属于重点掌握内容。

【知识资讯】

迷你程序功能介绍

迷你程序功能自 PC-DMIS 2014.1 版本推出，普遍得到业内好评。迷你程序有一个使用前提，必须依托于“安全空间”功能自动计算测头移动路径。通过迷你程序功能的“过滤参照”选项来查找要在迷你程序中测量的项目。筛选后的项目将显示在“尺寸”窗格中，分类如下：

1）全部特征与尺寸。

2）尺寸。

3）特征。

4）已标记。

5）未标记。

6）超差。

7）组。

目前标记模式主要有“安全空间”和“基于特征测量”，其中“基于特征测量”广泛应用于手机产品检测，选项非标配。

附 录

附录 A 迭代法建立坐标系

迭代法建立零件坐标系主要应用于工件原点不在工件本身或无法找到相应的基准元素（如面、孔、线等）来确定轴向/原点的情况，如图 A-1 所示。

迭代法建坐标系特征元素必须要有数模或用于建立坐标系的元素的理论值信息。

【案例】六点迭代，如图 A-2 所示。

1）3 个矢量点→确定平面→找正一个轴向。要求 3 个点矢量方向近似一致。

2）2 个矢量点→确定直线→旋转确定第二轴。要求 2 个点矢量方向近似一致，并且此两点的连线与前三个点方向垂直。

3）最后 1 个矢量点→原点。要求方向与前 5 个点矢量方向垂直。

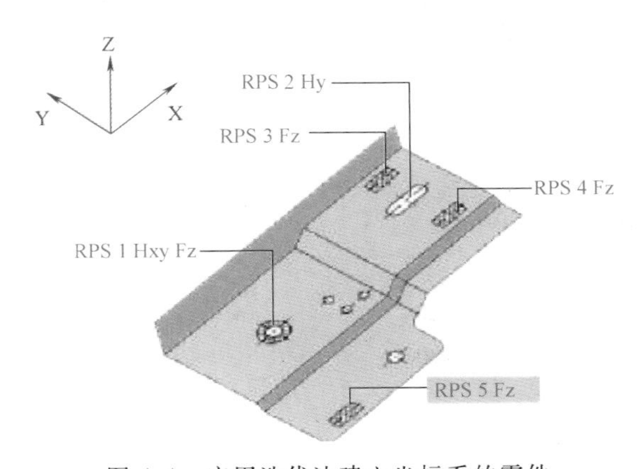

图 A-1 应用迭代法建立坐标系的零件

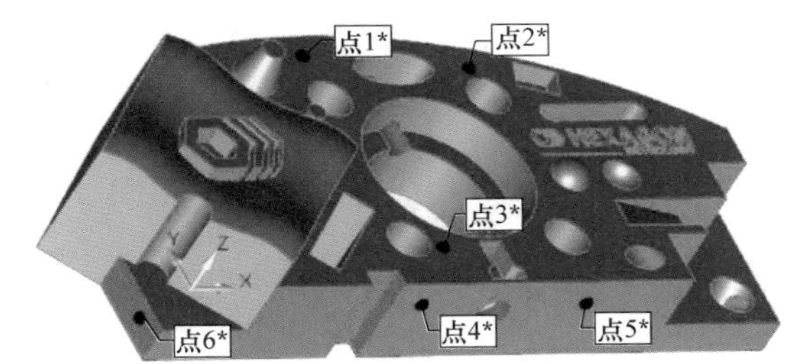

图 A-2 迭代法建立坐标系

操作步骤：

1）测量模式切换为手动模式。

2）导入 Demo 教学块数模。

3）打开自动测量矢量点对话框，在数模上选取矢量点（图 A-3）；注意取点时要遵循六点迭代的取点原则。

4）执行程序（图 A-4），手动测量所选取的 6 个点。

5）建立坐标系，选择“迭代法”（图 A-5）。

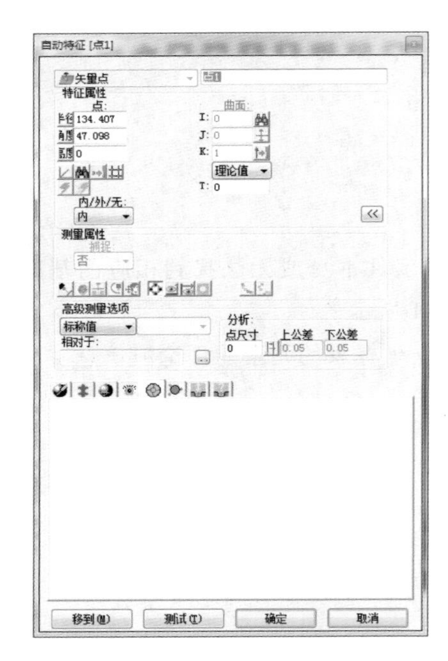

图 A-3　选取矢量点

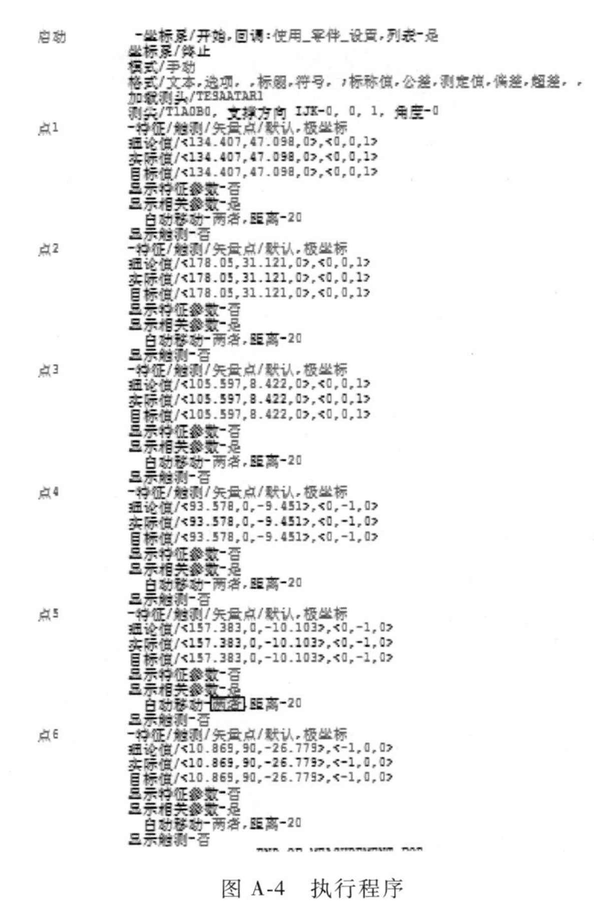

图 A-4　执行程序

图 A-5　选择“迭代法”

6）如图 A-6 所示，选择“点 1、点 2、点 3”→“找正”→“选择”，选择“点 4、点 5”→“旋转”→“选择”，选择“点 6”→“原点”→“选择”。

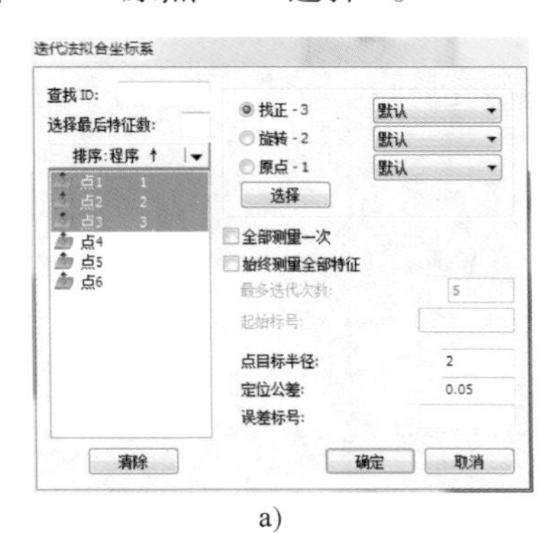

a)

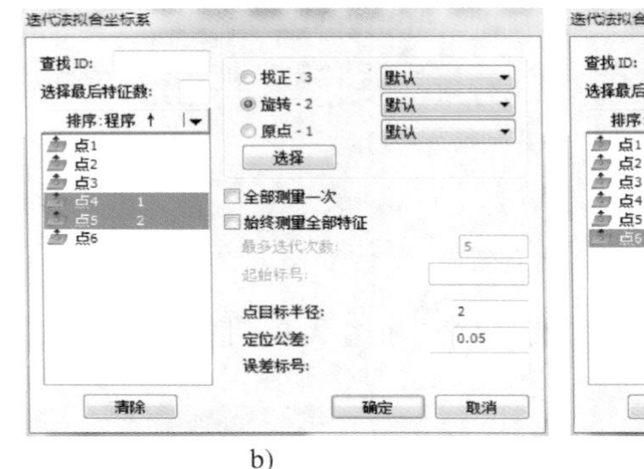

b)

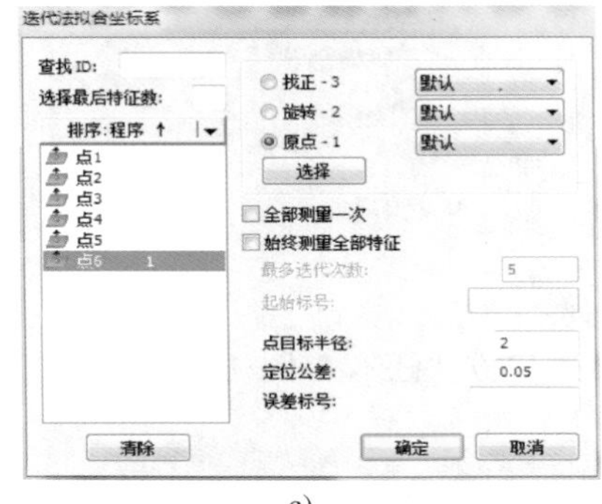

c)

图 A-6　迭代法建立坐标系

7）如图 A-7 所示，在“点目标半径”处输入这 6 个定位点的精度，选择“全部执行一次”，单击“确定”。按照软件提示，将测头移动到相应的安全位置，单击“确定”，测量机将自动测量相应的点。

图 A-7　点目标半径

8）测量完毕后，软件将回到建立坐标系的初始对话框，单击“确定”，程序窗口将生成坐标系，如图 A-8 所示。

a)　　　　b)

图 A-8　建立完成

其他常用迭代方法还有三圆迭代、三点二圆迭代，如图 A-9、图 A-10 所示。

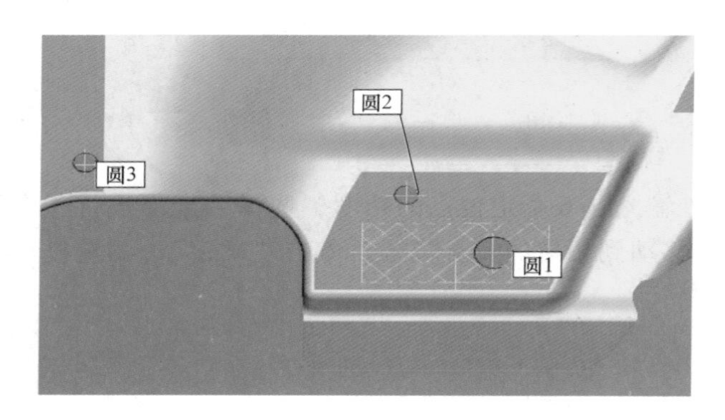

图 A-9　三圆迭代

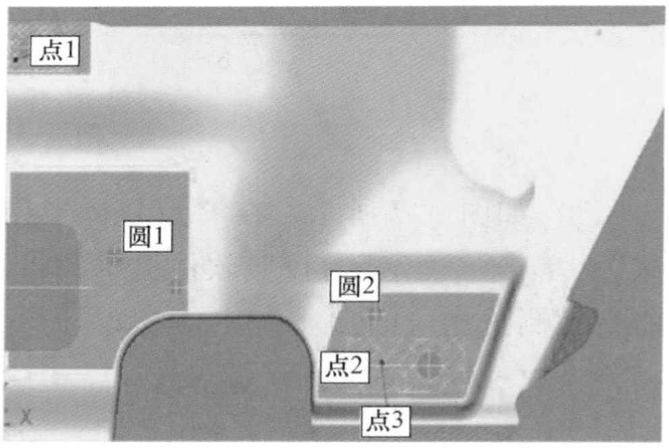

点1
圆1
圆2
点2
点3

图 A-10　三点二圆迭代

迭代法建立坐标系特征数量见表 A-1。

表 A-1　迭代法建立坐标系特征数量

所用特征的类型	至少需要的特征数	
圆	3 个圆	此方法将 3 个 DCC 圆用于建坐标系
线	建议不要使用此特征类型	
点	6 个点	此点用作 3-2-1 建坐标系
槽	建议不要将此特征类型用作原点特征组的一部分	
球	3 个球体	此方法将 3 个球体用于建坐标系

附录 B　学习任务图样（图 B-1～图 B-4）

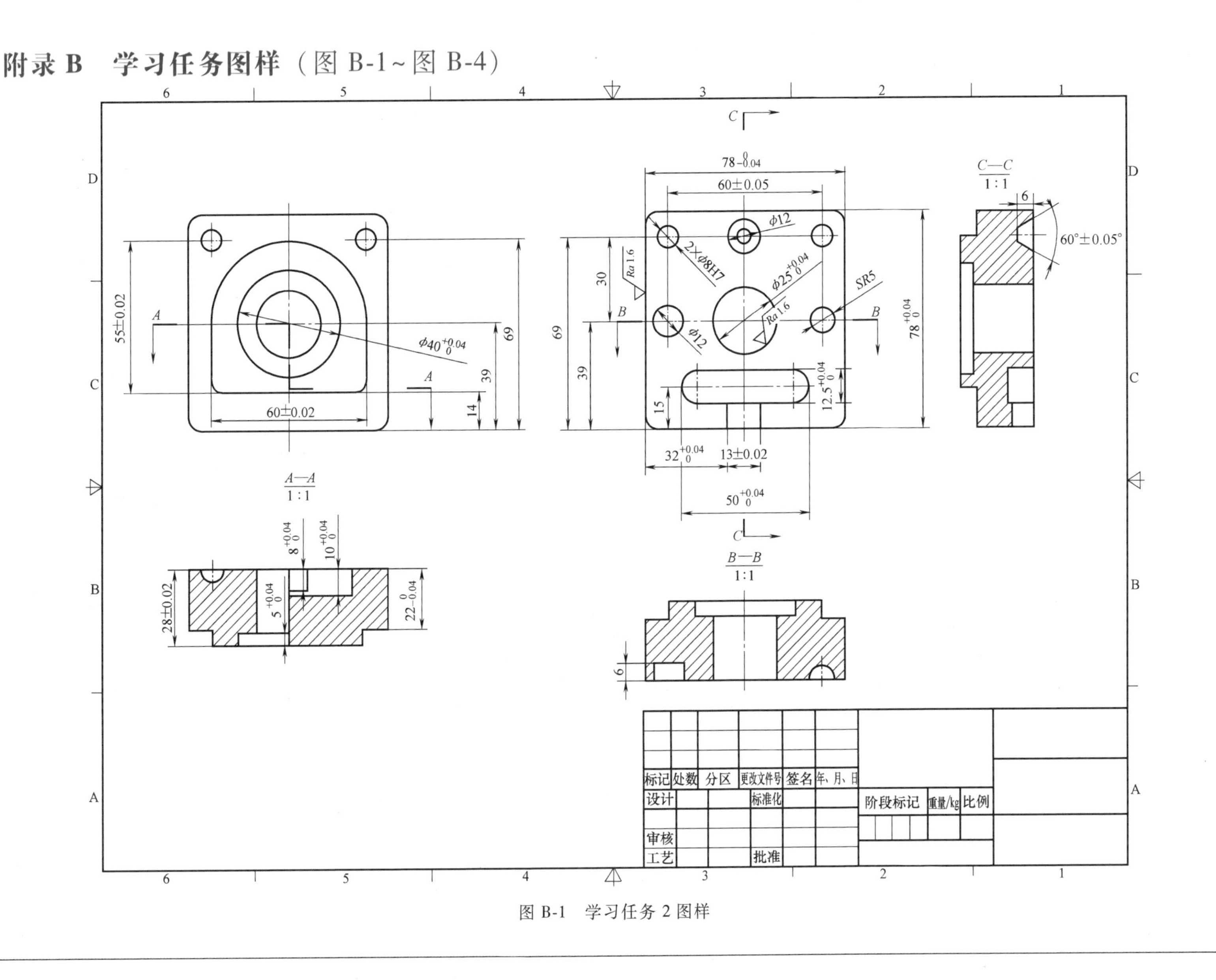

图 B-1　学习任务 2 图样

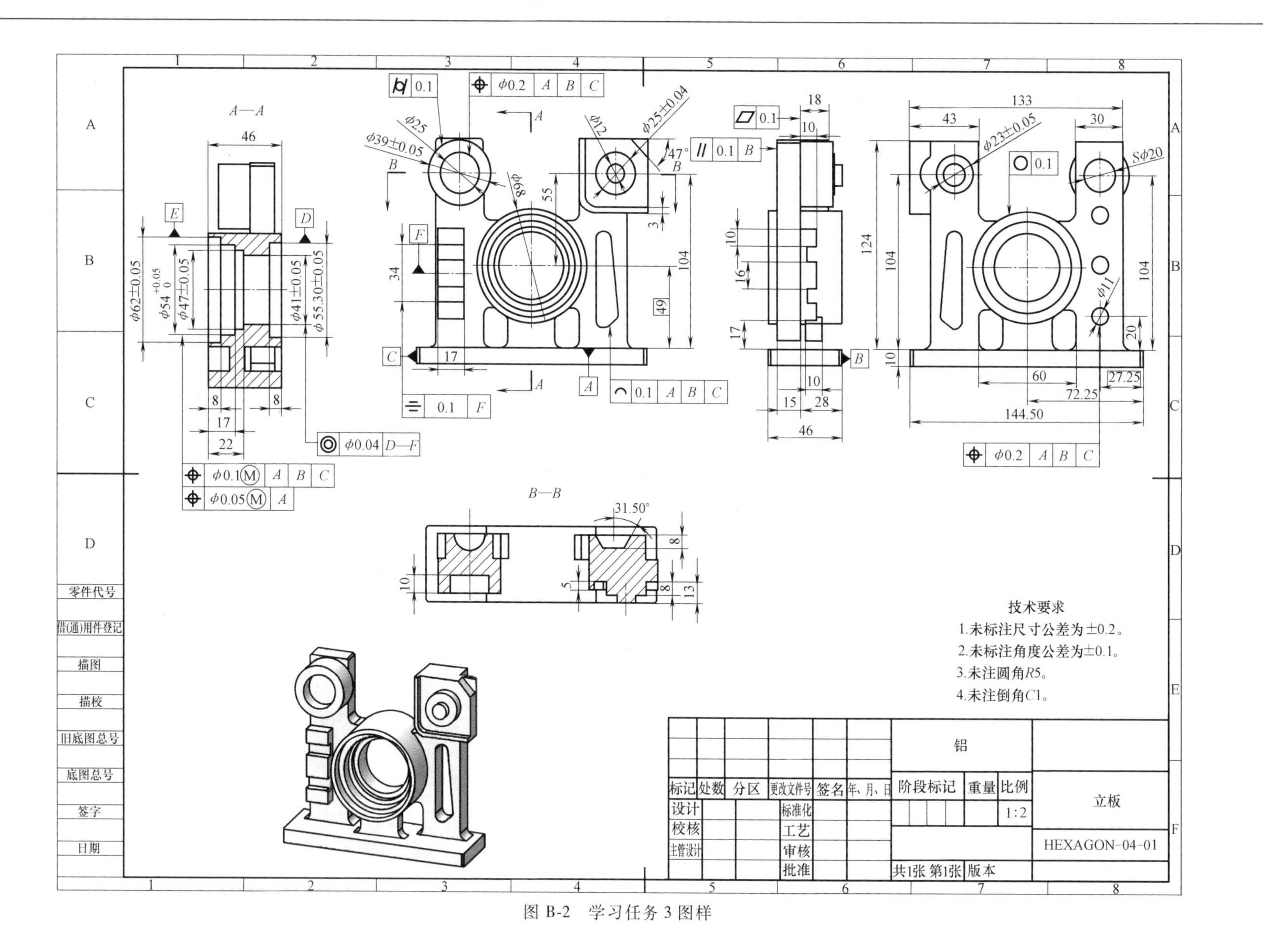
A—A
B—B
技术要求
1.未标注尺寸公差为±0.2。
2.未标注角度公差为±0.1。
3.未注圆角R5。
4.未注倒角C1。
零件代号
借(通)用件登记
描图
描校
旧底图总号
底图总号
签字
日期
铝
立板
HEXAGON-04-01
标记
处数
分区
更改文件号
签名
年、月、日
阶段标记
重量
比例
1:2
设计
标准化
校核
工艺
主管设计
审核
批准
共1张 第1张 版本

图 B-2 学习任务 3 图样

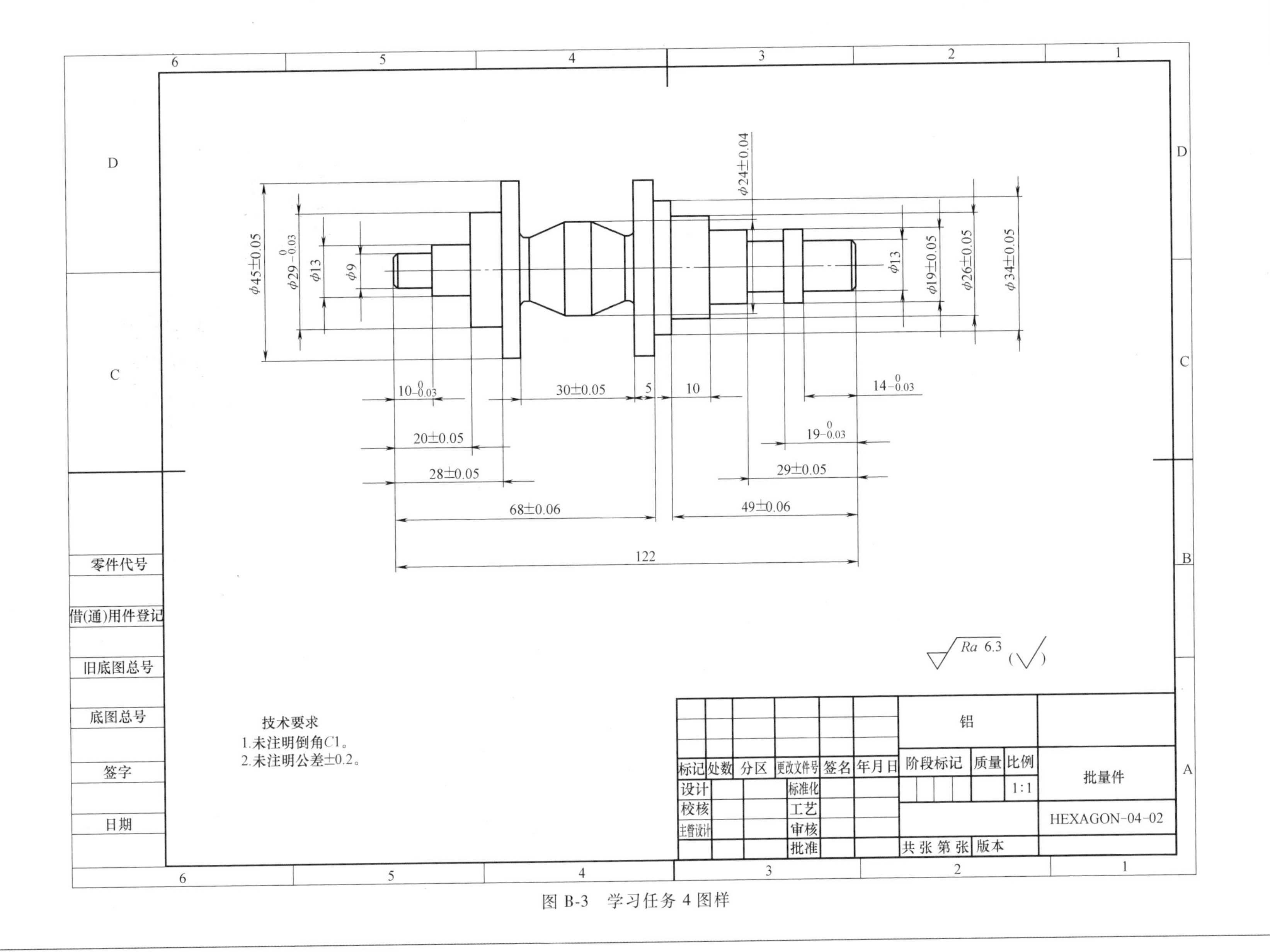

φ45±0.05
φ29-0.03
φ13
φ9
φ24±0.04
φ13
φ19±0.05
φ26±0.05
φ34±0.05
10-0.03
30±0.05
5
10
14-0.03
19-0.03
20±0.05
28±0.05
29±0.05
68±0.06
49±0.06
122
Ra 6.3
零件代号
借(通)用件登记
旧底图总号
底图总号
签字
日期
技术要求
1.未注明倒角C1。
2.未注明公差±0.2。
铝
标记
处数
分区
更改文件号
签名
年月日
阶段标记
质量
比例
1:1
批量件
设计
标准化
校核
工艺
主管设计
审核
批准
HEXAGON-04-02
共 张 第 张
版本

图 B-3　学习任务 4 图样

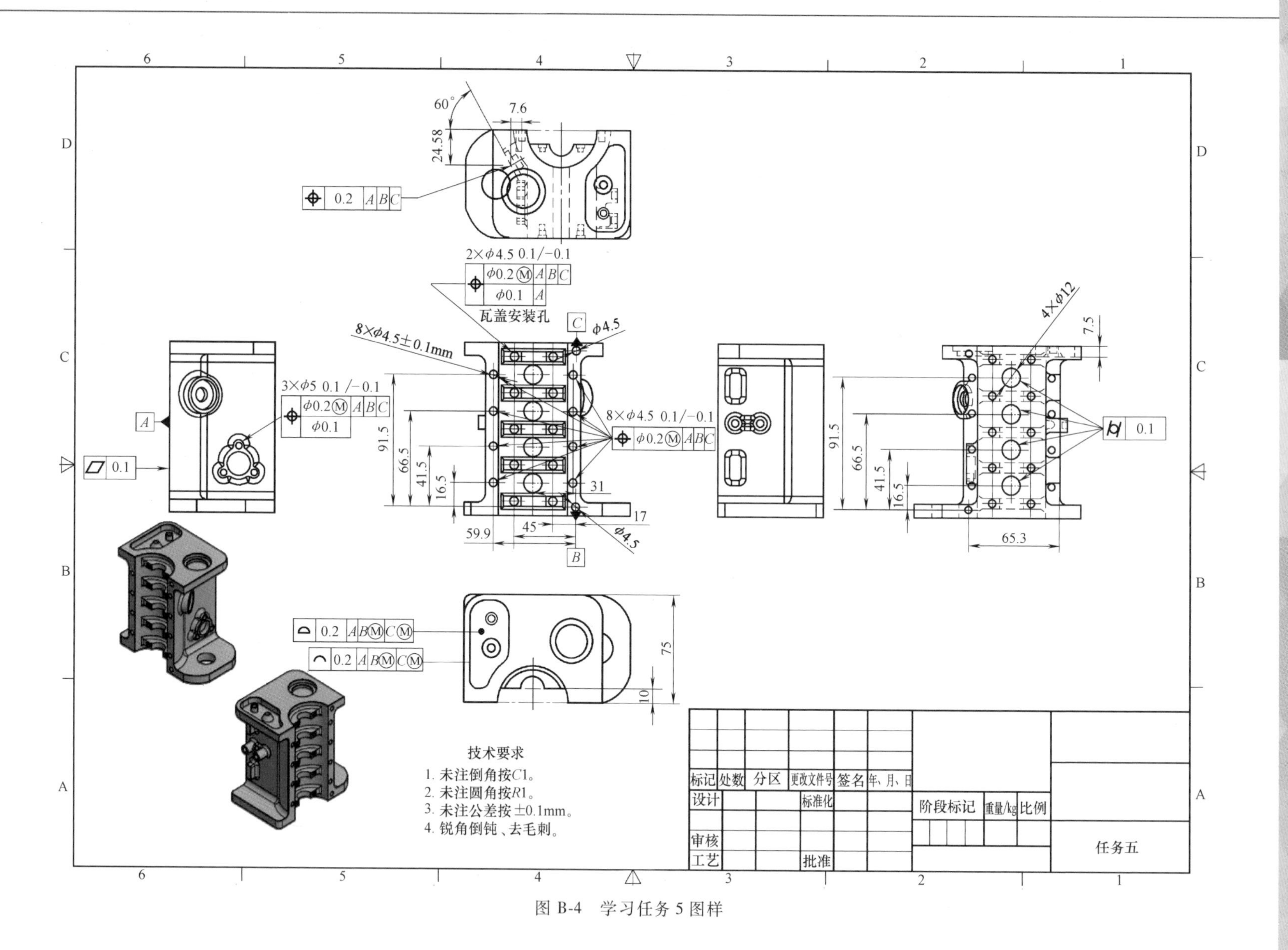
2×φ4.5 0.1/−0.1
φ0.2Ⓜ A B C
φ0.1 A
瓦盖安装孔
8×φ4.5±0.1mm
3×φ5 0.1/−0.1
φ0.2Ⓜ A B C
φ0.1
8×φ4.5 0.1/−0.1
φ0.2Ⓜ A B C
4×φ12
技术要求
1. 未注倒角按C1。
2. 未注圆角按R1。
3. 未注公差按±0.1mm。
4. 锐角倒钝、去毛刺。
标记
处数
分区
更改文件号
签名
年、月、日
设计
标准化
阶段标记
重量/kg
比例
审核
工艺
批准
任务五

图 B-4 学习任务 5 图样

附录 C　坐标测量技术专业术语中英文对照

A-D 转换	A-D Converter
阿贝误差	Abbe Error
验收检测	Acceptance Test (Of A CMM)
实际接触点	Actual Contact Point
气动平衡	Air (Pneumatic) Counter Balance
空气轴承	Air Bearing
找正	Alignment
万向探测系统	Articulated Probing System
万向探测系统形状误差	Articulated Probing System Form Error
万向探测系统位置误差	Articulated Probing System Location Error
万向探测系统尺寸误差	Articulated Probing System Size Error
自动更换装置	Autochanger
轴向四轴误差	Axial Four-Axis Error
返回距离	Back Off Distance
滚珠丝杠	Ballscrew
最佳拟合	Best-Fit Process
笛卡儿直角坐标系	Cartesian System
合格证	Certification
数控测量机	CNC CMM
热膨胀系数	Coefficient Of Thermal Expansion
柱式坐标测量机	Column CMM
比较仪	Comparator
压缩空气	Compressed Air
计算机辅助精度改进	Computer Aided Accuracy
计算机辅助设计	Computer Aided Design (CAD)
接触式探测系统	Contacting Probing System
连续轨迹控制	Continuous Path Control
转换规则	Conversion Rule
转换检测参数	Converted Test Parameter Values
坐标测量	Coordinate Measurement
坐标测量机	Coordinate Measuring Machine(CMM)
修正测量点	Corrected Measured Point
修正扫描线	Corrected Scan Line
修正扫描点	Corrected Scan Point
平衡机构	Counter Balance
对角线	Diagonal Line

（续）

百分表、千分表	Dial Indicator
尺寸	Dimension
尺寸测量用接口标准	Dimensional Measuring Interface Standard(DMIS)
直接 CAD 接口	Direct CAD Interface (DCI)
直接 CAD 翻译	Direct CAD Translation (DCT)
离散点探测	Discreted-Point Probing
离散点探测速度	Discreted-Point Probing Speed
漂移	Drift
动态作用	Dynamic Effect
误差修正图	Error Mapping
坐标测量机尺寸测量的示值误差	Error Of Indication Of A CMM For Size Measurement
数据集的范围	Extent(Of A Data Set)
元素构造	Feature Construction
过滤系统	Filtration System
有限元分析	Finite Element Analysis(FEA)
固定桥式坐标测量机	Fixed Bridge CMM
固定测头座	Fixed Head
固定多探针探测系统形状误差	Fixed Multiple-Stylus Probing System Form Error
固定多探针探测系统位置误差	Fixed Multiple-Stylus Probing System Location Error
固定多探针探测系统尺寸误差	Fixed Multiple-Stylus Probing System Size Error
固定工作台悬臂式坐标测量机	Fixed Table Cantilever CMM
固定工作台水平悬臂坐标测量机	Fixed Table Horizontal-Arm CMM
形状	Form
摩擦杆	Friction Bar
摩擦杆传动	Friction Driver(Capstan Or Traction)
龙门式坐标测量机	Gantry CMM
量块	Gauge Block
高斯辅助要素	Gaussian Associated Feature
高斯径向距离	Gaussian Radial Distance
产品几何量技术规范	GPS (Geometrical Product Specifications)
斜齿轮	Helical Gear
(坐标测量机)的高点密度	High Point Density(Of A CMM)
湿度	Humidity
滞后	Hysteresis
指示测量点	Indicated Measured Point
红外的	Infrared
(坐标测量机)的中间检查	Interim Check(Of A CMM)

（续）

中间检查	Interim Testing
中间点	Interim Point
国际标准化组织	International Organization For Standardization（ISO）
激光干涉仪	Laser Interferometer
激光扫描测头	Laser Scanning Probe
丝杠	Leadscrew
自学习编程	Learn Programming
最小二乘	Least Square
最小二乘辅助要素	Least-Squares Associated Feature
长度标准	Length Standard
位置精度	Linear Displacement Accuracy
位置	Location
（坐标测量机）的低点密度	Low Point Density（Of A CMM）
L 型桥式坐标测量机	L-Shaped Bridge CMM
机器坐标系统	Machine Coordinate System
磁栅尺	Magnetic Scale
手动测量机	Manual CMM
手动测头座	Manual Head
实物标准器	Material Standard
尺寸实物标准器	Material Standard Of Size
最大内切圆	Maximum Inscribed Circle
坐标测量机尺寸测量的最大允许示值误差	Maximum Permissible Error Of Indication Of A CMM For Size Measurement
最大允许固定多探针探测系统形状误差	Maximum Permissible Fixed Multiple-Stylus Probing System Form Error
最大允许固定多探针探测系统位置误差	Maximum Permissible Fixed Multiple-Stylus Probing System Location Error
最大允许固定多探针探测系统尺寸误差	Maximum Permissible Fixed Multiple-Stylus Probing System Size Error
最大允许探测误差	Maximum Permissible Probing Error
最大允许万向探测系统形状误差	Maximum Permissible Articulated Probing System Form Error
最大允许万向探测系统位置误差	Maximum Permissible Articulated Probing System Location Error
最大允许万向探测系统尺寸误差	Maximum Permissible Articulated Probing System Size Error
最大允许轴向四轴误差	Maximum Permissible Axial Four Axis Error
最大允许径向四轴误差	Maximum Permissible Radial Four Axis Error
最大允许扫描探测误差	Maximum Permissible Scanning Probing Error
最大允许切向四轴误差	Maximum Permissible Tangential Four Axis Error
最大允许扫描检测时间	Maximum Permissible Time For Scanning Test
平均失效时间	Mean Time Between Failure（MTBF）
平均修复时间	Mean Time For Repair（MTFR）
测量空间	Measuring Volume

（续）

千分尺	Micrometer
微型应变片	Micro-Strain Gage
最小外接圆	Minimum Circumscribed Circle
机动测量机	Motorized CMM
机（自）动测头座	Motorized Head
移动桥式坐标测量机	Moving Bridge CMM
水平悬臂移动式坐标测量机	Moving Ram Horizontal-Arm CMM
移动工作台悬臂式坐标测量机	Moving Table Cantilever CMM
移动工作台水平悬臂坐标测量机	Moving Table Horizontal-Arm CMM
多探针	Multiple Styli/Multiple Stylus
多测头系统	Multi-Probe System
多级减速器	Multi-Stage Speed Reducer
（美国）国家标准及技术研究院	National Institute Of Standard And Technology（NIST）
非直角坐标系	Non-Cartesian System
非接触式探测系统	Non-Contacting Probing System
不均匀温度场	Non-Uniform Temperatures
非预定路径扫描	Not Pre-Defined Path Scanning
脱机编程	Off-Line Programming
光学测头	Optical Probe
光学探测系统	Optical Probing System
光栅尺	Optical Scale
方向	Orientation
要素参数化	Parameterization Of Feature
零件坐标系	Part Coordinate System
零件工夹具	Part Handing
零件编程	Part Programming
压电测头	Piezo Sensor
俯仰角摆	Pitch
预定路径扫描	Pre-Defined Path Scanning
（测头）预行程	Pretravel
测头	Probe
测头校验	Probe Calibration
测头座（测头）座	Probe Head
测头的三角形效应	Probe Lobbing
探测误差	Probing Error
探测系统	Probing System
探测系统的标定	Probing System Qualification

（续）

探测	Probing(to probe)
程序点	Program Point
可编程夹具	Programmable Fixture
齿轮齿条	Rack-And-Pinion
径向四轴误差	Radial Four Axis Error
探测轴	Ram
范围	Range
(光栅)读数头	Read Head
标准数据	Reference Data Set
标准副	Reference Pair
标准参数值	Reference Parameter Value
标准参数化	Reference Parameterization
标准残差	Reference Residual
标准软件	Reference Software
标准球	Reference Sphere
反射式光栅	Reflection Scale
可靠性	Reliability
重复性	Repeatability
残差	Residual
谐振	Resonance
(坐标测量机)的复检检测	Reverification Test(Of A CMM)
逆向工程	Reverse Engineering
自转	Roll
转台	Rotary Table
转台设置	Rotary Table Setup
采点策略	Sampling Strategy
扫描顺序	Scan Sequence
扫描	Scanning
扫描测头	Scanning Probe
扫描探测误差	Scanning Probing Error
扫描速度	Scanning Speed
敏感系数	Sensitivity Coefficient
伺服电动机	Servo Motor
薄壁件特征测量	Sheet Metal Feature Measurement
尺寸	Size

附录 D　PC-DMIS 常用快捷键汇总

F1	访问联机帮助
F2	编辑窗口:如果光标位于表达式处,则打开表达式构造器对话框
F3	编辑窗口:标记/取消标记要执行的命令
	如果光标停留在外部对象上,按 F3 键可以在打印模式和执行模式之间切换
F4	编辑窗口:打印编辑窗口内容
F5	访问设置选项对话框
F6	访问字体设置对话框
F7	编辑窗口:在所选的切换字段内,按字母顺序向前循环至最后一个字母条目
F8	编辑窗口:在所选的切换字段内,按字母顺序向后循环至最后一个字母条目
F9	编辑窗口:打开与光标处命令关联的对话框
F10	打开参数设置对话框
F12	打开夹具设置对话框
Shift+右键单击	打开缩放绘图对话框
Shift+Tab	编辑窗口:将光标向后移动到前一个用户可编辑的字段
Shift+箭头	随着光标的移动突出显示所有文本
Shift+F5	编辑窗口:更改尺寸测点在直角坐标系与极坐标系之间的显示
Shift+F6	编辑窗口:若处于命令模式中,将打开颜色编辑器对话框
Shift+F10	编辑窗口:访问跳转到对话框
END	终止特征测量
	编辑窗口:将光标移动至当前行的末尾
Home	编辑窗口:将光标移动至当前行的开头
标签	编辑窗口:将光标向前移动到下一个用户可以编辑的字段
Esc	若在按 Enter 键前按 Esc,将中止任何进程(数据输入除外)
Delete	编辑窗口:删除命令
Backspace	编辑窗口:删除突出显示的字符。如果没有突出显示的字符,则与在普通编辑器下的功能相同。如无法删除项目,将显示一条错误消息
Enter 或 Return	编辑窗口:建立新的空白行,如果在光标移开前未完成操作,将自动删除该行
	选择命令
Shift+F4	打开测量机接口设置
Shift+右键单击	报告窗口标识:显示"报告对话框"
Shift+单击	图形显示窗口:根据突出显示的 CAD 元素创建自动特征
Ctrl+A	编辑窗口:选择所有文本
	表格和报告编辑器:选择所有对象
Ctrl+C	编辑窗口:复制所选文本
	表格和报告编辑器:复制所选对象
Ctrl+D	删除当前特征
Ctrl+E	执行被选特征或命令(那些支持该快捷方式的命令)

（续）

Ctrl+F	访问自动特征对话框
Ctrl+G	在“编辑”窗口插入一个“读取点”命令
Ctrl+J	编辑窗口：跳转到参考命令
Ctrl+K	在编辑报告中保存所选的尺寸
Ctrl+L	执行当前所选择的命令块
Ctrl+M	在“编辑”窗口中插入一条 MOVEPOINT 命令
Ctrl+N	创建新的测量例程
Ctrl+O	打开测量例程
Ctrl+P	打印“图形显示”窗口
Ctrl+Q	编辑窗口：执行当前测量例程
Ctrl+R	打开旋转对话框
Ctrl+S	保存当前测量例程
Ctrl+T	编辑窗口：将当前命令（或已选命令）分配给主机械臂、从机械臂或同时分给两个机械臂
Ctrl+V	编辑窗口：粘贴剪贴板内容
	表格和报告编辑器：粘贴复制对象
Ctrl+X	编辑窗口：剪切所选的文本
	表格和报告编辑器：剪切所选对象
Ctrl+Y	编辑窗口：从光标位置执行测量例程
Ctrl+Z	激活“缩放到适合”功能
Ctrl+Enter 或 Return	编辑窗口：在概要模式中，该键盘快捷键可以选择要加入“编辑窗口”的命令
Ctrl+单击	打开对话框，支持选择多个曲面，可以选择尚未选中的曲面或清除已选择的曲面
Ctrl+单击	图形显示窗口：在 CAD 曲面上未使用的区域中执行此操作可取消选择所有选择的曲面
Ctrl+拖动鼠标左键	当松开鼠标时，要确保对话框或工具栏的拖动没有对接到当前界面
Ctrl+拖动鼠标右键	图形显示窗口：3D 旋转 CAD 模型
（单击并拖动中间的滚轮按钮）	图形显示窗口：3D 旋转 CAD 模型
Ctrl+F1	使 PC-DMIS 置于平移模式
Ctrl+F2	图形窗口：将 PC-DMIS 置于 2D 旋转模式
	编辑窗口：如果在命令模式下，则在当前行上插入或删除书签
Ctrl+F3	将 PC-DMIS 置于“3D 旋转”模式下，并打开旋转对话框
Ctrl+F4	将 PC-DMIS 置于程序模式
Ctrl+F5	将 PC-DMIS 置于文本框模式
Ctrl+Tab	最小化或还原“编辑”窗口
Ctrl+Shift	隐藏所选的图形分析箭头
Ctrl+End	编辑窗口：将光标移动到当前测量例程的末尾
Ctrl+Home	编辑窗口：将光标移动到当前测量例程的开头
Ctrl+Alt+A	打开坐标系对话框

（续）

Ctrl+Alt+L	使用 QuickAlign 功能创建自动坐标系
Ctrl+Alt+P	打开测头功能对话框
Ctrl+单击	在文本框模式中，在“图形显示”窗口中对某特征或标签 ID 执行此项操作，将把光标移至“编辑”窗口中的该特征处
	在打开分析对话框的情况下执行该操作，将会选择相关尺寸
Ctrl+Shift+H	编辑窗口：在“图形显示”窗口中高亮显示选择的特征
Ctrl+Shift+U	编辑窗口：清除对“图形显示”窗口中选定特征的高亮显示
上箭头	编辑窗口：将光标移动至当前位置之上的下一个可用元素
下箭头	编辑窗口：将光标移动至当前位置之下的下一个可用元素
右箭头	编辑窗口：将光标移动至当前位置右侧的下一个可用元素
	在概要模式下展开折叠列表
左箭头	编辑窗口：光标移动至当前位置左侧的下一个可用元素
	在概要模式下折叠一个展开的列表
Alt+“-”（减号）	按住 Alt 和减号键，删除测点缓冲区中的最后一个测点
Alt+C	显示 Clearance 立方体对话框
Alt+H	访问帮助菜单
Alt+J	编辑窗口：从引用的命令跳回
Alt+P	图形显示窗口：为整个测量例程绘制测头的当前路径
Alt+Shift+P	图形显示窗口：在光标位置之前和之后时，立即绘制测头的当前路径
Alt+F3	编辑窗口：打开查找对话框
Alt+Backspace	编辑窗口：撤销在“编辑窗口”中执行的上一个操作
Shift+Backspace	编辑窗口：编辑窗口”中重复撤销上一个操作
Alt+拖动鼠标右键	图形显示窗口：2D 旋转 CAD 模型
Alt+单击	图形显示窗口：切换“编辑”窗口中基本特征的标记状态

附录 E　三坐标测量机精度指标

三坐标测量机作为一种高精度的测量设备，其精度指标无疑是最重要的指标。

1994 年，ISO 10360 国际标准《坐标测量机的验收、检测和复检检测》开始实施。这个标准说明了坐标测量机性能检测的基本步骤。中国目前实行的测量机国家标准 GB/T16857.2《坐标计量学　第二部分：坐标测量机的性能测定》便等同于 ISO 相应标准。其中规定的精度标准包括：

(1) 最大允许示值误差（MPE_E）　测量方法：在空间任意 7 个位置，测量一组包含五种长度的量块，每种长度测量三次，共计测量次数：5×3×7＝105，所有测量结果必须在规定范围内，如图 E-1 所示。

(2) 最大允许探测误差（MPE_P）　测量方法：在标准球上探测 25 个点，各测量点应在标准球上均匀分布，至少覆盖半个球面，如图 E-2 所示。对垂直探针，推荐采样点分布为：

1）1 点位于标准球极点。

2）4 点均匀分布且与极点成 22.5°。

3）8 点均布，相对于前者绕极轴旋转 22.5°，且与极点成 45°。

4）4 点均布，相对于前者绕极轴旋转 22.5°，且与极点成 67.5°。

5）8 点均布，相对于前者绕极轴旋转 22.5°且与极点成 90°，$MPE_P = R_{max} - R_{min}$（球面）。

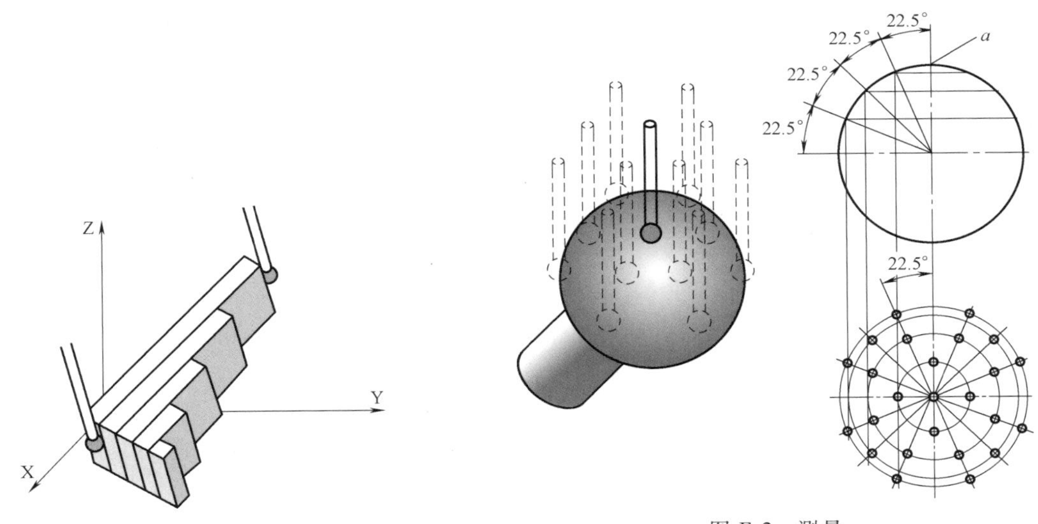

图 E-1　测量位置

图 E-2　测量

除此之外，ISO 10360 系列标准中还定义了最大允许扫描探测误差（MPE_{THP}）、最大允许多探针误差（$MPE_{ML/MS/MF}$）或（$MPE_{AL/AS/AF}$），有兴趣可以查阅相关资料，在此不具体介绍。

附录 F　三坐标测量机测头半径补偿和余弦误差

在接触式坐标测量中，一般采用球型探针，当被测零件轮廓面信息还处于未知的情况下，探针红宝石测球与工件表面接触点也是未知的，但由于测球与轮廓面是点接触，并且满足测力条件后即锁定该测球位置，所以测针球心的位置是唯一的。为得到实际接触点的坐标值，后续需要在这个球心坐标的基础上通过软件的半径补偿实现，而半径补偿的方向要沿着正确的矢量方向。这种方式简单可靠，因此，球型测针适用范围最广。

点特征直接由红宝石测球心坐标经过半径补偿后获得，手动测点默认情况下为一维特征，是按照当前坐标系下最近轴的方向补偿，所以被测表面必须垂直于坐标系的一个轴向，否则将产生余弦误差。矢量点为三维特征，可以根据给定的矢量方向进行半径补偿。

如图 F-1 所示，球型测针测量斜面上的目标触测点，图 F-1a 触测方向为竖直向下（矢量方向与面矢量不平行），在测球接近目标测点过 程中被斜面阻挡停止，此时实际接触点如图所示，软件经过触测矢量补偿后的得到的点距离目标理论点的距离为“余弦误差”值。

图 F-1b 触测方向垂直于平面，这样补偿方向与触测方向一致，而且实际触测点即目标触测点（不考虑零件坐标系的偏差），这样就可以消除“余弦误差”带来的影响，有效提高测量精度。

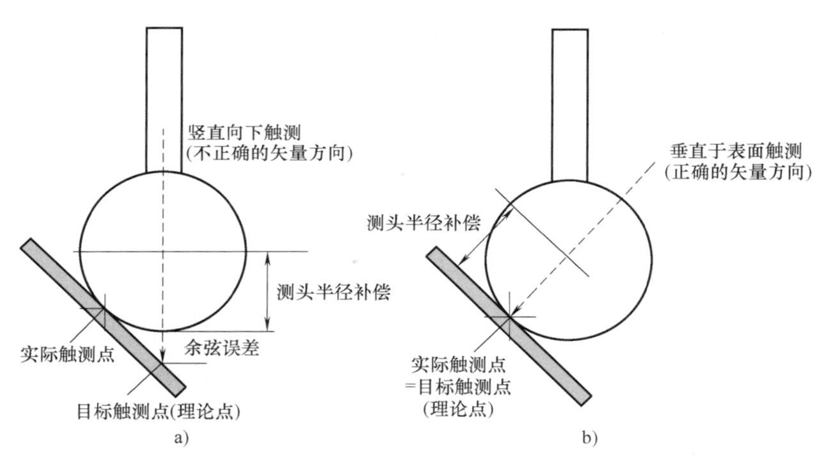

图 F-1　补偿

自动测量完全可以通过特征的理论矢量控制每个测点都沿着正确的矢量方向触测，具体细节在“学习任务三”中已经介绍过。每种类型的几何特征都包含位置、方向及其他特有属性，在测量软件中，通常用特征的质心（Centroid）代表特征的位置，用特征的矢量（Vector）表示特征的方向，如图 F-2 所示。

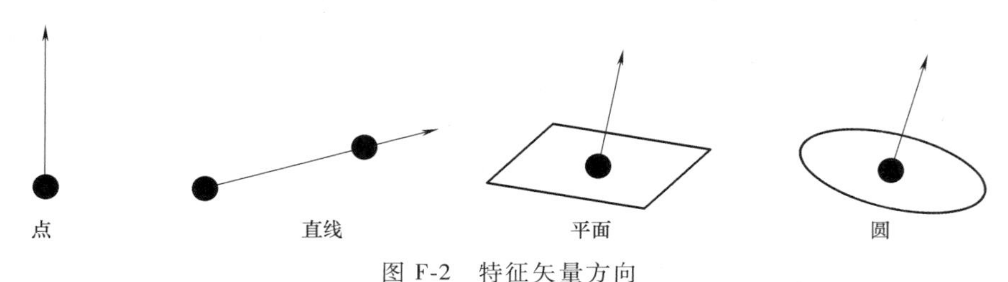

图 F-2　特征矢量方向

点以外的其他几何特征都是在点的基础上，通过拟合计算得到的，但是并不是使用补偿后的测点直接拟合，而是先使用红宝石测球心坐标拟合，然后整体进行半径补偿，消除使用测点补偿的余弦误差。